최소한의
과학 공부

볼 것 많은 요즘 어른을 위해
핵심 요약한 과학 이야기

최소한의
과학 공부

배대웅 지음

whale books

추천의 글

　당신에게 맡긴다는 의미의 '오마카세'라는 단어는 고급 식사의 대표적인 형태를 표현할 때 종종 쓰인다. 셰프는 좋은 식재료를 활용해 자리에 앉은 손님에게 예술작품에 가까운 요리를 제공하며, 상황에 따라 유동적으로 변화하는 식사의 흐름은 전문가가 얼마나 집중해서 신중한 판단을 내리는지 알려준다. 이 책에는 의학과 생명공학뿐만 아니라 전자기학, 광학, 기후학 등 다양한 분야의 맛있는 과학이 대중의 선호도에 맞게 담겨 있다. 과학적 사유와 새로운 과학기술 탄생의 순간을 지켜보고 싶은 대중이라면 우선 책을 펼치는 것만으로도 능숙한 저자의 과학 오마카세를 만나볼 수 있다. 순서대로 차려지는 교양 과학을 탐험하다 보면 어느새 만족스럽게 지적 포만감을 느낄 수 있으리라.

　_궤도(과학 커뮤니케이터, 《과학이 필요한 시간》, 《궤도의 과학 허세》 저자)

좋은 지식은 만족이 아니라 갈증을 불러온다. '이제 다 알았다'가 아니라, '세상이 이렇게 넓구나' 하는 사실을 깨닫게 해주고 또 다른 지식을 갈망하게 한다. 그런 면에서 《최소한의 과학 공부》는 좋은 책이다. 단순히 과학 역사를 서술하는 것에 그치지 않고, 현재 사용하는 기술 혹은 개념이 사회에 어떤 영향을 주고 있는지까지 폭넓게 다룬다. 이를 통해 독자는 우리가 당연하게 누리고 있는 많은 것들 뒤에 과학기술의 발전이, 인류의 고민과 노력이 담겨 있음을 알게 된다.

다양한 관점에서 역사를 바라보지만, 과학기술을 빼놓은 채 이를 이야기하기는 어렵다. 우리는 언제나 현실을 살아가며, 현실은 기술적 토대 위에 이루어진다. 이 책을 읽지 않으면 세상을 살아갈 수 없다고 말하는 건 과장이겠지만(세상에 그런 책은 한 권도 없다), 역사를 안다고 하려면 최소한 이 책 정도의 과학 지식과 관점은 가져야 한다고 확실하게 말할 수 있다. 그리고 이 책보다 과학 역사를 쉽게 서술한 책은 없을 것이다.

_오후(《나는 농담으로 과학을 말한다》 저자)

들어가는 글
누구도 과학으로부터
자유로울 수 없다

　과학으로부터 자유로운 사람은 없다. 문과 출신이라 해도 예외는 아니다. 현대 인류문명의 물질적, 정신적 토대가 과학이기 때문이다. 흔히 과학이라고 하면 스마트폰, 인터넷, 자동차, 컴퓨터 등과 같은 편리한 발명품을 떠올린다. 물론 이 물건들에는 첨단 과학의 원리가 들어 있다. 그러나 그것이 전부는 아니다. 과학이 삶에 미치는 영향은 생각보다 심대하다. 철학자 푸코는 "권력은 도처에 있다"라고 했다. 이 유명한 문장을 이렇게 패러디할 수 있다. "과학도 도처에 있다."

　우선 건강이 과학의 산물이다. 현대 인류의 기대 수명은 80세를 넘어선다. 그러나 이렇게 건강해진 것은 오래된 일이 아니다. 불과 1950년대만 해도 평균 50세 정도까지밖에 못 살았다. 수십 년 새 수명이 30년 이상 늘어난 데는 의술과 약물의 발전이 결정적이었다. 과학이 인체의 구석구석을 탐구해서 많은 비밀을 밝혀

낸 결과다.

정치도 과학과 밀접한 관련이 있다. 현대국가, 자유민주주의의 기원인 시민혁명은 종교와 왕정을 거부하는 계몽주의에서 비롯되었다. 계몽주의는 이성과 논리로 사회를 구성하려는 과학적 세계관의 산물이다. 실제로 시민혁명의 설계자들은 대부분 과학자이거나 과학을 진지하게 공부했다.

자본주의와 산업화도 과학 없이는 불가능했다. 경제활동의 원천인 에너지, 기존 생활양식을 바꾼 기발한 상품은 자연에 대한 새로운 발견을 통해 발전했다. 과학은 인류가 개발한 그 어떤 것보다 커다란 부가가치를 가진 혁신적 발명품이었다.

인간의 정신 활동도 과학에 의해 성숙했다. 경험과 이성에 근거해 논리적으로 판단하는 사고방식은 본래 인간 고유의 것이 아니었다. 과학이 근대학문으로 발전하면서 인간의 사유도 과학화하도록 훈련된 결과다. 인류는 과학을 바탕으로 새로운 문명을 건설함으로써 이 모든 혜택을 누리게 되었다.

그래서 우리는 과학을 공부해야 한다. 우리 삶을 이토록 윤택하게 해준 과학의 본질을 알고 성장 과정을 이해해야 한다. 물론 과학을 전부 아는 것은 불가능하다. 바쁜 일상을 살아가는 현대인에게는 더욱 어려운 일이다. 하지만 일부라도, 아니 최소한만이라도 알아야 한다. 이 책은 이러한 '최소한의 과학 공부'를 돕고자 한다.

안타깝게도 첨단 과학의 시대를 사는 많은 현대인이 과학을 잘 알려고 하지는 않는다. 특히 문과 전공자들이 그렇다. 대다수 문과

생에게 수학, 물리, 화학 등은 학창 시절의 악몽이었던 탓이다. 그래서 입시가 끝나면 그 어렵고 싫었던 과학 과목을 다시는 접하려 하지 않는다. 직장 생활을 하면서도 자기 계발 삼아 재테크나 인문학을 공부하는 분위기와는 대조적이다. 물론 시험에만 집중하는 주입식 과학교육의 탓이 크지만, 더 근본적인 문제가 있다.

우리나라에서는 과학이 교양(역사, 철학, 문학, 예술 등)으로 받아들여지지 못했다는 점이다. 예컨대 셰익스피어의 4대 비극은 알아도, 뉴턴의 세 가지 운동법칙은 모르는 경우가 많다. 또 베토벤의 교향곡 제5번이 〈운명〉인 건 유명해도, 아인슈타인의 E=mc²이 '질량-에너지 등가 원리'인 건 그렇지 못하다. 인류에 미친 영향이라면 후자가 전자 못지않은 데도 그렇다. 그 결과 과학은 소수 전공자만의 특수하고 전문적인 학문이 되고 만다. "문송합니다(문과라서 죄송합니다)"라는 유행어가 뜬 이유다.

물론 과학이 어려운 학문이라서 그렇다. 최근 쉬운 과학을 표방하는 과학 대중화 콘텐츠들이 많아졌다. 이는 과학에 대한 진입 장벽을 낮춘다는 점에서는 긍정적이다. 다만 무조건 쉽게만 접근하려는 태도는 과학의 진정한 의미를 왜곡할 우려도 있다. 과학의 본질은 난해함이다. 이 전제를 부정해서는 안 된다. 이른바 쉬운 과학이란, '뜨거운 아이스 아메리카노'처럼 모순적 표현일 수 있다. 수십 년 연구만 해온 과학자들도 과학은 어렵다고 한다. 역설적으로 들리겠지만 과학의 난해함을 인정하는 것이 과학을 이해하는 첫걸음이 될 수 있다. 과학의 주제는 10억 분의 1미터 세계를 관찰하는 나노기술부터, 우주의 기원을 추적하는 빅 사이언스에 이르기까지 폭넓다. 즉 주제 자체가 보편적 사고 범위에 잘 들어맞지 않는다. 이러한 광범위하고 전문적인 논의를 모두 이해하는 것은 불가능하다. 결국 취사 선택이 필요하다. 그렇다면 과학의 어떤 부분을, 어떻게 이해할 것인가가 중요한 문제가 된다. 과학을 공부하는 방법이 중요한 이유다.

이 책은 이러한 과학 공부의 방법으로 '관계'를 제안한다. 즉 이책은 관계로 과학을 이해해 보려는 시도다. 관계를 키워드로 잘활용하면 최소한의 노력으로 많은 과학 지식을 얻을 수 있다. 이는 구체적으로 다음의 두 가지를 의미한다.

첫째는 나의 삶과 과학이 어떻게 연결되는지 파악하는 것이다. 과학은 전공자의 전유물이 아니다. 현대인이라면 누구나 깊은 연관을 맺는, 보편적 문명과 지식의 총체다. 이러한 인식에 따라 우리는 역사 속에서 과학과 개인의 교차점을 여럿 발견할 수 있다. 개인은 문명 발전에 기여하고, 문명은 다시 새로운 유형의 개인을 만들어내기 때문이다. 이 책도 역사를 되짚어가며 개인과 과학이 서로 영향을 미친 다양한 사례를 살펴본다. 이로써 독자들은 과학이 먼 곳이 아닌, 내가 누리는 문명 속에 있음을 알게 될 것이다.

둘째는 외부에서 관계를 통해 과학에 접근하는 것이다. 과학을 제대로 공부하려면 수학과 이론에 대한 지식이 필수다. 이것은 내부에서 과학을 이해하는 방법이다. 그러나 훈련되지 않은 평범한 사람들에게는 불가능에 가까운 일이기에 과학에 이르는 다른 길을 찾는 것이 더 효과적이다. 이 책은 외부 요인과의 관계를 통해서 과학으로 들어가는, 일종의 '우회로'를 보여주고자 한다. 우회의 거점은 의학, 정치, 경제, 철학이 된다. 이 네 가지는 역사 속에서 과학과 밀접한 연관을 맺어왔다. 과학은 인류를 건강하게 만들었고, 국가와 공동체의 발전을 이끌었으며, 삶의 질 상승과 사상의 혁신에도 기여했다. 이러한 흥미로운 과정을 통해 우리는 과학을 역사와 사회에 대한 상식과 연관 지어서 이해할 수 있다.

과학은 난해하지만, 그렇다고 범접할 수도 없는 고도의 전문지식인 것만은 아니다. 과학은 학문이자 사상이며, 또한 문명이기도 하다. 그것은 결코 인간의 삶과 동떨어져 존재하지 않는다. 그러니 아마 이렇게 말해도 좋을 것이다. "과학은 지금을 사는 모든 이의 삶에 스며들어 있다." 지금부터 역사의 항로를 따라 이어진, 그 장엄한 파노라마를 확인해 보자.

차례

◆ ─────────────────────────────

PART 1   의학
과학은 어떻게 인류의 무기가 되었나

◆ ─────────────────────────────

PART 2   정치
권력과 상부상조하며 탄생한 과학

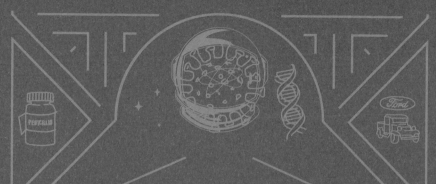

PART 1

의학

과학은 어떻게
인류의 무기가 되었나

과학으로 들여다보는 인체
해부학과 외과의사의 탄생

의학 드라마의 주인공은 대부분 외과의사다. 외과 전공의 저조한 인기를 생각해 보면 역설적이다. 주요 병원의 전공의 모집에서 외과는 거의 매년 미달한다. 그런데도 드라마는 왜 그렇게 외과를 좋아할까? 아마 말 그대로 드라마틱해서일 것이다. 외과는 죽어가는 사람을 되살리는 곳이다. 그래서 이를 잘 연출한 수술 장면은 서스펜스를 극한까지 몰고 간다. 2007년 MBC에서 방영한 〈하얀거탑〉이 그랬다. 두 의사의 수술 배틀이 뿜어내는 흡입력이 손에 땀을 쥐게 했다. 웬만한 스포츠 경기 결승전은 저리 가라였다. 그때 흘러나온 〈비 로제트B Rossette〉는 유럽 챔피언스리그 결승전을 상징하는 〈비바 라 비다Viva la Vida〉만큼이나 마성의 BGM이었다.

그런데 따지고 보면 수술이란 위험천만한 일이다. 그 본질은 사람의 몸을 자르고 째서 망가진 장기를 뜯어고치는 일이 아닌가. 인체에 대한 방대한 지식과 정교한 기술이 없다면 엄두도 못 낼 일이다. 이렇게 보면 외과 전공 지원율이 낮은 이유도 이해가 간다. 자칫 순간의 실수로 사람의 목숨을 잃을 수 있다. 그렇다 보니 과실과 소송에 대한 부담도 크다. 직업적 소명의식이 없다면 하기 힘든 일일 것이다. 외과의사는 존재만으로 존경받을 가치가 있다.

하지만 외과의사의 사회적 지위가 높아진 것은 그리 오래되지 않았다. 의학에서 해부와 수술을 오랫동안 금기시했기 때문이다. 중세까지 과학은 철학으로 여겨져 사변적 성격이 강했는데, 의학도 예외가 아니었다. 그래서 인체를 실험과 조작이 아닌 사유의 대상으로 여겼다. 이러한 인식이 바뀌어 해부가 의학의 핵심 영역으로 성장한 것은 16세기 과학혁명(과학혁명은 16~17세기 유럽에서 진행된 과학의 급격한 발전을 의미한다. 우리가 알고 있는 과학의 모습이 이때부터 갖춰지기 시작했다. 중세까지 자연철학의 일부였던 과학은 과학혁명을 계기로 고유의 세계관과 방법론을 갖춘 독자적 학문으로 정립되었다. 종교개혁, 시민혁명 등과 함께 중세에서 근대로 넘어가는 중요한 역사적 단계이기도 하다. 자세한 내용은 이 책의 파트 4를 참조할 것)부터다. 그 이전까지 인체에 대한 지식은 관찰과 경험보다는 고대인들의 이론적 유산에 의지했다.

갈레노스의 권위와 유산

대부분의 서양 학문처럼 의학도 그리스·로마 시대에 시작되었다. 고대 그리스의 의사라면 역시 히포크라테스가 유명하다. 그러나 이론적으로 더 영향을 미친 것은 클라우디오스 갈레노스다. 2세기 초반 갈레노스는 다양하게 전해 내려오던 의술을 학문으로 집대성했다. 갈레노스는 역사, 문학, 철학 등을 통틀어 가장 많은 희랍어 저술을 남긴 학자로 꼽힌다. 19세기 일부 복원된 그의 전집만 수천 페이지에 이른다. 갈레노스는 로마제국 5현제 중 한 명인 마르쿠스 아우렐리우스의 주치의기도 했다.

다만 당시 인체 해부는 가톨릭 교리에 의해 엄격히 제한되었다. 황제의 주치의였던 갈레노스에게도 이는 마찬가지였다. 대신 갈레노스는 검투사들을 치료하며 인체 일부를 들여다볼 수 있었다. 여기에 동물들을 해부한 경험을 결합하여 인체 구조를 유추했다. 의학을 철학처럼 사고했던 갈레노스는 단순한 경험의 축적보다는 기하학에서 쓰이는 치밀한 연역 논리를 더욱 중시했다. 이런 경향은 자연을 철학적으로 탐구했던 아리스토텔레스와도 닮은 것이었다.

해부에 대한 부정적 인식은 오랫동안 변하지 않았다. 천 년이 넘도록 제대로 해부를 해본 사람이 없을 정도였다. 그럴수록 갈레노스의 권위는 공고해졌다. 해부에 대한 금기가 조금씩이나마 풀린 것은 타살 의심자들에 대한 법의학적 해부가 일부 허용된 12세기부터다. 14세기 흑사병이 온 유럽을 초토화하자 교황청의 후원으로 병의 원인을 찾으려는 해부도 이루어졌다. 하지만 16세기까지도 해부학의 수준은 갈레노스가 세운 이론에서 별반 달라지지 않았다.

해부는 더 이상 금기가 아니었으나 학문으로 발전하지도 못했다. 의학 연구가 손에 피를 묻히는 실험과 실습 위주로 이루어지지 않았기 때문이다. 그런 작업은 고상한 의학자보다는 천한 외과의사의 몫이었다. 아직 학문이란 고귀한 정신적 활동으로 여겨지던 시대였다. 의학자도 철학자나 사상가로서 이해되었다. 따라서 이때의 의학 수업이란, 외과의사가 해부를 하는 동안 의사는 뒷짐지고 서 있다가 책을 강독하는 식이었다.

직업적으로 의사와 외과의사도 엄격히 구분되었다. 두 개념의 영어 단어에서도 차이가 드러난다. 몸의 기능을 연구하는 생리학physiology에서 파생한 피지션physician은 의사, 특히 내과의사를 뜻한다. 오랫동안 의사는 곧 피지션이었다. 피지션이 되려면 대학에서 생리학을 공부해서 학위를 받아야 했다. 피지션은 환자를 주로 약으로 치료했다. 반면 외과의사를 뜻하는 서전surgeon의 어원은 그리스어 cheiros(손)와 ergon(일)의 합성어다. 이것이 라틴어로 chirurgus, 다시 영어로 surgeon이 되었다.[1] 요컨대 외과의사는 '손 기술자'란 뜻이다. 수술surgery도 결국 손 기술이란 뜻이다. 서전은 대학도 나오지 않았고 생리학도 몰랐다. 아버지나 선배로부터 배운 칼쓰는 기술로 환자를 치료했다. 게다가 그 칼로 면도와 이발도 해주었다. 그래서 이발사·외과의사barber surgeon는 하나의 직업으로 분류되었다. 서전의 지위는 제빵사나 양조업자와 비슷했다. 당연히 피지션은 서전을 동료로 여기지 않았다.

당시 외과의사의 주특기는 방혈이었다. 환자의 혈관을 침으로

최소한의 과학 공부

중세의 외과의사는 이발사와 같은 직업군으로 분류되어 사회적 지위가 낮았다. 방혈(피 빼내기)처럼 과학적 근거가 희박한 치료를 주로 했다.

찔러 피를 빼내는 시술이다. 지금 보면 황당하지만, 그때만 해도 만능 치료법으로 각광받았다. 이 방혈에 쓰이는 침이 란셋이다. 오늘날 의학계에서 가장 저명한 저널의 이름이기도 하다.[2]

베살리우스의 도발적 문제 제기

16세기 들어 갈레노스 이론은 의심의 대상이 되었다. 두 가지 배경이 있었다. 첫째, 인쇄술 발달로 갈레노스의 책들이 대중화되었다. 책이 많이 읽히면 내용에 의심을 품거나 검증을 하려는 사람들도 나타나기 마련이다. 천동설을 확립한 클라우디오스 프톨레마이오스가 그랬고, 갈레노스도 예외일 수는 없었다. 둘째로 르네상스를 거치며 실제 인체 해부가 성행했다. 이 시대 의사와 지식인들은 인체를 이해하려면 직접 해부해 봐야 한다고 생각했다. 그래서 화가와의 협업을 통한 해부도 제작이 유행했다. 레오나르도 다 빈치는 그중에서도 뛰어난 실력을 보인 화가다. 그는 현대의 기준에서도 매우 정확한 해부도를 그렸다. 하지만 교황청은 정식 의사가 아니었던 다 빈치의 해부도를 출판 금지했다. 1800장이 넘는 그의 해부도는 제자들에 의해 뿔뿔이 흩어졌고, 200여 년 뒤에야 출판될 수 있었다.

그러던 1543년, 코페르니쿠스의 《천구의 회전에 관하여》가 나온 그해, 의학의 패러다임을 바꾼 책 한 권이 나온다. 안드레아스 베살리우스라는 29살의 의사가 쓴 《인체의 구조에 관하여De Humani Corporis Fabrica》다. 이 책은 직접 인체를 해부해서 쓴 역사상 거의 첫 책이었다. 저자 베살리우스는 그 시대에 독보적인 인체 해부 경험을 갖고 있었다. 그래서 갈레노스 저작을 읽으며 그가 인체를 해부해 본 적이 없다는 사실을 일찍부터 알아차렸다. 이 점이 책을

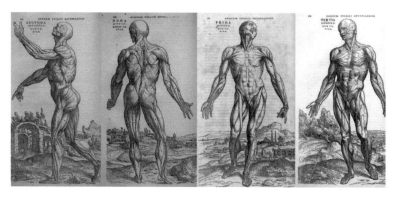

《인체의 구조에 관하여》의 삽화. 당시 기준으로 인체의 구조를 놀라울 정도로 사실적으로 묘사했다. 이 책의 출간을 기점으로 해부학이 독자적 학문체계로서 발전하게 된다.

쓰는 중요한 동기가 되었다. 베살리우스는 이 책에서 200여 곳이 넘는 갈레노스의 오류를 바로잡았다.

《인체의 구조에 관하여》는 총 7권(뼈, 근육, 혈관, 신경, 생식기, 흉부, 뇌)으로 이루어졌다. 특히 독자가 직접 해부할 수 있도록 돕는 데 저술의 중점을 두었다. 백미는 함께 삽입된 300장이 넘는 해부도. 평소 베살리우스는 르네상스 지식인들이 그랬듯 해부도 제작에 상당한 노력을 기울였다. 그림이야말로 해부학적 지식을 전달하는 가장 효과적인 수단이었기 때문이다. 이 책의 해부도는 독일 화가 얀 슈테판 반 칼카르Jan Stephan van Calcar가 그린 것이다. 정밀한 선, 원근법, 명암법 등의 기법을 활용해 인체를 매우 사실적으로 표현했다.

그럼 베살리우스는 어떻게 해부 경험을 쌓을 수 있었을까? 그는 피지션 집안 출신이었지만 서전과의 구분을 거부했다. 어릴 때부터 곤충과 동물을 해부해 보면서 남다른 싹수를 보였다. 파리대학교로 진학한 이유도 이 학교가 해부 실습에 관대해서였다. 다만 해부할 시체는 늘 부족했다. 지금도 해부용 시체는 구하기 쉽지 않은데, 그때는 오죽했겠는가. 그러나 중요한 건 꺾이지 않는 마음이다. 베살리우스는 처형된 사형수를 빼돌리거나 공동묘지에서 시체를 구해왔다. 불법이었지만 개의치 않았다. 구해온 시체는 뼈와 살이 분리될 때까지 몇 시간이고 끓인 뒤 해부를 했다.

해부학의 성지, 파도바대학교

베살리우스에게 이탈리아 유학은 중요한 전기였다. 그 무렵 이탈리아 도시국가는 상업의 중심지로 거대 자본이 모여들었다. 자본가들은 15세기 인쇄술 혁명으로 쏟아진 책들을 사들였다. 자연히 새로운 학문을 금기시하기보다는 자유롭게 토론하기를 즐기는 학구적 분위기가 형성되었다. 학자와 예술가들이 먹고살 걱정 없도록 돕는 '스폰서' 부자들도 있었다. 갈릴레오 갈릴레이를 후원한 메디치 가문이 대표적 예다.

베살리우스는 파도바대학교 의학부에서 공부했다. 파도바는 베네치아 공화국 치하에서 황금기를 보내고 있었다. 특히 자유롭고 진취적인 학풍을 자랑했다. 덕분에 베살리우스는 마음껏 해부 실습을 할 수 있었다. 파도바 시 당국도 지원을 아끼지 않았다. 어떤 재판관은 처형된 죄수의 시신을 보내주기도 하고, 해부 일정에 맞춰 처형 시간을 미루기도 했다. 그 결과 베살리우스는 초고속으로 박사학위를 받고 스물세 살에 해부학 교수가 되었다.

베살리우스는 기존의 의사들과는 달랐다. 해부가 여전히 경멸받던 시절, 교수인 본인이 직접 칼을 들고 해부 시범을 보였다. 이러한 파격적인 강의 덕분에 대번에 스타 교수가 되었다. 파도바는 물론 볼로냐, 피사 등에서도 그의 강의는 성황을 이루었다. 하지만 모두가 그를 지지한 것은 아니다. 학계에서는 비난과 질시를 더 많이 받았다. 《인체의 구조에 관하여》에서 갈레노스를 비롯한 선배들의 오류와 관념성을 비판한 것이 화근이었다. 서른도 안 된 애송이가 학계의 권위를 하루아침에 뒤엎으려 했으니, 어쩌면 당연한 결과였다. 선배 학자들은 그를 파문시키다시피 했다. 얼마 못 가 베살리우스는 교수직을 사임하고 은퇴했다. 동료들의 집중 포화를 견디기 힘들어서였는지, 학문적으로 이룰 것은 다 이루었다고 생각해서인지는 알 수 없다. 그는 신성로마제국 카를 5세의 주치의로 스카우트되었고 귀족에까지 올랐다.

베살리우스는 파도바를 떠났으나 유능한 제자들은 그대로 남았다. 특히 히에로니무스 파브리치우스는 1594년 세계 최초의 해부학 전용 강의 실습실을 만들었다. 그 구조가 상당히 특이하다. 마치 오페라 원형극장처럼, 맨 아래에 해부대가 놓여 있고 이를 둘러싸며 좌석이 층층이 올라간다. 위로 갈수록 역삼각형 모양으로 관람석 공간이 넓어진다. 따라서 높은 곳에서도 제일 아래층의 해부 실험이 잘 보인다. 해부학 강의를 한 편의 공연처럼 관람할 수 있는 셈

파도바대학교의 해부학 실습실. 아직 해부학이 발전하지 못했던 시절, 이러한 파격적인 실험 교육은 근대의학의 발전에 크게 기여하게 된다. 수많은 의학자가 이곳에서 탄생했다.

이다. 이 실습실은 지금도 파도바의 관광 명소로서 유명하다.

파브리치우스의 제자 윌리엄 하비는 갈레노스의 권위를 완전히 무너뜨리는 발견을 했다. 본래 갈레노스는 혈액이 간에서 만들어져서 정맥을 따라 신체 말단부에 가서 소멸한다고 했다. 혈액은 에너지와 같아서 세포에 양분을 공급하면서 소모되어 버린다는 설명이다. 따라서 몸은 소모된 만큼의 혈액을 꾸준히 만들어낸다. 그러나 하비는 혈액이 심장에서 나와 몸속을 순환하여 다시 심장으로 들어간다고 보았다. 그는 인체에 필요한 혈액량을 계산해서 이를 입증했다. 우선 심장의 실제 용적을 측정했다. 이를 기반으로 심장이 시간당 얼마만큼의 혈액을 동맥 속으로 펌프질해 넣는지 계산했다. 약 250킬로그램이라는 수치가 나왔다. 성인 남성의 몸무게를 80킬로그램이라고 가정하면 그 세 배를 훨씬 넘는 양이다. 인체가 음식물을 섭취해서 혈액을 그렇게 많이 만들어낸다고 볼 수는 없었다. 실제로는 그보다 훨씬 적은 양이 몸속을 순환한다고 생각하는 것이 합리적이었다. 오늘날에야 중학교 수준의 지식이지만, 당시에는 누구도 의심하지 않았던 상식을 뒤엎는 발견이었다.

외과의사의 지위 상승

베살리우스와 하비를 거치며 의학은 실험과 관찰이라는 과학적 방법론을 확립했다. 때마침 유럽에서 과학혁명이 절정으로 치닫고 있었다. 이 무렵 의학의 주요 사건들을 과학혁명에 대입해보면 서로 잘 맞아떨어진다. 코페르니쿠스와 베살리우스의 책이 같은 해 나오고, 하비가 혈액순환론을 제창한 직후 이를 입증할 현미경이 발명되었다. 이는 의학이 과학혁명과 공명하는 하나의 흐름으로 보아야 할 것이다.

자연히 외과의사의 지위도 급상승했다. 이러한 변화는 해부학이 의학을 과학의 영역으로 끌어올린 것과 관련이 깊다. 외과의사도 기술사나 상인이 아닌, 과학적 지식에 따라 사람을 살리는 의사가 된 것이다. 17세기 이후 해부학은 의과대학의 핵심 커리큘럼

이 되었고, 사설 교육기관도 많아졌다. 해부학 지망생도 늘었다. 이러한 배경에서 뛰어난 외과의사들이 배출되면서 직업적 이미지를 크게 바꿨다.

하지만 외과의사가 오늘날처럼 몸속을 자유자재로 수술하는 일은 마취제가 개발된 19세기 중반에나 가능했다. 이 시기 해부학의 중심지로 떠오른 영국에서는 아주 중요한 책 한 권이 발간되었다. 1858년 외과의사 헨리 그레이Henry Gray가 쓴《해부학, 해설과 수술Anatomy, Descriptive and Surgical》이다. 줄여서《그레이 해부학Gray's Anatomy》이라고도 부른다. 이 책은 해부학과 외과수술을 접목한 최적의 교과서다. 첫 출간 이후 150년이 넘었는데도 여전히 교재로 쓰인다. 2020년에 무려 42판이 나왔다. 아마 미국 드라마를 좋아하는 사람이라면 이 책의 제목이 익숙할 것이다. 외과의사의 삶과 열정을(미드답게 복잡한 연애사도 함께) 다룬 인기 드라마〈그레이 아나토미〉가 바로 이 책 제목을 중의적으로 쓴 것이다. 그레이 아나토미의 주인공은 메러디스 그레이인데, Gray와 Grey의 발음이 같은 데서 착안했다. 그래서 드라마에 이렇게 철저하게 외과적인 제목을 붙였다.

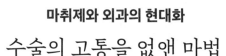

마취제와 외과의 현대화
수술의 고통을 없앤 마법

    1826년 영국의 에든버러대학교 의과대학. 한 소년의 수술이 시작되었다. 수술대에 꽁꽁 묶인 소년은 이미 공포에 질려 있었다. 날카로운 수술 도구들이 작은 몸을 쪼개고 잘랐다. 소년은 고통을 참지 못하고 비명을 지르다가 기절했다. 옆에서 수술을 참관하던 의대생도 충격을 이기지 못하고 밖으로 뛰쳐나갔다. 의대생은 결국 자퇴했고, 두 번 다시 학교로 돌아오지 않았다. 그의 이름이 찰스 다윈이다. 의사 집안의 아들이었던 다윈은 이후 신학으로 전공을 바꿨고, 신학보다는 박물학을 열심히 연구했다. 그리고 불멸의 명저 《종의 기원》을 남겼다. 역사에 만약은 없지만 그래도 다윈이 의대생일 때 마취제가 있었다고 상상해 보자. 그럼 《종의 기원》은 없었을지도 모를 일이다.

    다윈이 목격한 수술 장면은 마취제가 없던 시절에는 흔한 일이

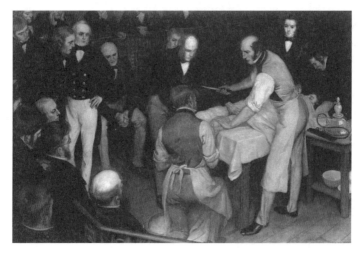

마취제가 없던 시절, 리스턴은 큼지막한 칼로 단 30초 만에 한쪽 다리를 잘라 인기가 많았다.

었다. 따라서 수술을 하는 외과의사의 가장 큰 덕목은 스피드였다. 최대한 빠르게 수술을 끝내야 명의로 대접받았다. 19세기 초 영국의 로버트 리스턴이 대표적인 경우였다. 리스턴은 단 30초 만에 한쪽 다리를 절단했다. 이런 신기에 가까운 수술법 때문에 그에게는 늘 예약 환자가 넘쳐났다. 특히 그는 빠른 수술을 위해 엄청나게 크고 날카로운 칼을 직접 제작해서 썼는데, 후일 살인마 잭 더 리퍼가 이 칼을 쓰면서 악명을 떨쳤다.

환자들의 고통을 줄이는 일은 빠른 수술만으로는 부족했다. 그래서 환자에게 술을 먹이거나, 경동맥을 압박해서 실신시키거나, 머리를 냅다 후려쳐 기절하게 만들기도 했다. 정말 기절초풍할 방법들이었다. 수술 직전이나 하는 중에 쇼크사하는 환자들도 여럿

최소한의 과학 공부

나왔다. 수술을 받으려면 목숨을 걸어야 했던 시대였던 셈이다.

마약에서 마취제로

인류 역사에서 마취 비슷한 방법이 없지는 않았다. 가장 먼저 언급되는 인물은 중국의 화타다. 삼국지의 애독자라면 반가워할 이름이다. 관우가 바둑을 두면서 팔 수술을 받았다는, 바로 그 전설의 명의다. 화타가 마비산이라는 마취제를 썼다는 기록이 있다. 하지만 자세한 제조법은 전해지지 않아, 이 또한 전설일 가능성이 크다. 19세기 초 일본에는 하나오카 세이슈라는 의사가 있었다. 그는 개항 이전에 네덜란드 의학을 받아들여 통선산이라는 마취제를 개발했다. 이걸로 세계 최초의 전신마취와 유방종양 제거 수술을 했다고 한다. 통선산 제조법은 기록으로 남아 있다. 이걸 그대로 따라 해보니 마취 효과가 있었다는 의대 교수의 증언도 있다. 이 밖에도 아편, 대마, 맨드레이크 같은 약재들이 쓰이기도 했다. 사실 이름만 약재이지 마약이나 마찬가지다. 마약에 취해서라도 수술의 고통을 줄이고자 했던 눈물겨운 노력이었던 셈이다.

과학적 효과가 분명한 마취제는 근대과학이 발전하면서 등장할 수 있었다. 산소의 발견자로 유명한 조지프 프리스틀리는 1772년 아산화질소 가스를 발견했다. 이 물질에는 사람의 기분을 유쾌하게 만드는 성분이 있어서 웃음 가스라고도 불렀다. 이런 특징에 주목해 수술용으로 쓰자는 아이디어가 제기되었다. 그러나 실제로는 수술보다는 파티에서 환각제로 주로 쓰였다. 1844년 미국의 치과의사 호레이스 웰스는 우연히 참석한 파티에서 아산화질소를 마신 사람이 다리에 피를 흘리는데도 통증을 느끼지 못하는 모습을 보고 마취제로 쓰면 되겠다는 아이디어를 떠올렸다. 다음 날 바로 자신의 사랑니를 뽑는 데 써보니, 정말 아프지 않다는 사실을 깨달았다. 흥분한 웰스는 동료 의사들을 불러모아 공개 시연회를 열었다. 그런데 어찌 된 일인지 시연은 실패했다. 사랑니를 뽑힌 환자는 피를 흘리며 고통에 몸부림쳤다. 이후 몇 번의 실패를 반복하자 웰스는 치과의사를 그만두었고, 결국 자살로 생을 마감했다. 22년 뒤 미국 치과의사협회는 그가 최초의 마취제 발견자임을 공인했다.

웰스와 함께 마취제를 연구했던 윌리엄 모튼은 스승의 실패를 교훈 삼아 다른 대안을 찾았다. 그 결과물이 에테르였다. 하버드 대학교에서 화학을 가르치던 찰스 잭슨Charles Jackson은 모튼에게 에테르의 효능을 알려주면서 이를 직접 시험해 보자고 권유했다. 마침내 1846년 10월, 보스턴의 매사추세츠 종합병원에서 세계 최초로 에테르를 마취에 사용한 수술이 시행되었다. 매사추세츠 종합병원은 오늘날 하버드 의학전문대학원의 부속병원이기도 하다. 후일 세계적 명문 병원이 되는 이곳에서 사상 처음으로 마취 수술이 이루어진 것도 우연은 아닐 것이다. 모튼은 솜에 묻힌 에테르를 환자에게 흡입시켜 의식을 잃게 했다. 이후 매사추세츠 종합병

최소한의 과학 공부

원 외과 과장인 존 워런John Warren이 목의 종양을 없애는 데 성공했다. 다음 날 보스턴 언론은 수술 결과를 대서특필했다. 수술에 참여한 의사들은 결과를 정리해서 의학 저널에 보고했다. 이로써 에테르는 우수한 마취제로 명성을 날리기 시작했다. 수술은 물론 의학의 패러다임을 바꾼 일대 사건이었다.

그러나 에테르 발견자들의 말로는 아름답지 못했다. 대대적인 특허권 분쟁을 벌였기 때문이다. 가장 먼저 모튼이 에테르의 특허를 단독으로 등록했다. 하지만 그에게 에테르의 중요한 정보를 주고 공개 시연을 주선한 것은 잭슨이었다. 잭슨이 반발하자 모튼은 마지못해 공동으로 등록했지만, 둘의 관계는 험악해졌다. 잭슨은 에테르 발견의 공로가 100퍼센트 자기 것이라 생각했다. 여기에 크로퍼드 롱Crawford Long이라는 조지아의 의사도 끼어들었다. 롱은 모튼보다 4년이나 빠른 1842년, 에테르를 두 차례의 수술에 사용했으나 이를 발표하지는 않았다. 그러다 뒤늦게 자신이 한 일의 중요성을 깨닫고 수술 사례를 논문으로 제출했다. 이로써 특허권 분쟁의 당사자는 세 명으로 늘어났다. 의회는 5년에 걸쳐 이 문제를 심의했으나 명확한 결론을 내리지 못했다. 방황하던 모튼은 센트럴파크의 호수에 몸을 던져 자살했고, 잭슨은 7년 동안 정신병원에 있다가 숨을 거두었다. 에테르의 발명자에 대한 영예는 그렇게 애매한 상태로 남았다.

다만 1926년 국회의사당에 봉의 대리석상이 세워져서, 국가적으로는 롱을 최초의 마취제 개발자로 인정하고 있다. 그리고 최초

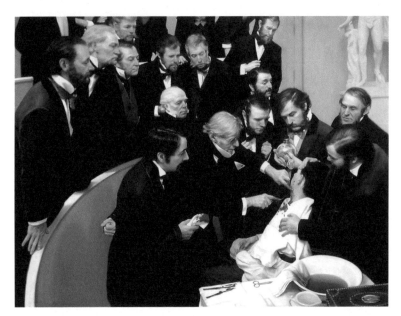

1846년 10월, 미국 보스턴의 매사추세츠 종합병원에서 처음으로 마취제(에테르)를 사용한 수술이 이루어졌다. 미국 정부는 이 역사적인 장소를 '에테르 돔'이라는 이름의 국가 유적으로 지정해 기념하고 있다.

의 공개 수술이 있었던 매사추세츠 종합병원 건물을 1965년 에테르 돔이라는 이름의 국가 유적으로 지정했다. 어찌 되었든 웰스, 롱, 모튼이 다양한 방법으로 최초의 마취제 개발에 대한 기여를 인정받게 된 것이다.

클로로폼이 일으킨 논란

이렇게 센세이션을 일으킨 에테르지만, 단점도 있었다. 발화점이 낮아서 작은 열에도 쉽게 폭발한다는 것이었다. 실제로 에테르로 인한 화재 사고가 여러 번 났다. 냄새도 아주 역했다.

이런 배경에서 영국의 제임스 심프슨이 새로운 마취제 개발에 나섰다. 산부인과 의사였던 그는 에테르를 이용해 분만을 시도해 봤으나, 결과는 그리 만족스럽지 않았다. 에테르가 기관지와 위장에 심각한 자극을 가했기 때문이다.[3] 또 특유의 역한 냄새 때문에 산모들이 불쾌해했다. 그래서 더 나은 마취제를 찾고자 다양한 화학물질들을 시험해 보았다. 이때 아주 단순 무식한 방법을 사용했는데, 동료들과 함께 여러 가스를 직접 들이마시면서 어떤 것이 통증 완화에 효과가 좋은지 골라내는 식이었다.

클로로폼은 이러한 과정을 거쳐 1847년 발견되었다. 의사들이 몸으로 직접 실험해 본 결과물이라 그런지 효능은 확실했다. 에테르보다 마취가 잘 되었고, 역한 냄새도 없었으며, 무엇보다 안전했다. 심프슨은 즉각 출산에 클로로폼을 사용했고, 이것의 유용성은 삽시간에 퍼져 나갔다. 에든버러에서만 2년 동안 4만 명의 환자가 클로로폼으로 마취를 했다. 프랑스 작가 모리스 르블랑이 추리소설 《아르센 뤼팽》 시리즈에서 상대를 납치할 때 쓰는 약으로 묘사할 정도였다. 출산의 고통에 시달리던 산모들은 클로로폼의 등장에 열광했다.

그런데 이를 달갑게 여기지 않은 사람들도 있었다. 기독교인들이 대표적이었다. 대략 이런 주장이었다. "인간의 통증도 곧 하나님의 뜻이다. 이걸 인위적으로 없애는 일은 신의 섭리에 어긋난다." 특히 여성의 산고는 에덴동산에서 이브가 지은 원죄에 대한 하나님의 벌이므로 더욱 없애면 안 된다고 보았다. 기독교인이 아니더라도, 모성의 근원인 출산의 고통을 없애는 것은 인간적이지 못하다고 생각한 사람도 있었다. 지금 보면 황당하지만, 19세기에는 이런 생각들이 진지한 사회적 담론이 되었다. 1849년 심프슨이 의학 잡지에 기고한 글을 보자. 당시의 황당한 세태가 그대로 반영되어 있다.

다른 의과대학에서는 출산하는 여인에게 마취제를 주는 나의 행동이 신의 섭리와 질서에 어긋나며, 따라서 이단적이고 괘씸한 일이라고 비난한다는 사실을 알게 되었다.[4]

반대 여론을 불식시킨 것은 다름 아닌 여왕이었다. 빅토리아 여왕은 1853년 레오폴드 왕자와 1857년 베아트리스 공주를 클로로폼을 이용한 무통 분만법으로 출산했다. 이것으로 논란은 종결되었다. 물론 여왕이 아무 생각 없이 이런 행동을 했을 리는 없었다. 클로로폼과 무통 분만 논란이 국론분열의 양상을 보이자, 여왕이 의도적으로 한쪽을 편들어준 것이라 할 수 있었다.[5] 그것은 종교보다는 과학, 남성보다는 여성의 입장을 대변했다는 점에서 진보

최소한의 과학 공부

영국의 빅토리아 여왕은 클로로폼을 이용한 무통 분만으로 레오폴드 왕자를 출산했다. 여왕이 직접 마취제를 사용하자, 사회적 논란은 가라앉고 마취제의 사용은 급증했다.

적이었다. 여왕의 출산을 계기로 심프슨은 엄청난 유명인사가 되었다. 그는 여러 대학에서 명예 박사학위를 받았고, 의학 교과서에 이름을 올렸으며, 여왕의 주치의로도 선발되었다. 1866년에는 귀족 작위도 받았다. 여왕이 하사한 문장에는 "정복된 고통Victo Dolore"이라는 문구가 새겨져 있었다. 1870년 고향 스코틀랜드에서 열린 그의 장례식에 3만 명이 운집하기도 했다. 사람들은 인류를 고통에서 구한 이 의사의 마지막 길에 경의를 표했다.

사소하지만 위대한 발명품

안타깝게도 클로로폼 역시 선배 마취제들의 운명을 벗어나지는 못했다. 1937년, 간 손상과 심실세동의 원인이 될 수 있음이 확인되면서 더 이상 마취제로는 사용되지 않았다. 아쉬운 마음을 가질 필요는 없다. 비슷한 시기에 다른 마취제들도 많이 개발되었기 때문이다. 이제부터는 본격적인 수면마취의 시대가 열린다. 대표적으로 티오펜탈 나트륨은 초단기 마취제로 특히 전신마취의 도입 단계에서 널리 이용되었다. 정맥주사 뒤 30~45초 만에 뇌에 도달해 무의식 상태를 만들고, 10~15분 정도면 약물의 효과가 끝나는, 짧으면서도 강력한 효과를 자랑했다. 20세기 후반에 이르러서는 미다졸람과 프로포폴이 등장한다. 일반인에게도 유명한, 수면 내시경 검사에 쓰이는 마취제의 양대 산맥이다. 그러니까 불과 1백여 년 사이 일이다. 목숨을 걸고 수술해야 하는 시대에서 수면 상태에서 몸의 리스크를 사전 예방하는 시대로 바뀐 것.

마취제는 일견 사소해 보이나 의학은 물론 사회에도 엄청난 영향을 미쳤다. 백신, 항생제와 함께 의학의 위대한 발명품으로 꼽히기에 손색이 없다. 마취제를 사용하면서 외과의사들은 환자의 고통에 대한 부담과 시간의 압박에서 벗어날 수 있었다. 리스턴의

최소한의 과학 공부

다리 절단 30초 세계 기록(무슨 올림픽도 아니고)도 별 의미가 없어졌다. 이제는 복잡한 수술을 얼마나 정밀하게 할 수 있는가가 관건이 되었다. 요컨대 외과가 마취제를 계기로 현대화한 것이다. 인체 깊숙이 위치한 복강, 흉강 등은 기존 의사들의 손이 닿지 않던 곳이었다. 마취제를 통해 비로소 이곳들이 의사 앞에 모습을 드러냈다. 또한 뇌, 장기 이식 등 이전에는 상상도 못 하던 고난도 수술도 가능해졌다. 마취가 가져온 효과는 수술에만 머무르지 않는다. 수면 내시경의 보편화로 좀 더 많은 사람이 손쉽게 몸 안의 위협 요인을 미리 제거할 수 있게 되었다. 실제로 최근 10여 년 동안 대장암 사망자 수가 꾸준히 감소한 것은 내시경 검사의 확대와 연관이 깊다.

무라카미 하루키는 수필집《랑게르한스섬의 오후》에서 작지만 확실한 행복, 즉 '소확행'이라는 말을 썼다. 갓 구운 빵을 손으로 뜯어먹을 때, 서랍 안에 반듯하게 정리된 속옷을 볼 때, 바쁜 일상에서도 작은 즐거움을 느낀다는 통찰이다. 오래전 일본인 작가가 농담처럼 사용한 조어가 어쩌다 수십 년 만에 우리나라에서도 유행했는지는 모르겠다. 다만 한 가지 분명한 것은 있다. 의학에서 소확행에 가장 가까운 발견은 마취제라는 것. 마취제는 겉보기에는 별것 아닌 약이다. 하지만 그것으로 인해 생명의 많은 부분이 확실해질 수 있었다.

X선과 영상의학의 태동

우연히 꿰뚫어 본 인체의 내부

과학은 이성과 논리의 학문이다. 그 세계는 연역과 귀납의 연결 고리들로 틈 없이 짜여 있다. 이렇게 과학을 구성하는 논리의 정교함에 아름다움을 느끼는 사람들도 있다. 2004년 노벨물리학상 수상자 프랭크 윌첵이 대표적이다. 그는 자연의 복잡한 세계가 철저한 수학 규칙으로 환원되는 것을 아름답다고 예찬했다. 윌첵에 의하면 이 아름다움이야말로 과학적 영감의 원천이다.[6] 그러니 한때 과학자들이 수학으로 세상만사를 다 설명할 수 있다고 주장한 것도 무리는 아니었다. 르네 데카르트나 고트프리트 빌헬름 라이프니츠 같은 합리주의자들이 꿈꿨던 궁극의 목표가 바로 이 보편 수학이었다.

그러나 과학의 역사를 보면, 꼭 논리가 모든 것을 해결해 주지는 않음을 알게 된다. 과학의 발견이 연구자가 설계한 계획과 논

최소한의 과학 공부

리대로 맞아떨어지는 경우는 의외로 별로 없다. 오히려 우연과 행운이 자주 개입된다. 사회학자 로버트 머튼은 과학의 이러한 특성을 세렌디피티serendipity라고 개념화했다.[7] 운 좋은, 또는 뜻밖의 발견이라는 의미다. 물론 이게 과학은 어차피 다 우연의 산물이라는 뜻은 아니다. 세렌디피티는 준비된 상태, 노력하는 자에게 찾아오는 우연이다. 즉 어떤 연구에 몰입한 상태에서 갑자기 차원이 다른 발견으로 나아가는 경우라고 할 수 있다.

1895년 발견된 X선은 세렌디피티의 전형적 예다. 발견 과정이 그만큼 뜬금없었다. 발견자인 빌헬름 뢴트겐도 유명한 과학자가 아니었다. 그러나 X선이 등장하면서 인류의 삶은 엄청난 변화를 겪었다. 당장 X선 없는 외과 치료는 상상할 수조차 없다. 또한 물질의 아주 깊은 곳까지 들여다봄으로써 자연에 대한 이해를 크게 확장할 수 있었다. 1901년부터 시상된 노벨물리학상의 첫 번째 수상 성과도 바로 이 X선이었다. X선은 발견의 계기가 우연이었다고 해서 그 결과도 사소하지 않음을 보여준다.

인류의 운명을 바꾼 실험

19세기 과학의 위대한 진보를 이끈 전자기학은 X선 발견의 프리퀄이라 할 수 있다. 당시 과학자들의 관심 중 하나는 진공 속에서 전류가 어떻게 흐르는가를 보는 것이었다. 1869년 요한 히투르

프는 이를 관찰하다가 음극에서 양극으로 어떤 광선이 흐른다는 것을 알아냈다. 여기에 오이겐 골트슈타인Eugen Goldstein이 음극선이라는 이름을 붙였다. 음극선은 눈에 보이지 않지만, 유리 벽이나 형광물질에 닿으면 빛을 냈다. 다만 왜 이런 현상이 일어나는지 아무도 몰랐다. 이에 많은 이들이 음극선의 정체를 밝히는 데 도전했다. 마침 윌리엄 크룩스가 진공관(일명 크룩스관)을 발명하면서 좀 더 편리하게 실험할 수 있게 되었다.

뢴트겐도 그중 한 명이었다. 그는 독일 뷔르츠부르크대학교의 학장으로서 막 1년의 임기를 끝낸 참이었다. 평교수로 돌아간 뢴트겐은 원래 해오던 음극선 실험을 재개했다. 그리고 1895년 11월 8일 인류의 운명을 뒤바꾸는 실험을 했다. 이날의 목표는 유리관을 투과한 음극선을 확인하는 것이었다. 음극선이 내는 형광은 유리관을 투과하며 생긴다는 가설에 따른 것이었다. 물론 음극선은 유리관을 투과하지 못한다고 알려져 있었다. 그러나 소량의 음극선은 가능할 수도 있다는 것이 뢴트겐의 생각이었다. 이 아이디어는 필리프 레나르트가 만든, 음극선이 투과할 수 있는 얇은 알루미늄판에서 비롯되었다. 금속을 투과하는데 유리관도 투과하지 말라는 법은 없었다. 다만 그렇게 유리관을 투과한 음극선은 아주 약할 것이 분명했다. 뢴트겐은 빛을 차단하고자 크룩스관을 검은 마분지로 단단히 감쌌다. 그런 뒤 실내등을 모두 꺼서 실험실도 어둡게 만들었다. 준비가 다 되자 크룩스관에 전류를 흐르게 했다. 마분지로 싸인 크룩스관에서는 어떤 빛도 새어 나오지 않았다.

그런데 엉뚱하게도 맞은편의 책상 위 백금시안화바륨 용지에 희미한 빛이 생겼다. 이 용지는 유리관을 투과한 음극선을 확인하려고 준비한 것이었다. 아니, 빛이 왜 거기서 나와…? 당황한 뢴트겐은 용지를 더 멀리 떼어놓아도 보고, 용지와 크룩스관 사이에 두꺼운 책을 놓아보기도 했다. 결과는 같았다. 이게 음극선일 리는 없었다. 음극선은 공기 중에서도 고작 3센티미터 정도만 날아간다. 이것이 몇 미터나 떨어진 책상까지, 그것도 두꺼운 책을 뚫고 지나갔다고 생각할 수는 없었다. 백금시안화바륨 용지와 반응한 것은 강한 투과력을 가진 새로운 광선ray이 분명했다. 일단 발견은 했으나 정체를 알 수 없었기에 미지수를 뜻하는 'X'라고 명명했다.

X선의 투과력은 실로 대단했다. 나무, 고무, 섬유쯤은 아무렇지 않게 뚫고 지나갔다. 두꺼운 납을 갖다 대어야 겨우 막을 수 있었다. 뢴트겐은 여기서 중요한 아이디어를 떠올렸다. 보통의 광선이 그러하듯, X선도 건판에 감광시켜 사진으로 찍을 수 있겠다고 생각한 것이다. 만약 성공한다면 이 기묘한 광선의 존재를 객관적으로 입증할 수 있을 것이었다. 그 무렵 사진은 유리, 셀룰로이드 등의 건판에 감광물질을 바르고 빛을 쪼여서 찍었다. 빛의 세기에 따라 감광 반응 정도가 달라져 흑백 명암이 나타나는 원리다. 뢴트겐은 X선이 투과하는 물체의 밀도에 따라 흑백 명암이 다르게 찍힐 것이라고 예싱했다.

여기에는 뢴트겐의 아내가 모델(?)로 직접 나섰다. 여전히 정체

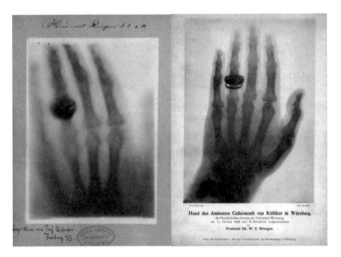

역사상 최초(왼쪽, 뢴트겐 아내의 손)와 두 번째(오른쪽, 쾰리커의 손) X선 촬영 사진

불명의 광선을 확신할 수 없었던 뢴트겐에게 아내 말고는 적당한 피실험자가 없었을 것이다. 12월 22일 뢴트겐은 크룩스관과 건판 사이에 아내의 손을 두고 사진을 찍었다. 현상해 보니 예상대로였다. 사진 속에 뼈는 뚜렷하게, 근육은 희미하게 나타나 있었다. 심지어 아내의 반지까지 선명하게 보였다. 현대인이라면 누구나 경험하는 X선의 인류 역사상 첫 번째 촬영이었다.

영상 의료기술의 혁명

뢴트겐은 이렇게 완벽한 증거를 확보한 뒤에야 논문을 쓰기 시

최소한의 과학 공부

작했다. 이미 많은 학자가 음극선을 연구하고 있어서 발표를 서둘러야 했다. 이 논문은 12월 28일 〈새로운 종류의 광선에 대하여〉라는 제목으로 뷔르츠부르크대학교 물리·의학학회지에 게재되었다. 논문을 접수한 편집진도 그 중요성을 단박에 알아보았다. 그래서 일주일이라는 이례적으로 짧은 기간에 게재를 결정했다.

10페이지에 불과한 이 논문은 엄청난 화제를 모았다. 이듬해 1월 4일 독일 물리학회 50주년 기념행사에서 전국에 알려졌고, 1월 9일에는 황제 빌헬름 2세가 위대한 발견을 치하하는 축전을 보냈다. 1월 23일에는 뷔르츠부르크대학교 물리·의학학회가 뢴트겐의 특별 강연회를 열었다. 강연회는 말 그대로 인산인해였다. 이 자리에서 80세의 해부학자 알베르트 폰 쾰리커Albert von Kölliker가 자청해 X선으로 손 사진을 찍었다. 참석자들은 선명하게 찍힌 손뼈 사진에 감탄하며 박수를 보냈다. 쾰리커는 45년간 학회 회원으로 있었지만, 이보다 중대한 발표를 본 적은 없다며 뢴트겐의 업적을 치켜세웠다.

X선을 가장 잘 써먹은 것은 역시 의사들이었다. 당시까지만 해도 의사들의 진단은 오직 감각에만 의존했다. 즉 시진, 청진, 타진, 촉진 말고는 병세를 관찰할 방법이 없었다. 환자에게 고통을 주지 않고 몸속을 보는 것이 모든 의학자의 숙원이었다. 이전까지는 마취 후 환자의 몸을 열어보곤 했다. 환자에게는 고통이 따르는 방법이있다. 이런 상황에서 살아 있는 사람의 몸을 직접 들여다볼 방법이 나왔으니, 의사들이 환호한 것은 당연했다. X선을 쓰면 골

절의 진단 정도는 어려운 일도 아니었다. 의사들은 몸에 꽂힌 유리 파편과 탄환을 찾아냈고, 총격으로 손상된 머리도 정밀하게 파악할 수 있었다. 그 결과 X선 발견 후 1년간 1000편이 넘는 논문과 50권이 넘는 단행본이 쏟아졌다. 대부분이 의사들에 의한 것이었다. 이렇게 외과수술에 세운 공로를 인정받아 1901년 뢴트겐은 최초의 노벨물리학상을 받았다. 자연의 비밀을 밝힌 동시에, 인류 삶의 질을 획기적으로 높인, 노벨상 제정 취지에 찰떡처럼 어울리는 성과였다.

뒤늦게 확인된 사실이지만, X선은 전자기파의 한 종류로 자외선과 감마선의 중간 정도 파장을 갖는다. 그래서 에너지가 상당히 크고 투과력이 좋다. 직진성도 강해서 자석에 의해 휘지 않는다. 다만 가시광선과 비교하면 파장이 수천 배는 짧으니, 눈에 보이지 않고 인지하기도 어렵다. 오랜 세월 그 존재가 발견되지 않은 이유가 바로 이 때문이었다.

X선 등장 이후 의학은 눈부시게 발전했다. 특히 인체를 과학적으로 분석 및 진단하는 영상의학이 새롭게 태동했다. 초기의 X선 진단기법은 주로 골격계와 흉부에 집중되었다. 그러나 X선이 고전압으로 개량되어 인체 깊은 곳에 도달하고, 바륨 조영제가 도입되면서 소화기계 진단도 가능해졌다. 이에 위장, 비뇨기계, 혈관, 뇌실 등이 영상의학의 분석 대상으로 포함되었다. 다만 한계도 있었다. 평면 촬영인 X선으로는 대상의 깊이를 가늠하기 어려웠고, 따라서 입체적인 이해가 불가능했다. 이는 진단 가능한 병의 종류

　　　　　　　　　　　　　　　최소한의 과학 공부

를 크게 제한시켰다.

초기 X선의 한계를 극복하고자 1970년대 개발된 것이 컴퓨터 단층촬영CT이다. CT는 여러 각도에서 촬영한 수십만 개의 X선 데이터를 합성하여 입체화된 영상을 구현한다. 즉 2차원에 머물렀던 X선의 한계를 말 그대로 한 차원 더 뛰어넘은 것이다. 이것을 개발한 미국의 물리학자 앨런 코맥은 조직별로 방사선의 흡수량 차이를 계산하면, 이걸 역이용해 영상을 만들 수 있다고 생각한 최초의 인물이었다. 그는 실제로 영상화에 필요한 수식을 만들었으나, 당시 컴퓨터가 계산하기에는 벅찼다. 10여 년 뒤 컴퓨터 기술이 발달하면서 고드프리 하운스필드라는 영국의 전기공학자가 코맥의 수식을 기계적으로 구현하는 데 성공했다. 이러한 CT의 등장으로 장기질환과 뇌출혈 등에 대한 정밀검사가 가능해졌다. 코맥과 하운스필드도 이 공로로 1979년 노벨생리의학상을 받았다. 뒤이어 자기장 속 입자에 전자기파를 쏘아 원자핵을 공명시켜 유기물 구조를 분석하는 자기공명영상MRI 기법도 등장했다. X선과 달리 자기장을 이용하는 이 신기술도 2003년 노벨생리의학상을 받았다. X선, CT, MRI로 이어지는 세 개의 노벨상에서 영상의학이 인류에 미친 영향이 얼마나 지대했는지를 짐작할 수 있다.

준비된 과학자에게 찾아온 행운

뢴트겐은 집념의 과학자였다. 그는 평생 48편의 논문을 발표했지만 별 반응을 얻지 못했다. 그러다 50세에 갑자기 X선이라는 대박을 터뜨렸다. 이는 일견 로또에 당첨된 행운아처럼 보인다. 하지만 이 과정이 그저 우연이라고는 할 수 없다. X선을 발견할 기회는 음극선을 연구했던 다른 학자들에게도 충분히 있었기 때문이다. 아마 뢴트겐 이전에도 많은 사람이 X선의 존재를 감지했을 것이다. 그러나 그들은 그 이상의 단계로 나아가지 않았다. 일례로 크룩스는 새로 산 사진 건판이 (X선 때문에) 못 쓰게 되는 경험을 종종 했는데, 원인을 찾기보다는 제조업체에 항의만 했다. 레나르트도 뢴트겐처럼 크룩스관 근처에서 빛이 나는 것을 목격했지만, 실험 장치 고장이라고 단정해 버렸다.

그러나 뢴트겐은 이상 현상에 의문을 품고 끈질기게 추적해 새로운 발견에 이르렀다. 그는 평소 아무리 미세한 변화라도 실험으로 검증하는 치밀함을 갖고 있었다. 이렇게 과학자로서 엄격한 태도가 다른 사람보다 먼저 X선을 발견하는 원동력이 되었다. 심지어 뢴트겐은 발견 뒤에도 끝까지 의심을 거두지 않았다. 실험을 하면서도 뭔가 착각하지 않았는지, 환상을 보는 것은 아닌지 계속 확인했다. 아내의 손을 직접 찍어본 뒤에야 자신이 미치지 않았다며 안도했을 정도였다. 그만큼 그는 자신의 정신 상태보다 객관적 증거를 더 믿는 철저한 과학자였다.

뢴트겐은 겸손한 인격자였다. 그는 X선이 우연한 발견이었고, 본인은 이미 50세가 넘었기에 더는 창의적 업적을 내기 힘듦을 잘 알고 있었다. 그래서 스스로를 과대 포장하거나 대가연하지 않았다. X선에 대한 뢴트겐의 강연은 발견 직후 열린 뷔르츠부르크대학교 물리·의학학회가 처음이자 마지막이었다. 제국의회를 포함한 여러 기관이 강연을 요청했지만 죄다 거절했다. 바이에른 왕국이 주는 훈장은 받았지만, 이름에 귀족 칭호 '폰'을 붙일 수 있는 권리는 사양했다. 노벨물리학상 상금도 모두 학교에 기부했다. 다만 X선을 발견한 책임감 때문에 1897년까지 두 편의 논문을 더 썼다. 그러나 논문들에서 이 신묘한 광선의 의료적 활용에 대해서는 일절 언급하지 않았다. 그저 X선의 성질과 그에 영향을 미치는 요인에 대해 건조하게 서술할 뿐이었다. 비유컨대 스마트폰을 개발했으면서 매뉴얼에는 통화와 문자 메시지 기능만 설명한 것이라 할 수 있었다.

뢴트겐은 강직한 지식인이었다. 누가 봐도 X선의 특허는 떼돈을 벌 기회였다. 독창적 아이디어를 특허로 독점해 돈을 버는 것이 나쁜 일도 아니었다. 예컨대 영국은 1623년 일찌감치 확립한 특허법 덕분에 산업혁명에서 다른 나라보다 우위를 점할 수 있었다. 이 법 때문에 기술자들이 영국으로 몰려들었고, 그들이 부를 축적하며 산업도 더욱 발달하는 선순환이 일어났기 때문이다. 그러나 뢴트겐은 여기저기서 들어오는 X선의 특허 제안을 끝까지 거절했다. 그 이유는 이랬다. "X선은 내가 발명한 것이 아니라, 자

X선을 발견한 뢴트겐을 유머러스하게 그린 만화(위)와 실제 뢴트겐이 X선을 발견한 실험실 (아래). X선 발견은 우연의 산물이었다. 그러나 평소 사소한 의문도 정확하게 실험으로 검증하는 뢴트겐의 태도가 아니었다면, 더 늦게 발견되었을지도 모른다.

연에 있던 것을 발견한 것이다. 따라서 인류의 자산이어야 한다."
카피레프트라는 용어도 없던 시절에 그 철학을 앞장서 실천한 것이다. 만약 X선의 사용권이 독점화되었다면 어땠을까? 아마도 거대 자본을 동원할 수 있는 기업들만 주로 썼을 것이다. 그러면 X선은 과학의 발전보다는 철저히 돈 되는 비즈니스 수단으로만 국한되었을 가능성이 크다.

최소한의 과학 공부

흔히 우연도 준비된 자에게 찾아온다고 한다. 그래서 우연을 축적된 필연이라고도 한다. 엄청난 노력파이면서 인격자였던 뢴트겐은 X선이라는 놀라운 우연을 얻기에 충분한 과학자였다. 그가 보여준 학문적 태도는 과학과 무관한 우리에게도 많은 것을 생각하게 한다. 그의 연설을 읽으며 다시 한번 상기해 보자.

자연은 우리에게 종종 아주 평범한 관찰로부터 놀라운 기적을 일으킵니다. 이것은 평소에 현명함과 통찰력으로 경험을 다진 사람만이 인식할 수 있습니다.[8]

페니실린과 제2차 세계대전
전쟁의 판도를 바꾼 약

1944년 6월 6일 아침 프랑스 노르망디 해변. 해안선을 돌파하려는 군인들과 이를 저지하려는 군인들의 대혈투가 벌어졌다. 제2차 세계대전의 결정적 장면 중 하나인 노르망디 상륙 작전이 시작된 것이다. 미국, 영국, 캐나다 연합군 15만 명이 투입된 역사상 가장 규모가 큰 상륙 작전이었다. 이들은 80킬로미터가 넘는 해안선을 다섯 구역으로 나누어 유럽 대륙 진입을 시도했다. 역사학자 존 키건의 묘사다.

노르망디 해안의 동쪽에서 서쪽까지, 그리고 북쪽으로는 바다 쪽 수평선까지 문자 그대로 수천 척의 배로 가득 들어찼다. 하늘은 비행기가 지나가는 소리로 요란했다. 포격이 쏟아지면서 연기와 먼지가 피어올라 해안선이 사라지기 시작했다. … 이

최소한의 과학 공부

노르망디 상륙작전을 상징하는 유명한 사진. 상륙을 감행하는 병사들의 군장에는 페니실린도 들어 있었다.

험악한 구름 아래서 영국군과 캐나다군과 미군의 보병이 양륙정에서 내려 해안 장애물 사이로 길을 트고 적군의 사격을 피할 엄폐물을 찾아 몸을 던져 뛰어들고 해변 윗부분에 있는 사면과 둔덕의 차폐물에 닿으려고 발버둥 치고 있었다.[9]

상륙 작전은 시도하는 쪽의 피해가 더 큰 법. 가장 피해가 컸던 곳은 독일군 정예부대가 지키던 오마하 해변이었다. 이곳에 투입된 미군은 상륙정의 문이 열리자마자 분당 1200발로 쏟아지는 MG42의 공세부터 받아내야 했다. '히틀러의 전기톱'으로 불린 이기관총은 연합군을 가장 많이 죽인 무기로 전쟁 내내 악명이 높았다. 여기에 수중지뢰, 대전차포, 후방의 곡사포까지 가세하며 지옥도가 펼쳐졌다. 이곳에서 희생된 미군만 3000명이 넘는다. 〈라이언 일병 구하기〉가 바로 이 전투를 묘사한 영화다. 피가 난무하고 팔다리가 잘려나가고 장기가 튀어나오는 광경을 무심히 훑는 사실적 연출이 압권이다. 어쨌든 연합군은 이 작전의 성공으로 확실한 승기를 잡았다.[10]

전투보다 감염으로 죽는 병사들

연합군의 승리 요인으로 페니실린을 빼놓을 수 없다. 인류의 가장 위대한 발명품으로 꼽히는 이 약은 노르망디 상륙 작전부터 대량 사용되어 강력한 효과를 입증했다. 물론 약의 원리 자체는 과학의 발견이었다. 그러나 평상시였다면 이 약이 그토록 단기간에 널리 쓰이지 못했을 것이다. 페니실린의 상용화에는 과학 못지않게 전쟁이라는 특수한 상황이 영향을 미쳤다. 전장에 공급된 페니실린은 수많은 부상 병사를 살려 전력 강화에 공헌했다. 페니실린을 원자폭탄, 레이더와 함께 제2차 세계대전의 승패를 가른 기술적 요인으로 꼽는 이유다.

그때까지 병사들은 전투 못지않게 감염에 의한 사망 비율이 높았다. 19세기 중반 플로렌스 나이팅게일이 명성을 떨친 이유도 이와 연관된다. 당시에는 전장의 비위생적 환경으로 인해 작은 부상이 더 큰 감염으로 이어지고는 했다. 크림전쟁에 투입된 나이팅게일은 이러한 문제를 꿰뚫어 보고 보건위생을 개선하여 부상자의 감염을 예방했다. 또 간호 활동은 물론 전면적인 위생 개선 필요성을 정부에 탄원하여 상당한 지원을 받아냈다. 전장에 위생의 중요성을 확립한 것은 나이팅게일이 최초나 마찬가지다. 실제로 이후 영국군 부상자의 사망률은 눈에 띄게 급감했다.

다만 감염 예방 이상으로 중요한 치료 약은 별 진전이 없었다. 19세기 말에는 이미 세균학이 새로운 과학 분야로 부상했다. 따라서 과학자들은 현미경으로만 볼 수 있는 작은 세균에 의해 질병들이 생겨난다는 사실은 알고 있었다. 특히 프랑스의 장 폴 뷔예맹 Jean Paul Vuillemin은 아주 중요한 발견을 했다. 곰팡이와 박테리아, 또는 박테리아끼리는 서로의 목숨에 대항하는 경향이 있음을 밝힌 것이다. 이로써 항생antibiosis, 말 그대로 '생명에 대항하는'의 개념이 만들어졌다. 20세기 들어서는 이러한 작용을 기반으로 세균 증식을 억제하려는 항생제의 개발 시도가 본격화되었다. 인류에게 해로운 것들을 서로 싸움 붙여 퇴치한다는 발상이니, 한마디로 이이제이以夷制夷였다.

최초의 유의미한 성과는 보통 설파제라고 불리는 설파닐아미드였다. 1932년 독일의 게르하르트 도마크가 붉은색 염료를 만드는 데 쓰던 프론토실의 화학적 조성을 바꿔서 만들었는데 그 과정이 극적이다. 어느 날 도마크의 딸이 오염된 바늘에 찔려서 염증

이 온 팔에 퍼지고 말았다. 의사는 생명을 구하기 위해 팔을 잘라 낼 것을 권했다. 바늘에 찔린 것 가지고 뭔 팔까지 자르냐고? 당시만 해도 온몸에 세균이 퍼지는 것을 막을 방법은 신체 부위를 떼어내는 것 말고는 없었다. 이때 도마크는 자신이 개발한 프론토실을 복용시켜 염증을 없앨 수 있었다.

설파제는 제2차 세계대전에서도 쓰였다. 〈밴드 오브 브라더스〉 같은 드라마나 영화를 좋아하는 사람이라면 한번쯤 보았을 것이다. 총상을 입은 군인이 나동그라져 "의무병!"을 외치면, 의무병이 후다닥 달려와 "괜찮아, 진정해. 넌 살 수 있어!" 하면서 허리춤에서 웬 하얀 가루를 꺼내 뿌리는 장면. 그 하얀 가루가 설파제다. 당시 의무병은 설파제를 상시 휴대했고, 개방 상처에 즉시 처방해 감염을 막도록 교육받았다.

우연과 행운의 대발견

페니실린은 설파제보다 발견은 빨랐으나 상용화가 훨씬 늦었다. 페니실린도 X선과 함께 과학사를 대표하는 우연한 대발견으로 꼽힌다. 포도상구균을 배양하다가 말 그대로 얻어걸렸다. 포도상구균은 주로 피부에서 암약하는 세균이다. 평상시에는 별문제를 일으키지 않으나, 외상으로 감염에 노출되면 본색을 드러낸다. 인체의 1차 방어선인 피부를 피해 체내로 쉽게 침투하는 특성 때문에 치명적이다.

1928년 영국의 알렉산더 플레밍도 유행성 독감 연구를 위해 실험용 포도상구균을 배양하고 있었다. 여름휴가를 다녀온 플레밍은 유독 하나의 배양 접시에만 균이 죽어 있는 걸 발견했다. 접시가 오염되었나 싶어 자세히 살펴보니 접시에 웬 곰팡이들이 있었다. 이유는 곧 밝혀졌다. 2층의 천식 알레르기 연구실에서 푸른곰팡이 홀씨가 3층의 플레밍 연구실로 날아온 것이다. 플레밍은 푸른곰팡이만 분리해서 배양해 보았다. 그리고 빵에 곧잘 생기는 이 푸른곰팡이가 강력한 항균성이 있음을 알아냈다. 엄청난 행운이었다. 본래 플레밍은 동료들 사이에서 지저분하기로 유명했다. 그게 오히려 연구에 도움을 준 셈이다. 푸른곰팡이 홀씨도 휴가를 가느라 아무렇게나 처박아 둔, 뚜껑이 열린 배양 접시에 앉은 것이었다. 물론 행운은 아무에게나 주어지지 않는다. 실패한 결과에서도 원인을 복기해 보려는 플레밍의 치밀함이 있었기에 행운도 따라올 수 있었다.

플레밍은 이러한 발견을 논문으로 발표했다. 그리고 푸른곰팡이에서 고순도의 항생물질, 즉 페니실린만 뽑아내려 했다. 그런데 아무리 노력해도 추출이 잘되지 않았다. 미생물학자였던 그에게 화학적 정제 기술은 부족할 수밖에 없었다. 때마침 도마크의 설파제가 등장해 각광받았다. 결국 플레밍은 페니실린에 흥미를 잃어버렸다. 감염 치료제보다는 소독제로써 쓸 만하겠다는 생각으로 연구를 마무리했다. 뒤이어 몇몇 학자들이 추출을 시도해 보았

플레밍은 지저분한 성격 탓에 실험실 청소도 자주 하지 않았다. 그런데 그것이 푸른곰팡이의 항균 작용을 발견하는 계기가 된다. 기막힌 우연의 결과였던 셈이다.

지만 다들 실패했다. 획기적 발견인 줄 알았던 페니실린은 그렇게 잊히고 있었다.

　10년 뒤 전혀 다른 연구자들이 페니실린을 부활시켰다. 나치를 피해 영국으로 건너온 유대인 언스트 체인과 그의 동료 하워드 플로리였다. 옥스퍼드대학교 교수였던 둘은 가능성에 비해 진전이 없던 페니실린을 새 프로젝트로 채택했다. 여기에는 정부 연구

　　　　　　　　　　　　최소한의 과학 공부

비를 받아내 연구소의 재정난을 해결해 보려는 계산도 있었다. 연구팀에는 곰팡이 배양 전문가 노먼 히틀리도 합류했다. 다만 영국 정부도 사정이 좋지 않아서 자금을 지원해 주지 못했다. 대신 미국 록펠러 재단의 연구비를 받을 수 있었다.

연구는 험난했다. 실험을 거듭할수록 페니실린의 변덕스러움만 드러났다. 워낙 소량만 분비되는 까닭에 푸른곰팡이를 엄청나게 많이 키워야 했다. 또한 화학적으로 불안정해서 며칠만 지나도 항균 능력이 사라져 버렸다. 1년 반 동안 수많은 연구진이 달라붙어 얻어낸 페니실린은 달랑 0.1그램이었다. 하지만 쥐 실험에서 드러난 그 0.1그램의 항균성은 아주 강력했다. 인체에도 무해했다.[11] 대량으로 만들어낼 수 있다면 혁명이 될 만한 약임에는 분명했다.

전쟁과 맞물린 대량생산

그러나 제2차 세계대전의 전황이 변수가 되었다. 체인과 플로리가 0.1그램의 페니실린을 겨우 얻어낸 1940년, 서유럽은 대부분 독일에 점령당하고 말았다. 런던도 사정권에 들어왔다. 이렇게 급박한 상황에서도 대량생산은 요원했다. 한 사람을 치료하려면 페니실린 분말이 30그램은 필요했다. 그러나 옥스퍼드 연구소를 밤새 돌려도 일주일에 3그램밖에 못 만들었다. 영국 제약회사들도 전시 상황이라 여력이 없었다. 부상자가 속출했으나 설파제만으로는 한계가 있었다. 플로리는 두 가지를 깨달았다. 하나는 페니실린이 질병뿐만 아니라 독일과의 전쟁에도 무기가 될 수 있다는 것. 다른 하나는 언제 폭격당할지 모를 영국에서는 대량생산이 불가능하다는 것.

1941년 플로리와 히틀리는 미국으로 건너갔다. 미국 정부든 제약회사든 설득해서 대량생산을 해볼 요량이었다. 이 선택은 그대로 적중했다. 우선 미국 농무부의 노던 리저널 연구소와 협업해 옥수수 찌꺼기를 배양물질로 써서 생산량을 여섯 배 늘렸다. 이 연구소가 미국 중서부의 넘쳐나는 옥수수를 산업에 응용할 방법을 연구하는 곳이어서 가능했다. 그리고 그해 12월, 진주만을 공습당한 미국이 마침내 참전을 결정했다. 선전포고 5일 뒤 미국 정부는 페니실린의 긴급 생산 계획을 입안했다. 미국 농무부, 영국의 연구자들, 그리고 머크Merck&Co.와 화이자Pfizer 등 제약회사들이 컨소시엄을 구성했다. 그래도 여전히 대량생산은 어려웠다. 1942년 6월까지 미국의 전체 생산량은 겨우 환자 열 명분에 불과했다.[12] 너무 귀해서 임상시험 환자의 오줌을 걸러 페니실린을 다시 회수할 정도였다.

1942년 가을 화이자에서 묘안이 나왔다. 지금이야 화이자가 굴지의 제약회사지만, 원래는 싸구려 레몬을 수입해 콜라에 넣는 구연산을 추출하던 업체였다. 1919년 화이자는 설탕을 곰팡이로 발효시켜서 구연산 제조 원가를 6분의 1로 낮춘 이력이 있었다. 여기서 힌트를 얻은 엔지니어 재스퍼 케인Jasper Kane은 크고 깊은 발효조를 사용하는 딥탱크deep tank 발효법을 고안했다. 이 방법은 구연산보다 의약품 원료에 더 적합했다. 덕분에 화이자는 제약회사로 변신했고, 페니실린 컨소시엄에도 참여했다. 화이자도 처음에는 과학자들에게 배운 대로 소형 플라스크를 써서 푸른곰팡이를 배양했다. 하지만 누가 봐도 이걸로 대량생산은 택도 없었다.

케인은 딥탱크 발효법을 페니실린에 적용하자고 주장했다. 한마디로 도박이었다. 성공을 장담하기도 어렵지만, 핵심 생산 라인을 푸른곰팡이 배양에 사용하면 다른 제품에 타격을 줄 것이 뻔했다. 화이자는 회사의 명운이 걸린 이 문제를 두고 장고했다. 결국 이사회 표결 끝에 케인에게 개발을 맡겼다. 도박은 보기 좋게 성공했다. 1944년 3월 브루클린의 옛 얼음 공장에서 페니실린 생산이 시작되었다. 계획의 다섯 배가 넘는 생산량이 쏟아졌다. 미국 정부는 화이자의 동의를 얻어 이 제조법을 19개 회사에 공유하고, 지원 물품과 자금을 마구 살포했다. 페니실린이 전략 물자여서 가능한 일이었다. 옥스퍼드 연구소의 페니실린 생산량은 푸른곰팡이 1세제곱미터당 1~2단위에 그쳤다. 이것이 1944년 상반기 6840억 단위, 1945년에는 7조 5000억 단위까지 치솟았다.[13] 말 그대로 '천조국' 미국의 위엄이었다. 1944년 6월 노르망디 상륙 작전에 투입된 미군의 90퍼센트는 페니실린을 갖고 있었다. 페니실린은 폐렴, 패혈증에 의한 사망과 부상으로 인한 사지 절단을 현격히 줄였다. 그 결과 연합군 병사의 약 12~15퍼센트가 생명을 구할 수 있었다.

국가와 과학의 파트너십

페니실린의 위력은 전쟁 후에도 이어졌다. 일단 대량생산으로 가격이 크게 떨어져 누구나 쉽게 구하는 약이 되었다. 1943년 미국 정부는 페니실린의 자연 추출을 넘어 인공 합성하는 연구도 추진했다. 14년 뒤 마침내 합성법이 개발되었고, 페니실린은 제2의 전성기를 맞았다. 범용약물로 여러 증상에 맞는 변형체들을 만드는 계기가 되었기 때문이다. 그 결과 매독, 임질, 결핵, 폐렴, 괴저 등 답이 없던 질병들이 페니실린으로 극복되었다. 페니실린이 구한 생명은 1942년 이후 2억 명 이상일 것으로 추정된다.[14] 인류 역사에서 하나의 약이 이렇게 많은 생명을 구한 사례는 없었다. 이전까지 인류는 질병에 일방적으로 당해왔기 때문이다. 특히 감염은 알고도 당할 수밖에 없는 속수무책의 적이었다. 상처가 세균에 감염되면 신체 일부를 잘라내거나 목숨을 잃는 경우가 실제로 있었다. 현대의 약국에서 파는 연고만 있어도 피할 수 있는 일이었다. 이게 불과 100여 년 전의 일상이었다. 페니실린을 필두로 한 다양한 항생제의 등장은 이러한 참사를 차단하고 인류의 수명을 크게 늘렸다. 페니실린은 인류가 질병을 상대로 거둔 최초의 승리였다.

과학사적으로도 페니실린은 중요한 의미가 있다. 페니실린으로 거대과학 연구가 본격화되었다는 점에서 그렇다. 페니실린 개발사에는 많은 인물이 등장한다. 이들의 직업적 정체성은 다양하

제2차 세계대전 중에 쓰인 페니실린의 효과를 홍보하는 포스터. 실제로 페니실린은 전장에서 병사들의 감염에 의한 사망률을 크게 낮춤으로써 연합군 승리의 원동력이 되었다.

다. 예컨대 플레밍은 과학적 발견에 천착한 과학자였고, 히틀리는 정제 기술을 개발한 엔지니어였으며, 케인은 대량생산을 조직한 기업가였다. 이렇듯 페니실린은 정부, 기업, 재단, 대학 등을 망라하는 집단작업의 결과였다. 또한 페니실린을 계기로 과학 연구에서 국가 역할이 부각되었다는 점도 중요하다. 페니실린 대량생산의 결정적 순간은 미국 정부가 화이자의 제조법을 (특허 따위는 무시하면서) 공유하고, 엄청난 자금과 자재를 지원한 데에 있었다. 이는 과학 발전이 국가 규모의 지원이 필요한 수준에 이르렀음을 함의

한다. 이후 맨해튼 계획, 아폴로 계획 등에서도 비슷한 패턴이 반복되면서 과학과 국가는 불가분의 파트너십을 맺게 되었다.

DNA와 유전 현상의 규명
인간이 해독한 생명의 설계도

과학의 개념이 일상 용어화된 경우는 생각보다 많다. 빅뱅이 대표적이다. 원래는 우주의 기원을 설명하는 물리학 개념이다. 하지만 요즘에는 거대한 변화나 센세이션을 의미하는 표현으로 더 많이 쓰인다. 2015년《LA 타임스》가 한국 가요 역사상 가장 성공한 아이돌로 꼽은 그룹의 이름인 것은 덤이다. 코페르니쿠스도 그렇다. 근대과학의 문을 연 이 지동설의 주창자는 천문학자보다는 파괴적 혁신의 아이콘으로 자주 호명된다. 이 밖에도 관성, 핵, 나노 등도 과학에서 개발되었으나 일상 언어로 더 자주 쓰이고 있다.

데옥시리보핵산DNA, deoxyribo nucleic acid 역시 마찬가지다. 발음하기도 힘든 이 단어는 고향인 생명과학보다 언론에서 더 애용되고 있다. 예컨대 혁신 DNA, 우승 DNA, 도전 DNA, 가을 DNA(야구 한정) 등등. 월드클래스 아이돌 그룹 BTS의 노래 제목이기도 하다

(아이돌들이 과학을 꽤 좋아하는 것 같다). 이것들은 모두 '원래 타고난'의 함의를 갖는다. 이를 과학적으로 표현하는 개념이 '유전'이다. 유전은 말 그대로 조상의 성격, 체질, 모습 등의 형질이 세대를 이어서 전해진다는 의미다.

인류는 유전 현상을 오래전부터 어렴풋이 알고는 있었다. 부모를 닮은 자식이 태어나는 것을 보면, 누구나 유전이라는 현상이 존재함을 짐작할 수 있었을 것이다. 다만 그 개념이 과학적으로 정립되는 것은 20세기 들어서다.

DNA는 유전에 관여하는 핵심 물질이다. 인류가 유전을 과학적으로 탐구하기 시작해 DNA의 비밀을 밝혀내기까지 수십 년이 걸렸다. 그만큼 여러 학자가 도전해서 어렵게 도달한 결론이었다. 이 발견은 기존의 생명과학 패러다임을 일대 혁신하기에 충분했다. DNA 구조와 기능 규명은 생명의 기원과 발전 과정을 아주 구체적인 수준에서 이해할 수 있게 만들었다. 이전까지 과학은 주로 물리학(뉴턴역학, 전자기학, 상대성이론, 양자역학 등)이 이끌어 왔다. 그러나 DNA의 등장을 기점으로 생명과학이 인류에 어마어마한 기여를 하게 된다. 이것은 20세기를 넘어서는, 현재진행형의 주제다. DNA와 유전 현상의 이해는 인간의 건강과 연관된 많은 문제를 해결할 단서가 될 것으로 보인다.

유전자 개념의 확립

유전에 대한 과학적 규명은 1865년 그레고어 멘델에서 시작된다. 멘델은 가톨릭 사제였으나 취미 삼아 식물을 연구한 과학자이기도 했다. 그는 완두콩을 키우고 교배시키면서 중요한 사실을 알아냈다. 조상으로부터 후손에게 전해지는, 고유의 정보 단위가 존재한다는 것이다. 심지어 그것은 어떤 법칙에 따라 후대로 이어진다. 고등학교 과학 시간에 배우는 '멘델의 법칙'이다. 그러니까 멘델이 유전이라는 개념을 과학적으로 처음 확립한 셈이다. 그를 유전학의 아버지로 꼽는 이유다.

다만 멘델의 발견은 오랫동안 사람들의 주목을 받지 못했다. 전문 과학자가 아닐뿐더러, 실험 데이터로 결론을 도출해 내는 수학적 방법이 아직 생물학에서는 도입되기 전이었기 때문이다. 당시 생물학계를 석권했던 다윈의 《종의 기원》도 수학보다는 박물학에 훨씬 가까웠다. 사실 멘델의 관심도 유전 법칙이 아니라 잡종 교배를 하면 무엇이 만들어지는지에 있었다. 그는 자신이 유전에 대한 중대한 사실을 발견했음을 알지 못한 채 사망했다.

그런데 멘델이 죽고 16년이 지난 1900년, 우연히 그 가치가 재발견되었다. 독일의 세 과학자 휴고 드 브리스, 카를 코렌스, 에리히 폰 체르마크가 거의 동시에 멘델의 법칙을 실험으로 확인한 것이다. 처음에 이들은 자신이 엄청난 발견을 한 줄 알았다. 그러나 이미 멘델이 같은 논문을 발표했다는 것을 알고 공로를 넘겨야 했다. 이러한 재발견은 유전에 대한 발상의 전환 덕분에 가능했다. 이전까지 사람들은 부모의 몸에서 나온 액체들이 화학적으로 결합해 자손을 만든다는, 혼합 유전설을 믿었다. 하지만 드 브리스와 코렌스는 이를 정면으로 부정하며, 조상의 형질은 독립 단위로 자손에게 전달된다고 보았다.[15] 이 단위 형질 유전 개념은 천동설에서 지동설로 넘어가는 것만큼이나 유전학에서 새로운 발상이었다. 이를 이어받은 빌헬름 요한슨이 1909년 유전자 개념을 처음 사용했다.

하지만 유전자의 물리적 실체가 무엇인지는 여전히 의견이 분분했다. 이 때문에 아예 유전자 개념을 부정하는 학자들도 적지 않았다. 이러한 혼란을 정리한 것이 토머스 모건이었다. 모건은 본래 멘델 이론의 반대진영에 속했었다. 그러나 1913년 초파리 눈의 돌연변이가 멘델의 법칙을 따라 유전됨을 확인하고, 거꾸로 멘델의 강력한 지지자가 되었다. 모건은 한 발 더 나가 초파리 돌연변이와 염색체의 연관성도 밝혔다. 유전정보가 염색체 속에 있음을 밝힌 업적으로 모건은 1933년 노벨생리의학상을 받았다. 유전학 분야에 최초로 수여된 노벨상이었다.

이제 염색체 안에 있는 유전자의 실체를 밝힐 차례였다. 눈에 보이지도 않는 염색체 안으로 들어가서 유전자를 확인한다는 게 결코 쉬운 일은 아니었다. 일단 염색체는 단백질과 핵산[16]으로 이루어졌음이 알려졌다. 그리고 프레드릭 그리피스가 일대 전환점이 되는 연구 결과를 발표했다. 그는 세균의 형질전환을 실험하는 과정에서 유전물질에 열을 가해도 그 특성이 유지된다는 점에 착안했다. 즉 유전자란 신비한 그 무엇이 아닌 그저 화학물질이라는 결론이다. 이 주장은 다른 학자에 의해서도 뒷받침되었다. 허먼 멀러가 X선으로 돌연변이를 인공 생산하는 데 성공했기 때문이다. X선이라는 전자기파를 유전자에 쬐면 변화가 일어난다는 것은, 유전자가 화학적으로 구성된 물질임을 시사했다.

마침내 1944년 오즈월드 에이버리가 핵산 중에서도 DNA가 유전물질임을 확인했다. 그리피스의 실험을 더욱 정교하게 수행해서 얻은 결과였다. 그러나 이 대발견은 쉽사리 수용되지 못했다. 기존 학자들은 유전자의 유력 후보로 단백질을 꼽았기 때문이다. 유전이라는 심오한 현상을 주도하려면 단백질처럼 복잡한 구조를 갖는 물질이 더 적합해 보였다. 반면 DNA는 학자들이 '멍청한 분자'라고 무시할 정도로 단순한 형태를 하고 있었다. DNA가 유전물질이라는 사실은 그보다 7년 뒤인 1951년에 완전히 인정받게 된다. 다만 에이버리의 통찰이 그대로 묻히지는 않았다. 에이버리에 감명받은 어윈 샤가프가 핵산 연구에 뛰어들어 중요한 법칙을 발견했기 때문이다. DNA는 아데닌A, 구아닌G. 티민T, 사이토신C의 네 종류 염기로 구분된다. 샤가프에 따르면 이 중 피리미딘(아데닌, 구아닌)과 퓨린(티민, 사이토신)은 1 대 1 비율을 이룬다. 그리고 아데닌과 티민, 구아닌과 사이토신의 비율도 역시 1 대 1이다. 이것이 샤가프의 법칙이다. 다만 샤가프는 멘델이 그랬듯 자신이 무엇을 발견했는지 정확히 알지 못했다. 샤가프의 법칙은 후일 DNA의 이중나선 구조를 밝히는 데 가장 결정적인 힌트가 된다.

전인미답을 향한 경쟁

이제 DNA에 담긴 유전의 비밀을 풀 실마리들은 갖춰진 셈이었다. 남은 것은, 누가 마지막 퍼즐을 맞춰 전인미답에 도달할 것인지였다. 많은 학자가 경쟁했으나 최종 승자는 의외의 인물들이었다. 제임스 왓슨이라는 25세의 박사후연구원과 프랜시스 크릭이라는 37세의 대학원생이 그들이다. 1953년 4월 25일, 학술 저널 《네이처》에 실린 이들의 논문 〈핵산의 분자적 구조 : 데옥시리보핵산의 구조〉는 멘델 이후 반세기 동안 추적해 왔던 유전자의 비밀을 생생히 밝히고 있었다. 핵심은 DNA가 이중나선 구조라는 것이다. 사실 20세기를 대표하는 위대한 발견치고 논문의 길이는 매우 짧았다. 참고문헌 목록을 빼면 달랑 한 페이지다. 다만 거기에는 과학 역사상 가장 중요한 그림 중 하나인, DNA의 이중나선 모양이 들어가 있다. 오늘날 생명과학을 대표하는 이미지이기도 한, 바로 그 꽈배기 모양이다.

서로 딱 들어맞는 두 개의 나선은 유전물질로서 DNA의 특징을 잘 보여준다. 유전물질의 가장 기본적 기능은 복제다. DNA는 한쪽 나선을 떼어 그대로 복제함으로써 후손에게 유전정보를 전해주기 쉽도록 구조화되어 있다. 즉 DNA가 모여 유전자를 만들고, 이것이 단백질을 생산하라는 명령을 내린다. 이렇게 생성된 단백질은 세포와 조직의 구성, 에너지 흡수와 사용, 호르몬 합성 등 인체의 기능 전반을 관장한다. DNA를 '생명의 설계도'에 비유하는

최소한의 과학 공부

equipment, and to Dr. G. E. R. Deacon and the captain and officers of R.R.S. *Discovery II* for their part in making the observations.

[1] Young, F. B., Gerrard, H., and Jevons, W., *Phil. Mag.*, **40**, 149 (1920).
[2] Longuet-Higgins, M. S., *Mon. Nat. Roy. Astro. Soc., Geophys. Supp.*, **5**, 285 (1949).
[3] Von Arx, W. S., Woods Hole Papers in Phys. Oceanog. Meteor., **11** (3) (1950).
[4] Ekman, V. W., *Arkiv. Mat. Astron. Fysik.* (Stockholm), **2** (11) (1905).

MOLECULAR STRUCTURE OF NUCLEIC ACIDS

A Structure for Deoxyribose Nucleic Acid

WE wish to suggest a structure for the salt of deoxyribose nucleic acid (D.N.A.). This structure has novel features which are of considerable biological interest.

A structure for nucleic acid has already been proposed by Pauling and Corey[1]. They kindly made their manuscript available to us in advance of publication. Their model consists of three inter-twined chains, with the phosphates near the fibre axis, and the bases on the outside. In our opinion, this structure is unsatisfactory for two reasons : (1) We believe that the material which gives the X-ray diagrams is the salt, not the free acid. Without the acidic hydrogen atoms it is not clear what forces would hold the structure together, especially as the negatively charged phosphates near the axis will repel each other. (2) Some of the van der Waals distances appear to be too small.

Another three-chain structure has also been suggested by Fraser (in the press). In his model the phosphates are on the outside and the bases on the inside, linked together by hydrogen bonds. This structure as described is rather ill-defined, and for this reason we shall not comment on it.

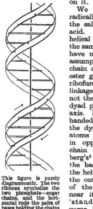

We wish to put forward a radically different structure for the salt of deoxyribose nucleic acid. This structure has two helical chains each coiled round the same axis (see diagram). We have made the usual chemical assumptions, namely, that each chain consists of phosphate di-ester groups joining β-D-deoxy-ribofuranose residues with 3′,5′ linkages. The two chains (but not their bases) are related by a dyad perpendicular to the fibre axis. Both chains follow right-handed helices, but owing to the dyad the sequences of the atoms in the two chains run in opposite directions. Each chain loosely resembles Fur-berg's[1] model No. 1 ; that is, the bases are on the inside of the helix and the phosphates on the outside. The configuration of the sugar and the atoms near it is close to Furberg's 'standard configuration', the sugar being roughly perpendi-cular to the attached base. There

This figure is purely diagrammatic. The two ribbons symbolize the two phosphate—sugar chains, and the hori-zontal rods the pairs of bases holding the chains together. The vertical line marks the fibre axis

is a residue on each chain every 3·4 A. in the z-direc-tion. We have assumed an angle of 36° between adjacent residues in the same chain, so that the structure repeats after 10 residues on each chain, that is, after 34 A. The distance of a phosphorus atom from the fibre axis is 10 A. As the phosphates are on the outside, cations have easy access to them.

The structure is an open one, and its water content is rather high. At lower water contents we would expect the bases to tilt so that the structure could become more compact.

The novel feature of the structure is the manner in which the two chains are held together by the purine and pyrimidine bases. The planes of the bases are perpendicular to the fibre axis. They are joined together in pairs, a single base from one chain being hydrogen-bonded to a single base from the other chain, so that the two lie side by side with identical z-co-ordinates. One of the pair must be a purine and the other a pyrimidine for bonding to occur. The hydrogen bonds are made as follows : purine position 1 to pyrimidine position 1 ; purine position 6 to pyrimidine position 6.

If it is assumed that the bases only occur in the structure in the most plausible tautomeric forms (that is, with the keto rather than the enol con-figurations) it is found that only specific pairs of bases can bond together. These pairs are : adenine (purine) with thymine (pyrimidine), and guanine (purine) with cytosine (pyrimidine).

In other words, if an adenine forms one member of a pair, on either chain, then on these assumptions the other member must be thymine ; similarly for guanine and cytosine. The sequence of bases on a single chain does not appear to be restricted in any way. However, if only specific pairs of bases can be formed, it follows that if the sequence of bases on one chain is given, then the sequence on the other chain is automatically determined.

It has been found experimentally[3,4] that the ratio of the amounts of adenine to thymine, and the ratio of guanine to cytosine, are always very close to unity for deoxyribose nucleic acid.

It is probably impossible to build this structure with a ribose sugar in place of the deoxyribose, as the extra oxygen atom would make too close a van der Waals contact.

The previously published X-ray data[5,6] on deoxy-ribose nucleic acid are insufficient for a rigorous test of our structure. So far as we can tell, it is roughly compatible with the experimental data, but it must be regarded as unproved until it has been checked against more exact results. Some of these are given in the following communications. We were not aware of the details of the results presented there when we devised our structure, which rests mainly though not entirely on published experimental data and stereo-chemical arguments.

It has not escaped our notice that the specific pairing we have postulated immediately suggests a possible copying mechanism for the genetic material.

Full details of the structure, including the con-ditions assumed in building it, together with a set of co-ordinates for the atoms, will be published elsewhere.

We are much indebted to Dr. Jerry Donohue for constant advice and criticism, especially on inter-atomic distances. We have also been stimulated by a knowledge of the general nature of the unpublished experimental results and ideas of Dr. M. H. F. Wilkins, Dr. R. E. Franklin and their co-workers at

1953년 4월 25일 《네이처》에 실렸던 DNA의 이중나선 구조를 규명하는 논문 불과 1페이지 남짓이지만, 20세기 과학에서 가장 중요한 발견의 내용을 담고 있다. 이 논문을 기점으로 분자생물학이라는 새로운 분야가 크게 발달하게 된다. (출처: 《네이처》)

이유다. 이전까지 생명과학의 가장 큰 성취였던 진화론은 생명체를 그저 오랫동안 관찰만 하는 학문이었다. 하지만 이제는 눈에 보이지도 않는 세포 안으로 들어가, 분자 수준에서 생명 현상을 정밀하게 이해하는 과학으로 발전하게 되었다.

왓슨과 크릭의 발견은 축구로 치면 레스터시티의 프리미어리그 우승 같은 것이었다. 이미 쟁쟁한 석학들이 DNA 구조 규명에 근접해 있었기 때문이다. 왓슨과 크릭은 이들과 비교하면 애송이에 가까웠다. 그럼에도 극적인 역전에 성공한 데에는 그만한 이유가 있었다. 물론 왓슨과 크릭의 역량이 뛰어났다는 것이 가장 중요했다. 그러나 과학의 위대한 발견에 흔히 동반되는, 우연과 행운의 도움을 받았음도 분명하다.

경쟁의 선두에는 라이너스 폴링이 있었다. 그는 이미 1951년에 단백질의 알파나선 구조를 규명한 당대의 석학이었다. 폴링은 여세를 몰아 1953년 1월에 DNA가 삼중나선 구조라는 논문을 발표했다. 그러나 이 삼중나선 모델은 화학적으로 불안정한 데다, 염기가 어떻게 정보를 얻는지도 알기 어렵다는 문제가 있었다. 폴링의 명성을 고려하면 이해하기 힘든 주장이었다. 왓슨과 크릭도 폴링의 논문 발표 소식에 처음에는 한 발 늦었다고 생각했지만 그 주장의 어처구니없음을 알고 축배를 들었다고 술회했다.[17] 두 달 만에 폐기된, 이 실수로 인해 폴링은 경쟁에서 탈락했다. 그는 논문에 중대한 결함이 세 가지나 있었음을 뒤늦게 깨달았다.

모리스 윌킨스와 로절린드 프랭클린도 유력한 후보들이었다.

이들은 특히 X선 사진 촬영에서 타의 추종을 불허했다. 세포 속에 존재하는 DNA는 당연히 눈으로 볼 수 없다. 다만 강한 에너지의 전자기파인 X선을 쏘면 그 결정 구조를 분석할 수 있다. 따라서 윌킨스와 프랭클린은 X선으로 DNA 내부 모습의 실험적 증거를 확인하려 했다. 그런데 둘은 과학사에서 역대급으로 꼽힐 만큼 사이가 나빴고, 이 불화가 뜻하지 않게 왓슨과 크릭에는 행운으로 작용했다.

왓슨과 크릭은 실험보다는 논리적 추론과 모형 제작에 집중했다. 1950년에 이르러 DNA가 나선 모양일 거라는 추측은 보편화되었다. 이미 단백질도 나선형임이 증명되었고, 생체 고분자의 구조는 그렇게 상정하는 게 자연스러웠기 때문이다. 여기에 결정타가 된 것이 프랭클린의 X선 사진이었다. 프랭클린이 51번으로 명명한 이 사진에는 DNA의 모습이 역사상 가장 선명하게 찍혀 있었다. 이것은 그녀가 X선 연구자로서 얼마나 뛰어났는지를 잘 보여주는 사진이기도 했다. 다만 프랭클린은 윌킨스와의 불화 끝에 이직했고, 그녀의 자료는 윌킨스가 이어받았다. 그런데 윌킨스는 51번 사진을 비롯한 프랭클린의 연구성과를 원저자 동의 없이 왓슨에게 보여주었다. 이는 DNA 구조 규명 경쟁에서 가장 결정적인 장면이 된다. 왓슨이 프랭클린이 남긴 자료들에서 그때까지의 난점을 해결할 중대한 힌트를 얻었기 때문이다. 이중나선 구조를 확신한 왓슨과 크릭은 폴링의 전매특허[18]였던 모형 제작 기법을 석용하여, DNA를 구성하는 염기들을 다양한 방법으로 조합해 보았다. 그리고 3개월 만에 이중나선 구조를 밝히는 완벽한 결론에 도달할 수 있었다.

직관과 융합

1962년 왓슨, 크릭, 윌킨스는 DNA 구조를 규명한 공로로 노벨 생리의학상을 받았다. 다만 X선 사진으로 실험적 근거를 제시한 프랭클린은 수상하지 못했다. 노벨상은 살아 있는 사람에게만 수여하는데, 프랭클린은 1958년 이미 암으로 사망했기 때문이다. 이와 별개로 DNA 구조 규명에서 프랭클린의 기여도는 큰 논란을 일으켰다. 왓슨과 크릭이 그녀의 X선 연구에서 결정적 도움을 얻었다는 사실을 인정하지 않았기 때문이다. 실제로 1953년 《네이처》논문의 참고문헌 목록에도 프랭클린의 이름은 없다.

이는 1968년 왓슨이 DNA 구조 규명 과정을 회고하며 쓴 책 《이중나선》에서 처음 언급되었다. 왓슨은 여기서 프랭클린의 사진에서 영감을 얻었음을 밝히면서도, 연구자로서 그녀를 평가절하하는 듯한 모습을 보였다. 이러한 태도는 연구윤리 문제로 비화하며 큰 비판을 받게 된다. 왓슨이 프랭클린의 성과를 도둑질한 것 아니냐는 의혹이 제기된 것이다. 당시는 프랭클린 같은 여성 과학자가 제대로 대우받지 못하던 시대이기도 했다. 이러한 이유로 한때 프랭클린은 여성이라서 업적을 빼앗긴 비운의 과학자, 페미니즘의 상징으로 여겨지기도 했다. 왓슨은 후일 프랭클린을 긍정적으로 평가하는 내용을 책의 후기에 추가했다.

왓슨과 크릭이 그저 우연히 프랭클린의 사진을 본 것만으로 DNA 구조를 규명했다고 보기는 어렵다. 그 사진만으로 가능한 일이었으면, 진작에 윌킨스나 프랭클린이 해냈을 것이기 때문이다. 왓슨과 크릭에게는 쟁쟁한 경쟁자들을 물리친, 그들만의 뛰어난 역량이 있었다.

첫째로 직관이다. 왓슨과 크릭은 주어진 정보들을 조합하여 창의적 결론을 도출해 내는 직관력이 뛰어났다. 51번 사진을 보자마자 유레카를 외칠 수 있었던 것도, 샤가프 본인도 의미를 몰랐던 샤가프의 법칙을 응용할 수 있었던 것도, 네 종류 염기의 복잡한 결합 구조를 완벽히 맞춘 것도, 이런 능력이 없었다면 불가능했을 일이다.

둘째는 융합이다. DNA 구조 규명은 기존 유전학적 지식을 넘어서는 과업이었다. 예컨대 화학물질에 대한 이해도 필요했고, X선 결정학으로 대표되는 물리학적 방법론도 갖춰야 했다. 이 점에서 왓슨과 크릭은 환상의 콤비였다. 원래 동물학과 유전학을 전공한 왓슨은 DNA 연구를 하고자 생화학과 물리학도 익혔다. 크릭은 비슷한 시기 많은 학자가 그랬듯 물리학에서 생물학으로 전환한 경우였다. 양자역학을 확립한 닐스 보어와 에르빈 슈뢰딩거는 생명 현상의 물리학적 이해를 강조하여 이러한 전환에 큰 영향을 미쳤다. 이로써 근본적인 요소에 근거하여 거시적 현상을 해석하는, 물리학의 환원주의가 생명과학에도 들어오게 되었다. 이는

프랭클린(왼쪽)이 찍은 51번 사진(오른쪽)은 DNA 구조 규명의 결정적 근거가 되었지만, 그녀의 이러한 기여는 널리 알려지지 못했다.

DNA 구조 규명을 계기로 생명 현상을 분자 수준에서 연구하는, 분자생물학이라는 새로운 학문을 만들어낸다. 가장 근본적인 유전물질을 규명함으로써 생명 현상 전반에 대한 이해로 나아간다는 점에서, 분자생물학과 물리학은 유사한 방법론적 기초를 공유했다.

인간, 진화의 설계자?

DNA 구조를 밝힘으로써 그간 베일에 가려져 있던 생명 현상의 많은 비밀이 쏟아져 나오기 시작했다. 1960~1970년대에는 유전자 복제 과정과 거기에 작용하는 효소에 대한 이해가 확장되었다. 이쯤 되자 인간이 직접 유전자를 조작하거나 제어할 수도 있지 않

최소한의 과학 공부

겠냐는 가능성도 대두되었다. 설계도와 자재가 있으면 아무리 크고 복잡한 건물도 리모델링하거나 새로 지을 수 있는 것과 같은 이치다. 이런 배경에서 유전자 재조합 기술이 발달했다. 한 생명체의 DNA를 잘라서 다른 생명체로 붙일 수 있는 제한효소가 대표적이다. 이로써 생명과학 기술로 생물 종의 차이를 뛰어넘을 수 있는 시대가 열린 것이다.

1980년대에는 핵산의 염기서열을 결정하는 DNA 시퀀싱과, 원하는 유전정보 물질을 기하급수적으로 증폭시키는 중합 효소 연쇄반응PCR 기술이 개발되었다. 이 기술들은 질병을 유발하는 유전자를 미리 찾아냄으로써, 유전병을 효과적으로 치료할 수 있는 신기원을 열었다. 현대 의학의 새로운 패러다임으로 부상한 '맞춤의학'은 바로 이러한 기술적 토대에서 가능해진다. 기존 의학이 환자를 일반화해서 진단했다면, 맞춤의학은 개인마다 다른 기준을 설정한다. 따라서 병을 훨씬 구체적인 수준에서 정확히 진단할 수 있게 된다. 유전자 검사를 통해 환자의 DNA 염기서열을 밝히고, 이를 레퍼런스 유전체의 염기서열과 비교하여, 질병을 유발할 수 있는 유전자 변이를 확인하는 원리다. 1986년부터 2003년까지 국제공동연구로 진행된 인간 유전체 프로젝트human genome project가 바로 이러한 표준 레퍼런스의 구축이라는 야심 찬 목표와 맞닿아 있었다.

유전자를 제어하는 기술의 최신 버전은 유전자가위다. 유전자가위는 살아 있는 세포의 DNA를 가위처럼 잘라 염기서열을 교정

왓슨과 크릭은 DNA 구조 규명 경쟁의 후발주자들이었지만, 특유의 직관과 융합의 역량을 앞세워 가장 먼저 전인미답의 경지에 이르렀다.

한다. 특히 세균에서 유래한 크리스퍼 유전자가위CRISPR-Cas9는 가장 정교한 유전자 교정 도구로 이를 개발한 제니퍼 다우드나와 에마뉘엘 샤르팡티에는 2020년 노벨화학상까지 받았다. 유전자가위는 인간을 비롯한 모든 동식물과 미생물에 사용할 수 있어 그 가능성이 무궁무진하다. 전염병에 강한 가축, 병충해를 쉽게 이겨내는 농작물을 만들 수 있음은 물론이고 암 치료에도 상당한 기대를 받고 있다. 암이란 돌연변이 유전자에서 비롯되는 병이기 때문이다. 비단 질병뿐만 아니라 미용에도 쓸 수 있다. 예컨대 탈모의 원인 유전자가 발견되면, 유전자가위를 통한 교정으로 대머리가 되는 것을 막을 수도 있다.

이렇듯 DNA에서 시작된 생명과학의 급진전은 짧은 시간에 인류의 삶을 엄청나게 변화시켰다. 인간은 생명 현상을 조절하는 유전자를 조작하고 제어할 수 있는 수준에 이르렀다. 이것은 문명사적 의의를 갖는 변화이기도 하다. 본래 인간은 진화의 산물로 이 세상에 등장했고, 동식물과 마찬가지로 그 메커니즘을 따르는 객체로 존재했다. 그런데 유전자에 대한 지식과 기술을 갖추면서 진화에 개입할 수 있는 가능성이 열렸다. 유전자 기술은 인간에게 이제껏 경험해 온 것과는 전혀 다른 차원의 미래를 가져다줄지도 모른다. 인간은 과연 진화의 설계자가 될 수 있을까.

바이러스, 초고속작전, 성공적

현대 국가의 업무량은 엄청나다. 회사로 치면 '일잘러'다. 일단 정치, 경제, 군사, 외교는 고대부터의 전통적 업무다. 여기에 국민의 복지, 교육, 평등, 건강, 주거 등의 문제도 해결한다. 사회학자 토머스 험프리 마셜은 이를 시민권의 확대로 설명한다. 근대 시민 혁명 이후 최소한의 법적 권리(신체, 재산, 표현의 자유)에서 정치적 권리(투표권과 참정권)를 거쳐 사회적 권리(사회보장과 복지)로 범위가 커졌다는 설명이다.[19] 그중 국민의 생명과 건강을 지키는 보건의료는 오늘날 국가의 가장 중요한 임무다. 이는 20세기 과학기술, 특히 생명과학과 의약학의 눈부신 발전을 반영한다. 그 중심에 백신이 있다. 백신 덕분에 질병의 예방에 중점을 두는 현대 보건의료 체계가 가능해졌다.

백신의 원리는 꽤 오래전에 알려졌다. 무려 기원전 429년 역사가 투키디데스의 기록이 있다. "한 번 천연두에 걸렸던 사람이 환자를 간호할 수 있다." 천연두는 기원전 1000년경부터 인류를 괴롭혀 온 바이러스성 질병으로 치사율이 20~30퍼센트에 달했다. 누적 사망자는 10억 명 이상(20세기에만 3억 명이다)으로 추산된다. 단일 질병으로는 인류사에서 가장 많은 희생자를 냈다. 그런데 투키디데스의 기록은 당시 사람들이 경험적으로 면역 현상을 알고 있었음을 함의한다. 면역immunity은 '면제하는, 빈'을 뜻하는 라틴어 immunis에서 유래했다. 즉 병으로부터 면제받았다는 의미다.

현대 의학의 오래된 미래

이러한 경험 지식을 질병 예방에 적용하려는 시도들이 있었다. 10세기 중국에서 쓰인 인두법이 대표적이다. 건강한 사람의 팔을 절개해서 천연두 환자의 고름을 투여하는 방법이다. 원리로만 보면 현대의 백신과 같다. 다만 양 조절에 실패하면 병원성이 온전한 바이러스를 몸속에 들이는 꼴이 된다. 실제로 접종 후 천연두에 걸려 죽은 사람도 많았다. 17세기 청나라 강희제는 수십 명의 궁녀를 대상으로 한 임상실험으로 이것의 적정량을 알아내기도 했다. 하지만 민간요법에 가까웠던 인두법으로는 제대로 된 면역을 이루지 못했다. 천연두의 치사율은 여전히 10퍼센트를 넘나들었다.

소는 오랫동안 농경사회를 거쳐온 인류에게 큰 도움을 준 동물이다. 그런데 농사뿐만이 아니다. 의학적으로 백신을 발명하는 계기가 되었다는 점에서도 그렇다.

과학적 방법으로 천연두 면역에 최초 성공한 것은 영국의 에드워드 제너다. 그는 민간에서 전해 내려오는, 소의 우두를 앓으면 천연두에 걸리지 않는다는 사실에 주목했다. 우두는 천연두와 비슷하지만 증상이 심하지 않다. 이에 제너는 우두균을 사람에게 접종하여 면역을 유도하는 방법을 고안했다. 이것이 인류 최초의 백신(종두법)이다. 백신vaccine 자체가 소를 뜻하는 라틴어 vacca에서 기인한 단어다. 이로써 천연두로 인한 사망자는 크게 줄었다. 1977년 아프리카에서 마지막 환자가 나왔고, 1980년 세계보건기구WHO는 완전 근절을 선언했다. 인류를 수천 년 괴롭힌 질병이 역사 속으로 사라진 것이다. 백신이 없었다면 불가능했을 일이다.

천연두에서 유래한 백신은 질병의 예방약으로서 더욱 보편화되었다. 덕분에 인류는 파상풍, 홍역, 뇌막염 등의 공포에서 벗어날 수 있었다. 오늘날 백신은 병원성을 제거하거나 약화시킨 병원체 또는 그 일부로서, 인체에 투여하면 항원 특이적 면역반응을 유도할 수 있는 물질을 의미한다. 다만 이것의 개발은 간단하지 않다. 과학적 발견, 기술 확립, 임상 시험 등 여러 단계를 거쳐야 한다. 시간과 돈도 아주 많이 든다. 보통 10년 이상에 조 단위의 예산이 투입된다. 그러니까 백신 개발은 몇 사람의 천재적 역량만으로 가능한 일이 아니다. 국가, 과학자, 산업계가 거국적으로 협력해야만 한다. 어려운 만큼 한 번 성공하면 파급효과가 엄청나다. 수천만이 넘는 생명을 구할 수 있다. 이제껏 25명의 노벨상 수상자가 백신 관련 연구에서 배출된 이유이기도 하다.

새로운 백신의 원리

최근 인류를 강타한 코로나19 바이러스는 백신의 중요성을 다시 한번 일깨웠다. 이 전대미문의 바이러스는 억대의 감염자를 낸 중세의 흑사병, 20세기의 스페인 독감에 비견될 만큼 강력했다. 이전에 사스와 메르스를 막아냈던 방어체계도 무용했다. 더욱 충격적인 것은 미국, 유럽, 일본 등 선진국들조차 속수무책으로 당했다는 점이다. 이는 초창기 강력한 방역을 앞세워 안정세를 유지했던 우리나라와 대조되기도 했다. 그러나 방역은 대응책이긴 해도 해법일 수는 없다. 팬데믹은 백신과 치료제라는 근본적인 대책이 나오기 전까지 극복할 수 없기 때문이다.

마침내 전열을 재정비한 선진국들은 서둘러 백신 개발에 착수했다. 미국이 추진한 초고속작전operation warp speed이 대표적이다. 미국 연방정부는 100억 달러에 이르는 자금을 긴급 편성해 백신 개발을 지원하고 대량으로 선구매했다. 길고 까다롭기로 유명했던 임상시험 단계도 대폭 줄여버렸다. 그리고 백신 개발의 역사를 새로 썼다. 두 가지 점에서 그렇다. 첫째로 효능이다. 전문가들은 백신의 예방 효과를 55퍼센트 전후로 예상했다. 그런데 2020년 말 임상 3상 시험 결과를 발표한 화이자-바이오엔테크BioNTech와 모더나Moderna-국립보건원NIH의 백신은 예방률 90퍼센트를 상회했다. 둘째는 속도다. 보통 백신 개발에 소요되는 시간은 5~10년이다. 그런데 코로나19 바이러스 백신은 개발 착수부터 임상 3상 통과까지 1년도 채 걸리지 않았다.[20]

어떻게 이러한 성공이 가능했을까? 과학 지식의 축적, 제약회사들의 적절한 전략, 국가의 전폭적 지원 등을 생각해 볼 수 있다. 이 중 하나라도 부족했다면 개발은 불가능했거나 아주 늦어졌을 것이다. 물론 팬데믹이 그만큼 급박한 상황이어서 가능한 일이었다. 눈앞에서 급증하는 감염자 수보다 무서운 것은, 이 신종 바이러스의 미래를 누구도 예견할 수 없다는 사실이었다. 하지만 그렇다고 없던 백신이 갑자기 튀어나올 수는 없는 노릇이다. 코로나19 바이러스 백신 개발은 좀 더 역사적, 구조적인 관점에서 살펴보아야 할 필요가 있다.

우선 과학 지식의 축적을 보자. 2020년 12월, 가장 빨리 미국 식품의약국FDA 승인을 얻은 화이자-바이오엔테크와 모더나-NIH 의 백신은 mRNA를 기반으로 만들어졌다. mRNA는 RNA(리보핵산)의 한 종류로서 전령 RNA나 메신저 RNA라고 부른다. DNA는 많이 들어봤으나 RNA는 생소하다. 이 둘은 대표적 유전물질이다. 유전정보를 내장한 DNA의 자가 복제 능력으로 인해 모든 세포는 같은 유전자를 갖는다. RNA는 DNA로부터 유전정보를 전달받아 우리 몸의 기본이 되는 단백질을 생산하는 역할을 한다.

그 과정은 이렇다. 우선 세포 속의 DNA가 어떤 단백질을 만들지에 대한 정보를 RNA에 전달한다. 이것이 전사transcription다. 이때 전사된 RNA가 mRNA다.[21] mRNA가 세포핵 밖으로 나가면 리보솜이 부착된다. 그러면 가져온 유전정보에 부합하는 아미노산만 차례로 붙어 사슬(폴리펩티드)을 이룬다. 이를 번역translation이라고 한다. 그리고 폴리펩티드는 여러 형태로 가공되어 단백질을 만들어낸다. 비유하자면 RNA는 우리 몸의 설계도(DNA)를 암호화해서 생산 공장(리보솜)으로 가져가, 몸의 기본 재료(단백질)를 만들어내도록 복호화한다.

이렇게 DNA의 유전정보가 RNA로 복제되고 단백질 생산까지 이어지는 과정을 생명과학의 중심 원리central dogma라고 한다. 이때 생성된 단백질은 인체에 아주 중요한 역할을 한다. 호르몬과 효소가 만들어지며, 면역과 대사 등의 활동도 결정되기 때문이다. 요

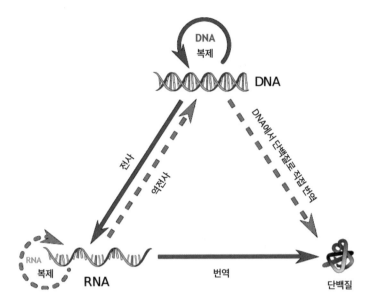

중심 원리는 우리 몸에서 유전정보가 전달 및 발현되는 과정을 집약한 것이다.

컨대 중심 원리에 따른 유전정보의 발현은 우리 몸의 운명을 좌우한다고 볼 수 있다.

mRNA 연구 60년

mRNA는 1961년 DNA의 단백질 생성 메커니즘을 밝히는 과정에서 알려졌는데 발견과 함께 의학적 활용 가능성도 크게 주목받았다. mRNA가 생명 현상의 원초적인 조절 기능을 하기 때문이다. 이에 1976년, 헝가리의 한 대학원생이 중요한 아이디어를 내놓았다. mRNA를 바이러스 방어에 이용하자는 발상이었다. 이 대학원생이 바로 커털린 커리코다. 후일 바이오엔테크의 부사장으로서 코로나19 바이러스 백신 개발을 이끄는 인물이다.

백신은 후천면역의 기억이라는 특징을 이용한다. 즉 병원체의 전부 혹은 일부를 인체에 사전 노출해서 감염이나 증상 없이 면역학적 기억이 생기게 만든다. 그러면 실제 병원체가 침입해도 인체는 그 면역 기억을 살려서 바이러스를 퇴치할 수 있다. 가공된 병원체가 면역반응을 일으키는 항원이 되는 원리다. 기존의 백신 개발에는 이 항원이 꼭 필요했다.

mRNA 기반 백신은 항원 대신 항원을 만들 수 있는 '설계도'를 넣어줌으로써 패러다임을 바꿨다. mRNA가 수행하는 이 설계도 전략의 장점은 신속성과 유연성이다. 병원체의 유전정보, 즉 설계도만 알면 빠르게 생산할 수 있기 때문이다. 개발 플랫폼이 정비되면 기간은 더욱 단축된다. 초기 개발 시간과 비용이 적게 들어서 환자의 수가 적은 병도 대비할 수 있으며, 기존 대비 소규모 설비로도 생산 가능하다. 안전성도 강점이다. mRNA는 인체 내부의 물질이므로 독성이 없다. 또한 제조 과정에 정제된 효소를 사용하므로 위험한 물질이 들어갈 우려도 적다. 기존의 어떤 백신보다 안전하다고 평가받는 이유다.[22]

물론 실제 개발은 쉽지 않았다. 일단 세포에 존재하는 mRNA를 필요한 만큼 만들어낼 방법이 없었다. 이 문제는 1980년대 유전자

증폭 기술의 개발로 해결되었다. DNA의 특정 부분을 복제·증폭하여 mRNA를 대량 합성할 수 있게 되었다. 그런데 그렇게 합성한 mRNA를 동물에 주사했더니 또 문제가 생겼다. mRNA가 세포 안까지 제대로 전달되지 않았기 때문이다. 성공률이 0.01퍼센트에 불과했다. 게다가 심각한 면역반응이 일어나 동물들이 죽기도 했다. 10년을 넘게 이어온 개발 과정은 그대로 벽에 부딪혔다.

다시 10여 년이 지나서야 한계를 돌파할 기술이 등장했다. 매사추세츠공과대학교MIT 교수 로버트 랭거와 다니엘 앤더슨이 개발한 지질나노입자라는 물질이다. 이것으로 mRNA를 감싸면 세포 내부까지 안전하게 도달시킬 수 있었다. 2005년 커리코는 펜실베이니아대학교 동료 교수 드루 와이스먼과 함께 지질나노입자로 면역반응을 유발하지 않는 변형 mRNA를 개발했다. mRNA 백신의 기반 기술이 확립되는 순간이었다.

사람, 자본, 지식의 선순환

기술이 확립된 다음부터는 기업의 몫이었다. 스탠퍼드대학교의 박사후연구원 데릭 로시는 커리코와 와이스먼의 논문을 읽고 유레카를 외쳤다. 그리고 지질나노입자 개발자 랭거를 만나 2010년 벤처기업을 설립했다. 그게 바로 모더나다. 모더나는 'Modified RNA', 즉 인공 RNA의 줄임말이다. 이름에서 보듯 mRNA를 기반으로 한 백신과 치료제 개발이 주력 사업이다. 특히 2011년 스테판 방셀이 CEO에 취임하면서 성공 가도를 내달렸다. 방셀은 특유의 사업 감각으로 벤처캐피털과 글로벌 제약회사들의 대규모 투자를 유치하고, 미국 연방정부의 연구비 지원도 받아냈다. 모더나는 민관협력의 구심과도 같은 기업이었던 셈이다. 창업 10년이 채 안 돼 노벨상 수상자를 비롯한 최정상급 인력과 인프라를 구축했으며 이것이 바탕이 되어 mRNA 체내 전달 기술을 완성할 수 있었다.

커리코와 와이스먼도 연구실에만 머물러 있지 않았다. 자신들의 기술에 특허를 내면서 사업화에 뛰어들었다. 2011년 커리코는 변형 mRNA 기술의 사용 권한을 바이오엔테크라는 신생 기업에 넘겼다. 튀르키예 이민자들이 설립한 이 독일 회사는 이를 계기로 급성장하기 시작했다. 커리코도 25년간 재직하던 펜실베이니아대학교를 떠나 바이오엔테크의 부사장으로 합류했다. 그리고 2017년에는 화이자와 협약을 맺고 mRNA 백신 개발을 본격화했다.

모더나와 바이오엔테크의 '대박'이 원천기술 덕분만은 아니었다. 기업의 성공을 뒷받침하는 가장 중요한 요소는 역시 돈이다. 특히 스타트업은 초기에 안정적인 투자를 확보하여 런웨이를 늘려나가는 것이 관건이다. 모더나와 바이오엔테크도 이 과정을 거쳐 굴지의 기업으로 성장했다. 여기에는 보스턴 근교 케임브리지의 켄들스퀘어Kendall Square로 상징되는 혁신 클러스터가 중요했다. 켄들스퀘어는 한마디로 미국 생명과학의 총아다. 하버드, MIT 같은 명문대학을 필두로 1000개가 넘는 글로벌 제약회사와 벤처캐피털이 모여 있다. 뛰어난 과학자, 의사, 엔지니어, 사업가, 투자가 등이 매일 부대끼고 있는 셈이다. 따라서 자연스럽게 혁신적 지식이 나오고, 이것이 곧바로 창업과 투자로 이어진다. 이렇듯 켄들 스퀘어에는 고위험 고수익high risk, high return 연구와 투자에 거리낌 없는 문화가 존재한다. 어제까지 실험실에서 연구하던 학생이 갑자기 창업에 나서고, 듣도 보도 못한 사업 모델에 투자가 몰리는 일은 이곳에서는 일상과 같다. 사람, 지식, 자본으로 이어지는 선순환이 혁신 산업의 붐을 일으킨 것이다.[23]

과학과 축적의 시간

여기까지가 코로나19 바이러스 백신이 만들어지기 직전의 상황이었다. 즉 60년간 축적된 과학 지식, 이를 비즈니스 모델로 확립한 신사업, 그 성공 가능성을 알아본 대규모 투자금이 이미 마련되어 있었다. 초고속작전은 이렇게 무르익은 분위기에 쏘아진 스모킹건이었다. 그러니까 이름만 초고속이었을 뿐 내용은 전혀 초고속이지 않았다. 오히려 과학의 혁신이야말로 축적의 시간을 정직하게 반영한다는 진리를 다시 한번 입증했을 뿐이다. 2023년 커리코와 와이스먼의 노벨생리의학상 수상도 이러한 긴 시간의 노력을 인정받은 결과일 것이다.

코로나19 팬데믹 국면에서 K-방역은 국민적 자존감을 한껏 높여준 용어였다. 선진국들이 잇따라 방역에 실패하며 맥을 못 추는 모습에 국민들은 충격과 함께 우월감도 느꼈다. '국뽕' 콘텐츠들은 K-방역을 퍼 나르며 우리나라가 마치 미국과 유럽을 앞질렀다는 인식을 퍼뜨렸다. 정부도 여기에 편승해 K-방역을 정치 슬로건으로 활용했다. 이는 총선에서 여당이 유례없는 대승을 거두는 원동력이 되었다. 하지만 이런 분위기는 오래가지 못했다. 선진국들이 초고속으로 백신을 생산하여 대량 접종해 나가고 있을 때, 우리나라는 그저 손가락만 빨고 있어야 했다. 그리고 바이러스 출현 3년이 넘도록 국산 백신의 개발은 요원하다. 뒤늦게나마 정부 주도로 우리 제약회사들도 mRNA 백신을 개발하고는 있다. 하지만 이미 촘촘하게 존재하는 선진국 특허를 피해 개발에 성공하기는 쉽지 않아 보인다. 물론 이는 그만큼 과학을 키우지 못했던 우리 현실을 반영하는 것이다. 그간 과학에 투자해야 한다는 자성의 목소리는 주로 노벨상 수상과 연관되어 왔다. 노벨상도 물론 중요하지만, 국민 건강과 직결되는 백신에는 비할 바 못 된다. 코로나19 팬데믹이 백신 주권 관점에서 과학의 중요성을 성찰하는 계기가 될 수 있을까. 그렇다면 지난 몇 년간 국민들이 감내해야 했던 고난과 희생이 무의미하지만은 않을 것이다.

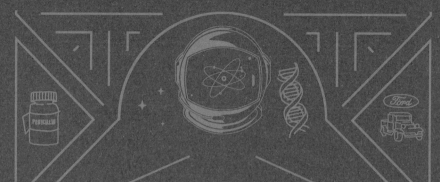

PART 2

정치

권력과 상부상조하며
탄생한 과학

온실효과와 기후변화의 과학
예측을 빗나간 디스토피아

달빛은 참 묘하다. 빛은 빛인데, 따뜻하지 않다. 오히려 서늘하기까지 하다. 실제로 달빛은 오랫동안 '차가운 빛'으로 인식되었다. 이러한 이유로 영국의 철학자 프랜시스 베이컨은 달빛을 빛의 부정적 사례로 꼽기도 했다.[1] 달빛에는 정말 열이 없어서 그런 걸까? 여기에 의문을 품고 실험해 본 사람이 있었다. 이탈리아의 마체도니오 멜로니Macedonio Melloni다. 1846년 그는 실험을 위해 여러 개의 열전대를 연결한 온도계를 제작하기까지 했다. 그리고 커다란 렌즈에 달빛을 모아 측정해 보았다. 그런데 놀랍게도, 열이 관측되었다. 너무나 약해서 우리가 느끼지 못할 뿐. 이 실험으로 복사열의 본질에 대한 중요한 힌트를 얻게 되었다.

영국의 물리학자 존 틴들도 멜로니와 교류하며 복사열을 연구했다. 특히 그는 기체 내 가스들의 열 흡수 정도가 다르다는 점에 주목했다. 1856년 기체의 적외선 흡수 정도를 측정하는 기구를 직접 만들어 실험해 보았다. 이때 멜로니의 온도계가 유용하게 쓰였다. 산소, 질소, 수소의 흡수 정도는 별 차이 없었다. 하지만 이산화탄소와 수증기를 포함한 기체가 유독 적외선을 잘 흡수했다. 공기의 0.04퍼센트에 불과하는 이산화탄소가 이런 효과를 발휘하는 이유는 분자구조에 있었다. 이산화탄소 분자는 크고 복잡해서 질소나 산소보다 훨씬 다양하게 운동을 받아들이고 만들어내는 것이다. 틴들은 이 실험 결과를 토대로 이렇게 생각했다. 대기 중의 이 가스들이 육지의 복사열(적외선)을 계속 빼앗으면, 날씨가 변화할 수 있지 않을까? 이것이 온실효과의 발견이다.

온실효과에 대한 낙관

온실효과를 예상한 사람은 과거에도 있었다. 프랑스의 장 바티스트 조제프 푸리에다. 1822년 푸리에는 지구가 태양열을 계속 흡수하는데도 온도가 일정한 이유가 궁금했다. 그래서 수학자의 직관으로 가설을 세워보았다. 지구가 적외선 복사열을 우주로 내보내서 그런 것 아닐까? 그럼 지구는 차가워져야 하는데? 그렇다면 대기의 이산화탄소와 수증기가 적외선이 모두 우주로 방출되는 걸 막아서 그렇겠지? 이러한 푸리에의 가설은 실제 온실효과에 아주 근접했다. 틴들의 실험은 이걸 증명한 것이었다.

최소한의 과학 공부

1896년 스웨덴 화학자 스반테 아레니우스는 온실효과의 메커니즘을 수학으로 산출했다. 이에 따르면 이산화탄소 농도가 두 배 높아지면 지구 온도는 5~6도 상승한다. 지구가 더워지는 현상을 온실에 비유한 것도, 온실가스라는 단어를 쓴 것도 아레니우스가 처음이었다. 더 놀라운 사실은 그의 계산이 매우 정확했다는 것이다. 요즘에야 슈퍼컴퓨터로 기후를 예측한다지만, 19세기에는 상상도 못 할 일이었다. 아레니우스는 종이와 연필만 써서 이산화탄소 농도와 지구 온도의 상관관계를 밝혔으니 대단한 일이다.

다만 이 연구가 사람들의 관심을 끌지는 못했다. 물론 아레니우스의 주장은 논리적이었으며 그 함의도 충격적이었다. 계산대로라면 이산화탄소에 의한 온도 상승은 최대 21도에까지 이를 것이었다. 하지만 19세기 말의 인식에서 지구의 온도 상승은 너무 먼 얘기였다. 아레니우스 자신부터 그랬다. 지구의 70퍼센트를 차지하는 거대한 바다가 증가하는 이산화탄소를 대부분 흡수하리라고 생각했다. 아마 온실효과가 재앙이 되려면 1000년은 더 걸릴 것이었다. 1903년 아레니우스는 노벨화학상을 받았지만, 수상 성과는 기후변화와 무관한 전기해리 이론이었다.

온실효과는 심지어 희망으로도 여겨졌다. 19세기가 소빙하기의 공포에서 막 벗어나는 시기였기 때문이다. 소빙하기에 지구 기온은 평균 2~3도 더 낮아진다. 당연히 의식주에 엄청난 악영향을 미친다. 중세 말, 근대 초 이어진 소빙하기의 절정은 17세기였다. 한 가지 재미있는 점은 역사학에서도 17세기 위기론이 있다는 것

네덜란드 화가 피터르 브뤼헐의 1565년 작품 〈눈 속의 사냥꾼〉. 소빙하기의 일상을 그렸다.

이다. 17세기 인류는 극심한 식량 위기를 겪었고, 사망률도 높아졌으며, 전쟁도 잦았다는 것이 골자다. 특히 유럽에서는 반유대주의와 마법에 대한 맹신이 팽배하기도 했다.[2] 이렇게 흉흉했던 사회 분위기는 소빙하기의 추운 날씨와도 연결된다. 따라서 온난한 기후는 걱정보다는 바람의 대상이었다. 마침 산업혁명이 본격화하고 벨 에포크가 도래하면서 미래에 대한 낙관이 높아졌다. 지금이야 따뜻해지는 기후가 부정적 뉘앙스를 띠지만, 당시에는 안락함과 풍요의 의미가 더 컸을 것이다.

최소한의 과학 공부

계속되는 논쟁

1938년 이러한 낙관에 찬물을 끼얹는 선구자가 등장했다. 영국의 가이 스튜어트 캘런더Guy Stewart Callender다. 캘런더는 증기 엔지니어로서 취미 삼아 기상 데이터를 모으고 분석했다. 그는 인류가 태우는 화석연료가 엄청난 이산화탄소를 내뿜으며 지구의 온도를 높이고 있다는 통계를 발표했다. 온도 상승의 원인을 산업활동에서 찾은 최초의 주장이었다. 그러나 과학자들은 이 주장을 일축했다. 화석연료 좀 태운다고 날씨가 바뀐다니, 역시 아마추어답네. 과학자들이 꼭 오만해서 이렇게 생각한 것은 아니었다. 당시 상식으로는 인간의 행위가 거대한 지구시스템에 영향을 미치리라고는 예상하는 게 어려웠기 때문이다.

제2차 세계대전을 계기로 이러한 인식은 재고되었다. 전쟁 중 개발된 원자폭탄은 한 국가는 물론 지구 생태계를 파괴하기에도 충분했다. 기후 문제도 같은 맥락에 있었다. 그런데 한 가지 역설적인 것은, 기후 연구에 군사기술이 공헌했다는 점이다. 제2차 세계대전의 결과로 냉전이 전개되면서 군사기술에 막대한 예산이 투입되었다. 대기와 기상 조건은 전쟁의 필수 고려사항이었기에 기상학 투자도 늘었다. 그러면서 두 가지 진전이 이루어졌다.

우선 길버트 플래스Gilbert Plass의 이산화탄소 연구다. 1956년 록히드의 열감지 미사일 개발자였던 그는 일과 후 소일거리로 과학 논문을 읽곤 했다. 그러면서 아레니우스의 이론에 흥미를 느껴 새로운 수치를 갓 개발된 디지털 컴퓨터에 넣어 계산해 보았다. 그랬더니 인간이 지구의 평균온도를 한 세기당 1.1도씩 올릴 수 있다는 놀라운 결론이 나왔다.[3] 사실 이는 변수를 지나치게 단순화한 모델에 근거해서 설득력은 부족했다. 그러나 적어도 온실효과가 미래의 중요한 문제로 부상할 것이라는 의의는 분명히 보였다. 비록 플래스는 그 미래를 몇 세기 뒤로 잡긴 했지만.

기후 연구에 필수인 방사성 연대 측정법도 군사기술에서 나왔다. 핵실험으로 발생한 방사성 물질의 순환을 측정하는 장비가 그 모체다. 독일에서 원자력을 연구하다 미국으로 망명한 한스 쥐스Hans Suess가 최초로 이를 탄소 측정에 적용했다. 1955년 그는 이 분석법으로 대기에 늘어난 탄소가 화석연료의 연소에서 비롯되었음을 밝혔다. 다만 그 양이 많지 않아 대부분 바다로 흡수되리라고 예측했다.

미국 스크립스 해양연구소의 로저 르벨Roger Revelle도 비슷한 입장이었다. 그는 해양의 이산화탄소 흡수량을 분석, 이산화탄소 배출량은 21세기에도 1957년 수준일 거라고 예상했지만 산업화와 인구 증가의 속도를 과소평가한 결론이었다. 르벨은 10여 년의 연구를 더 한 뒤에야, 바다가 흡수한 탄소를 보유하지 못하고 재방출할 수 있음을 알았다. 그 무렵 이산화탄소 배출량은 1957년보다 16배나 늘어 있었다.

치솟는 킬링 곡선

이렇듯 기후변화에 대한 과학자들의 입장은 오락가락했다. 사실 그럴 만도 했다. 거대한 지구시스템을 정확히 파악한다는 것은 보통 일이 아니기 때문이다. 많은 이론적 예측이 나왔지만, 실제 기후변화를 거시적으로 정밀 측정한 데이터는 부족했다. 이런 상황에서 이 일을 해보겠다고 나선 젊은 과학자가 있었다. 미국의 찰스 킬링이다. 킬링은 플래스의 연구에 감명을 받고 직접 찾아가 토론했다. 그리고 이산화탄소가 기후에 미치는 영향을 정확히 알려면 맨땅에 헤딩하듯 측정해 보아야 한다는 결론을 내렸다.

물론 그러려면 돈이 중요했다. 첨단 관측 장비와 긴 시간이 필요한 일이었기 때문이다. 때마침 기상학과 지구과학의 국제협력이 확대되면서 관련 연구비도 늘어나고 있었다. 스크립스 해양연구소의 쥐스와 르벨은 이 기회를 놓치지 않고 해양 및 대기 측정 연구비를 확보했다. 킬링도 이 연구팀에 합류해 세계의 이산화탄소 농도 기준을 설정하는 연구과제를 맡았다. 1958년 이들은 정교한 이산화탄소 측정 장비를 제작해 하와이의 마우나로아 화산(해발 3394미터)과 남극에 설치했다. 두 곳은 지구에서도 가장 대기가 깨끗한 곳으로 꼽힌다.

관측해 보니 실제로 대기 중 이산화탄소가 증가하고 있었다. 킬링은 1960년 남극의 측정치를 근거로 이산화탄소 농도 증가는 명백한 사실이라고 발표했다. 그리고 2005년 심장마비로 사망할 때

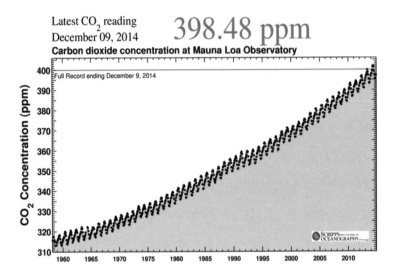

Latest CO₂ reading
December 09, 2014
398.48 ppm

Carbon dioxide concentration at Mauna Loa Observatory

킬링의 이산화탄소 농도 관측치를 표현한 킬링 곡선. 그 지수함수적인 가파른 모양새는 많은 사람에게 충격을 주었고, 지구온난화의 아이콘으로 자리 잡았다.

까지 측정을 멈추지 않았다. 그 47년 동안 이산화탄소 농도는 평균 연 2피피엠씩 증가했다. 이 추이를 기록한 그래프, 즉 킬링 곡선은 그대로 기후변화의 상징이 되었다. 킬링 곡선은 해를 거듭하며 마치 파도처럼, 지수함수적으로 치솟았다. 이는 세계에 충격을 던져주었다. 흔히 알고 있는 온난화의 위험, 즉 빙하가 녹고 해수면이 높아져 도시들이 물에 잠길 수 있다는 예상이 현실의 위협으로 여겨졌다. 온실효과를 실험으로 입증한 틴들로부터 100년이 넘게 걸려 도달한 결론이었다.

킬링 곡선의 가파른 상승은 과학자들의 위기의식을 부추겼다. 이제 기후변화는 과학만의 문제가 아니었다. 사회적으로 공론화

최소한의 과학 공부

되어야 했다. 그런 의미에서 1975년《사이언스》에 실린 월리스 브로커Wallace Broecker의 논문은 기념비적이었다. 이 논문은 1800년부터 지구 온도의 장기 변화를 추적하여, 산업혁명 이후 온실가스 배출이 바다의 탄소 흡수 능력을 약화시켰음을 논증했다. 브로커는 뛰어난 과학 커뮤니케이터이기도 했다. 과학의 논리를 대중의 언어로 쉽게 바꿔 설명했다. 일례로 지구온난화는 브로커가 1975년 논문의 제목으로 쓰면서 널리 알려졌다. 브로커는 의회나 언론에 나가서 온난화의 심각성을 알리는 데도 열심이었다. 그는 사람들이 온난화를 칵테일 마시는 시간의 호기심 거리로 여긴다며, 기후라는 변덕스러운 야수가 인간을 파국으로 몰 것이라고 독설을 쏟아냈다.[4]

정치로의 확산

1980년대는 기상 관측 이래 가장 더운 시대였다. 브뢰커의 예언처럼 이상 기후 현상이 인간을 위협하기 시작했다. 1988년 여름이 그 절정이었다. 혹서, 가뭄, 산불, 슈퍼허리케인이 미국 전역을 덮쳤다. 미국 항공우주국NASA의 제임스 핸슨은 바로 이 타이밍에 상원에서 열린 청문회에 출석했다. 관측 역사상 최고 온도를 기록한 6월 23일, 그는 지구온난화는 이산화탄소 등 온실가스에 의한 결과이며 향후 계속될 확률이 99퍼센트라고 확언했다.[5] 다음 날

핸슨의 1988년 청문회 증언(위쪽)과 다음 날《뉴욕타임스》의 1면 보도(아래쪽), 기후변화가 전 지구적 문제, 정치의 의제로 본격화한 시발점이라고 할 수 있다.

《뉴욕타임스》는 핸슨의 증언을 1면으로 대서특필했다. 이것이 기폭제가 되어 산성비, 오존층 파괴, 대기오염 등의 보도가 크게 늘었다. 그 효과는 대단했다. 온실효과를 아는 미국인 비율은 1981년 38퍼센트였으나, 1989년에는 79퍼센트로 급증했다.

이로써 기후변화가 정치의 중심 의제로 부상했다. 이를 둘러싼 행동은 크게 국내정치와 국제협력의 두 흐름으로 나타났다. 미국 내에서는 후일 빌 클린턴의 부통령이 되는 앨 고어가 최전선에 섰다. 그는 1966년 하버드대학교 재학 시절 르벨의 강연을 듣고 각성한 환경투사였다. 그리고 1981년 의회 입성과 함께 과학의 의제들을 끌고 들어왔다. 친기업적이었던 레이건 행정부와는 환경 규제와 예산을 두고 대립하는 관계였다. 고어는 2000년 대선에서 조지 W. 부시보다 더 득표(그러고도 낙선했다)할 만큼 인기가 많았다. 하지만 기후변화에 대한 정열적인 활동이 그를 정치인보다는 환경운동가로 기억하게 한다. 국제적으로는 1988년 기후변화에 관한 정부 간 협의체IPCC가 출범했다. 전 세계의 과학자, 관료, 전문가들로 구성된 IPCC의 주 임무는 인간 활동이 기후변화에 미치는 영향을 평가하는 것이다. 그 결과 보고서를 발표하고 정책 권고안을 도출하기 때문에 세계 정치경제에 미치는 영향력이 크다. 1997년 UN이 교토의정서를 채택한 이유도 IPCC의 권고 때문이었다.

특히 2007년은 고어와 IPCC에 세계의 이목이 쏠린 해였다. 우선 고어가 제작한 환경 다큐멘터리 〈불편한 진실〉이 흥행했다. 그 기세로 무려 아카데미상까지 받았다. IPCC는 4차 보고서를 내면서 지구온난화에 대한 인류의 책임을 분명히 했다. 이에 따르면 "인류 활동으로 발생한 온실가스 배출량은 1974년부터 2004년 사이 70퍼센트나 증가"했으며, "1750년 이후 인간 활동의 순효과가 지구온난화의 주범"이었다.[6] IPCC가 다국적 과학자와 관료들의 연합체임을 고려하면, 이러한 논조는 급진적으로 보일 만큼 예리한 것이었다. 결국 고어와 IPCC는 2007년 노벨평화상을 공동 수상하며 기후변화에 대한 공로를 인정받았다.

과학의 위대함과 불확실성

온실효과에서 비롯된 기후변화 연구의 역사는 여러모로 특징적이다. 그것은 기존의 과학적 발견과 비교해 몇 가지 공통점과 차이점을 보이는데, 이를 통해 과학이라는 학문의 본질을 좀 더 이해할 수 있다.

첫째는 자연에 대한 순수한 탐구의 소산이라는 점이다. 온실효과 발견의 최초 기여자들인 멜로니와 틴들은 어떤 의도나 목적이 있어서 연구한 것이 아니었다. 그저 자신의 호기심에 충실했을 뿐이다. 멜로니는 달빛이 정말 차가운 빛인지, 틴들은 기체들이 왜 적외선을 달리 흡수하는지를 그저 알고 싶었다. 일반인들이 보기에는 참 한가로운 질문이다. 아마 발코니에 쭈그리고 앉아 달빛을 모으는 멜로니를 그의 어머니가 봤다면, 등짝 스매싱을 날렸을지

최소한의 과학 공부

도 모를 일이다. 비싼 밥 먹고 쓸데없는 짓 한다고. 그러나 호기심에서 출발한 이 실험들은 결국 인류의 명운이 걸린 발견으로 이어졌다. 비단 온실효과뿐만이 아니다. 과학의 역사에서 작은 호기심에서 시작된 연구가 의도치 않은 대박으로 이어진 경우는 이외에도 많다.

둘째는 과학의 위대함과 불확실성이 모두 드러난다는 점이다. 온실효과는 비교적 최근에 문제가 된 현상이다. 따라서 사람들은 흔히 그 발견도 얼마 되지 않았을 것이라 생각한다. 하지만 앞서 보았듯 온실효과는 19세기 중반, 즉 다윈의 진화론과 동시대에 발견되었다. 당시 과학자들은 기체 종류에 따라 적외선의 흡수 정도가 다르다는 사실뿐만 아니라, 지구 온도가 높아질 것이라는 미래까지 알아냈다. 대단한 탁견이 아닐 수 없다. 하지만 연구가 이어지면서 그 불확실성도 대두되었다. 인류가 온난화에 미처 대비하지 못한 것에는 이러한 과학적 불확실성의 이유도 있었다. 전 지구적 시스템을 대상으로 삼는 기후변화 연구는 고려할 변수가 그만큼 많고, 처리해야 할 정보도 무궁무진하다. 일례로 1950년대에 과학자들을 괴롭혔던, 인류가 배출한 이산화탄소를 대양이 얼마나 흡수할 것인지가 그런 문제였다. 쥐스와 르벨과 같은 뛰어난 과학자들도 이를 오판함으로써 기후변화의 공론화가 그만큼 늦어졌다. 이뿐만이 아니다. 미래의 온도 상승을 예측하려면 과거 온도를 알아야 한다. 이는 직접 측정이 불가능하므로 대리 지표에 의존할 수밖에 없다. 이러한 사정 때문에 2007년 IPCC의 4차 보

고서는 2100년의 지구 온도 예측치 범위를 매우 넓게 설정하고 있다.[7]

인류는 과학의 힘에 기대어 발전해 왔다. 그 위대함은 현재를 규명하고 미래를 예측하는 과학의 확실성과 정확성에서 비롯되었다. 하지만 역사적으로 보면, 대부분 과학의 난제 극복이 최종적인 해결이 아니었음을 알게 된다. 기후변화 역시 그렇다고 할 수 있다. 인류는 이제껏 그래왔듯 과학으로 이 문제를 해결해야 할 것이다. 하지만 그것에 내재하는 불확실성 역시 깊게 통찰해야 하는 어려운 상황에 놓여 있다.

최소한의 과학 공부

맨해튼 계획과 원자력의 상용화

제3의 불을 훔친 프로메테우스들

〈브레이킹 배드〉라는 미국 드라마가 있다. 높은 시청률은 물론 에미상도 열여섯 개나 휩쓴 초인기 작품이다. 역대 가장 높은 평점을 받은 드라마로 기네스북까지 올랐다. 시놉시스만 봐도 벌써 재미있다. 주인공 월터 화이트는 화학 교사다. 평범한 중년남이지만 과거 이력이 엄청나다. 캘리포니아 공과대학교 출신 화학자로 1985년 노벨화학상에 기여했으며, 자신의 특허로 굴지의 대기업도 창업했다. 하지만 인생이 몇 번 꼬이면서 소시민으로서 빠듯하게 살고 있다. 그러던 어느 날 갑작스러운 암 판정에 막막해진다. 결국 죽기 전 가족들을 위해 유산을 남기고자 마약 제조에 뛰어든다. 화학의 천재인 그는 고순도의 마약을 만들어내 업계를 평정한다. 여기에 가족과의 갈등, 수사기관의 추적, 범죄조직과의 대결 등이 엮이며 긴장감이 폭발한다.

이 드라마의 무대가 바로 뉴멕시코주다. 멕시코와 국경을 맞댄 사막 천지의 황량한 지방이다. 화이트는 이곳의 로스앨러모스 국립연구소에서 화학물질을 다루다가 암에 걸린 것으로 묘사된다. 뉴멕시코와 로스앨러모스 국립연구소는 인류의 역사를 바꾼 곳이기도 하다. 제2차 세계대전 중 원자폭탄을 만들어낸 맨해튼 계획의 본부 역할을 했기 때문이다. '원자폭탄의 아버지'로 불리는 줄리어스 로버트 오펜하이머가 바로 이곳의 초대 소장이었다. 약관의 리처드 파인만도 여기서 폭탄 제조를 위한 공식을 만들었다. 최초의 원자폭탄 실험인 트리니티도 로스앨러모스에서 멀지 않은 곳에서 이루어졌다. 요컨대 뉴멕시코는 원자력이라는 새로운 에너지원이 탄생한 고향과도 같다.

핵분열의 파괴력

원자 내부에 존재하는 힘은 비교적 일찍 알려졌다. 그러나 그 힘을 인간이 이용할 수 있기까지 많은 시간과 시행착오가 필요했다. 그것은 누군가의 발명이라기보다 동시대의 여러 사람이 수행한 집단연구의 결과였다. 최초의 비전을 제시한 이는 바로 알베르트 아인슈타인이었다. 1905년 6월 특수상대성이론을 발표한 아인슈타인은 3개월 후 이를 보완하는 논문을 냈다. 3페이지에 불과한 이 논문에는 역사상 가장 유명한 공식이 들어 있다. $E=mc^2$, 흔히 질량-에너지 등가원리로 불리는 공식이다. 이것의 위대한 점은 빛의 속도를 매개로 에너지와 질량을 서로 연결했다는 데 있다. 이전까지 에너지와 질량은 별개의 물리 개념이었다. c^2은 빛의 속도인 초속 30만 킬로미터를 제곱한 어마어마한 숫자다. 즉 이것이 곱해지면 아주 작은 질량도 엄청난 에너지를 낼 수 있음을 의미한다. 물론 일상생활에서는 이 에너지가 원자 속에 갇혀 있다. $E=mc^2$은 질량과 에너지의 상호 변환 '가능성'만 보여줄 뿐이다. 어떻게 해야 이것이 원자 밖의 거시 세계로 튀어나올지는 제안자인 아인슈타인조차 몰랐다.

1932년 영국의 물리학자 제임스 채드윅이 중성자를 발견하면서 새로운 국면이 열렸다. 그때까지 알려진 원자 내부의 입자는 전자와 양성자뿐이었다. 이 둘은 원자핵에 영향을 미치기 어려운 성질을 갖고 있었다. 전자는 너무 가벼웠고, 양성자는 원자핵과 같은 양전하를 띠어서 서로 밀어내는 척력이 작용했다. 그런데 중성자는 전자보다 무겁고 전기적으로도 중성이었다. 따라서 원자핵 내부를 자유롭게 출입할 수 있었다. 중성자는 베일에 가려져 있던 원자핵으로 들어가는 열쇠였던 셈이다.

이를 간파한 엔리코 페르미는 중성자를 원자핵에 충돌시키면 어떤 일이 일어나는지 실험해 보았다. 페르미는 주기율표의 거의 모든 원소를 실험 대상으로 삼았다. 그중 특히 우라늄U에 관심을 두었다. 원자번호 92로 끝번인 우라늄은 당시 알려진 원소 중에서 가장 무거웠기 때문이다. 페르미는 우라늄 원자핵에 중성자를 충돌시켜 원자핵이 이를 흡수한다면, 원자번호 93의 새로운 원소가 탄생할 것이라 예상했다. 실제로 페르미는 우라늄보다 약간 더 무거운 원소를 분리해 냈다. 페르미는 자신이 새로운 원소를 창조한 것으로 믿었고, 이 성과로 1938년 노벨물리학상까지 받았다.

하지만 반전이 있었다. 페르미가 겨우 성공시킨 실험의 결과는 93번 원소가 아니었다. 1939년 독일의 오토 한, 프리츠 슈트라스만, 리제 마이트너가 그것의 의미를 정확히 밝혀냈다. 중성자를 흡수한 우라늄은 질량이 큰 새로운 원소가 아니라, 원자핵이 쪼개지면서 더 작은 질량의 원소 두 개로 변한 것이었다. 이 현상이 바로 핵분열이다. 원래 핵분열은 생물학 용어로 세포가 분리되는 현상을 의미한다. 마이트너와 함께 연구한 그의 조카 오토 프리슈가 생물학 전공자 친구의 이야기에서 힌트를 얻었고 프리슈는 원자핵의 분열 현상을 기술하기 위해 이를 그대로 사용했다.

원자핵을 쪼갠다는 것은 말이 쉽지, 보통 어려운 일이 아니다. 일단 원자도 눈에 보이지 않는데, 원자핵은 그 수만 분의 1 크기에 불과하다. 게다가 그 안의 양성자와 중성자는 핵력이라는 강한 힘으로 묶여 있다. 우라늄 원자핵이 쪼개지면 중성자 두 개를 버리면서 원래 원자의 질량보다 가벼워진다. 이때 줄어든 질량이 $E=mc^2$에 따라 그대로 에너지로 바뀐다. 마이트너의 계산에 의하면 우라늄 원자핵 한 개가 분열할 때 나오는 에너지는 2억 전자볼트에 이른다. 거기서 끝이 아니다. 남겨진 중성자들도 더 많은 핵분열을 일으킬 수 있다. 핵분열의 진정한 무서움은 이 기하급수적으로 늘어나는 연쇄반응에 있다. 인류가 여태껏 가져본 적 없는, 역사상 가장 강력한 에너지가 모습을 드러내는 순간이었다.

아인슈타인-실라르드 편지

핵분열에서 엄청난 파괴력의 폭탄을 떠올리는 것은 자연스러운 일이었다. 레오 실라르드는 그 가능성을 가장 먼저 내다본 이였다. 유대인이었던 그는 아돌프 히틀러를 피해 영국으로 건너간 1933년부터 원자핵 분열을 응용한 폭탄의 등장을 경고해 왔다. 그러다 1939년 핵분열이 규명되었고, 그 발견자는 하필 독일인들이었다. 독일은 이미 유럽 곳곳에서 우라늄을 확보하는 중이었다. 히틀러가 먼저 폭탄을 개발한다면 재앙이 될 것이었다. 실라르드는 여름휴가 중이던 아인슈타인을 다짜고짜 찾아가 미국 대통령에게 편지를 쓰자고 설득했다. 아인슈타인은 당황했으나 우려에는 공감했다. 편지에는 새로운 폭탄의 등장이 충분히 가능하며 미국이 독일보다 먼저 개발해야 한다는 주장이 담겼다. 편지는 실라르드가 썼으나 서명은 아인슈타인이 했다. 이것이 유명한 아인슈타인-실라르드 편지다.

맨해튼 계획은 흔히 이 편지에서 시작되었다고 알려져 있지만 사실은 좀 다르다. 편지가 프랭클린 루스벨트 대통령에게 전해진 것은 1939년 10월이다. 제2차 세계대전 개전 한 달 만이다. 편

아인슈타인과 실라르드는 1939년 8월 원자폭탄 개발을 촉구하는 편지를 루스벨트 대통령에게 쓴다. 실라르드가 쓰고 아인슈타인이 서명한 이 편지가 역사상 전무후무한 원자폭탄 개발 계획으로 이어지게 된다.

지를 읽은 루스벨트는 전문가를 모아 우라늄 위원회를 구성하고, 6000달러의 예산을 편성했다. 실라르드의 걱정에 비하면 한가로운 조치였다. 그만큼 미국 정부에게도 원자폭탄 개발은 과학적으로나 정치적으로 쉬운 선택이 아니었다. 게다가 아직 미국은 유럽에서의 전쟁을 관망하는 중이었다.

오히려 영국이 앞서나갔다. 마이트너와 함께 핵분열을 발견한 프리슈는 영국으로 망명해 페르미의 조수였던 루돌프 파이얼스와 합세했다. 둘의 목표는 폭탄 제조에 필요한 우라늄의 임계 규모를 추산하는 것. 자연에서 우라늄은 비교적 흔하다. 암석 1톤에서 평균 2그램 정도 얻는다. 다만 이 우라늄을 모두 폭탄에 쓸 수 있는 것은 아니다. 핵분열을 손쉽게 일으키려면 우라늄-235라는 동위원소가 필요했다. 동위원소는 양성자 수(원자번호)가 같아서 화학적 성질은 동일하나, 중성자 수가 다르므로 질량에 차이가 있다. 문제는 우라늄-235의 추출이 극악의 난도를 자랑했다는 것이다. 천연 우라늄을 정제하면 우라늄-238이 99.3퍼센트, 우라늄-235는 0.7퍼센트 나왔다.

1940년 영국 정부는 프리슈와 파이얼스의 이론 작업을 토대로 비밀리에 모드MAUD 위원회[8]를 만들었다. 1941년 이 위원회는 원자폭탄 개발에 11.5킬로그램의 우라늄-235가 필요하며, 제작 기간은 2년 정도라는 보고서를 내놓았다. 그리고 중요한 단서 하나를 덧붙였다. 미국과 협력해야 한다는 것. 자원도 부족하고 언제 독일이 폭격할지 모를 영국에서는 개발에 한계가 있었다. 모드 위원회는 그때까지의 연구결과를 전부 미국에 넘기면서 동참을 촉구했다. 그해 12월 미국은 진주만 공습을 계기로 참전을 결정한 상태였다.

군대와 과학의 결합

1942년 초 우라늄 위원회의 어니스트 로런스는 영국의 자료를 보고 원자폭탄이 충분히 가능함을 확신했다. 그래서 동료들과 함께 이에 필요한 다섯 가지 기술을 보고서로 작성했다. 로런스는 사이클로트론이라는 입자가속기를 발명하여 1939년 노벨물리학상을 받았다. 사이클로트론은 자기장과 교류전압을 이용해 가속한 입자를 원자핵에 충돌시켜, 고에너지의 방사성 동위원소를 분리해 낸다. 1년 뒤인 1940년, 이 사이클로트론에서 아주 중요한 발견이 나왔다. 로런스의 제자 글렌 시보그가 94번 원소 플루토늄^{Pu}을 발견한 것이다. 사이클로트론으로 우라늄-235와 우라늄-238을 분리하다가, 우라늄-238이 예기치 않게 변환된 결과였다. 우라늄-235는 추출이 매우 어려워 원자폭탄 개발의 최대 난점으로 지적받고 있었다. 이런 상황이었기에 플루토늄은 새로운 돌파구로서 각광받았다. 우라늄-235와 비슷한 효과를 내지만, 임계질량도 적고 핵반응 속도는 훨씬 빨랐다.

제2차 세계대전에서는 과학연구도 전쟁 수행 체계의 핵심 부문으로 부상했다. 국가가 직접 연구개발을 기획하고 대규모 자원을 동원했다. 미국은 개전을 앞둔 1941년 대통령 직속 과학연구개발국^{OSRD}를 설치했다. 국장은 MIT 교수 버니바 부시가 맡았다. 부시는 공학자는 물론 행정가로서도 역사에 남을 인물이다. 페니실린, 원자폭탄, 레이더 등 전쟁의 판세를 결정지은 무기들이 모두 그의 지휘로 개발되었다.

1942년 6월 로런스 등이 제출한 보고서도 OSRD 검토를 거쳐 대통령 승인을 받았다. 아인슈타인 이래 과학적 탐구의 대상이었

최소한의 과학 공부

던 원자 에너지가 미국의 국책사업으로 입안되는 순간이었다. 이 거대한 계획의 가장 중요한 두 요소는 보안과 속도였다. 즉 적이 모르게, 최대한 빨리 실전 무기를 만들어내야 했다. 이를 과학자라는 자유로운 영혼들이 이끌기에는 쉽지 않아 보였다. 따라서 부시는 과학자가 아닌 육군이 계획을 관리·감독하도록 결정했다.

이에 공병대의 레슬리 그로브스 대령[9]이 총책임자로 낙점되었다. 그로브스는 1941년 국방부 신청사를 초스피드로 건설해 이미 전설이 된 장교였다. 우리가 펜타곤으로 부르는 그 건물 맞다. 그는 목표를 위해 수단과 방법을 가리지 않는 가공할 추진력의 소유자였다. 목표에 방해가 되면 규정, 절차, 소통 따위는 무시했다. 그러니 조직에서 그를 좋아하는 사람이 없었다. 하지만 이런 점이 원자폭탄 개발에는 또 제격이었다. 그가 가장 먼저 한 일은 계획을 가리킬 암호를 정하는 것이었다. 과학자들은 과학의 향기가 물씬 풍기는 고색창연한 이름들을 제안했다. 그러나 그로브스는 다 무시하고 맨해튼[10]이라는 무미건조한 이름을 붙였다. 또 6개월 넘게 쌓여 있던 미결 문서들을 하루 만에 결재해 버리기도 했다. 일이 안 되면 관련 부서에 찾아가 대통령에게 직보하겠다고 협박하는 것도 다반사였다. 이러한 방식으로 맨해튼 계획은 관료주의에 빠지지 않고 일사천리로 진행될 수 있었다.

과학 연구 부문은 오펜하이머가 총괄했다. 이것도 의외의 인선이었다. 맨해튼 계획은 20세기를 대표하는 천재들의 집단연구이기도 했다. 페르미, 보어, 로런스, 파인만, 콤프턴, 채드윅 등 노벨

최초의 원자폭탄 성능 시험인 트리니티가 성공한 뒤 현장을 둘러보는 오펜하이머(왼쪽)와 그로브스(오른쪽). 두 사람은 직업, 전공, 성격 등 모든 분야에서 달랐지만, 맨해튼 계획에 있어서만큼은 환상적인 콤비 플레이를 펼쳤다.

상 수상자만 스물한 명에 이른다. 물론 오펜하이머도 뛰어난 이론 물리학자였으나, 이들에 비해서는 이름값이 부족했다. 무엇보다 노벨상을 받지 못했다. 그러나 원자폭탄 개발이라는 큰 그림에 대한 포괄적 이해는 타의 추종을 불허했다. 또한 외국어 소통, 인문학적 통찰, 조율과 협력의 리더십도 돋보였다. 여러 면에서 상반되는 그로브스와 오펜하이머는 의외로 찰떡 케미를 펼치며 계획을 이끌었다.

최소한의 과학 공부

천조국의 위엄

이론적 가능성만 있었던 원자 에너지의 현실적 구현은 당연히 쉽지 않았다. 그 과정은 육군이 미국과 캐나다 곳곳에 대규모 실험 시설을 짓고, 과학자들이 이를 운영하는 방식으로 이루어졌다. 이것은 일반적인 연구소를 만드는 규모를 훨씬 넘어섰다. 오펜하이머는 집단연구와 보안 유지를 위해 사람이 없는 오지에 인력을 몰아넣는 방법을 제안했다. 즉 외부와 격리된 실험 단지를 조성하여 각 프로젝트를 집중 수행하자는 것이었다. 이에 동의한 그로브스는 미국 전역을 돌며 적당한 부지를 골랐다. 시카고에서는 페르미의 주도로 핵분열 연쇄반응의 제어 장치, 즉 원자로를 만들고 테스트했다. 오크리지에서는 콤프턴이 폭탄의 재료인 우라늄-235의 대규모 농축 작업을 지휘했다. 버클리에서는 로런스가 사이클로트론으로 우라늄-235와 플루토늄을 분리했고, 워싱턴주 핸퍼드에는 플루토늄 추출 시설이 들어섰다. 로스앨러모스는 이를 화룡점정하는 마지막 퍼즐 조각이었다. 오펜하이머가 각 프로젝트의 결과를 종합해 최종적으로 폭탄을 설계하고 조립했다. 이모든 것이 비밀이었다. 맨해튼 계획이 진행되는 동안 미국에서는 핵물리학 관련 논문이 아예 사라졌다. 또 계획에 동원된 수만 명의 인력 중에는 자기가 하는 일을 정확히 모르는 사람이 더 많았다. 원래 살던 주민들은 집 근처에 이런 연구시설이 있는지도 몰랐다.

맨해튼 계획으로 개발된 두 개의 원자폭탄 폭발 장면. 히로시마의 리틀보이(왼쪽)와 나가사키의 팻맨(오른쪽)

    어떤 방법이 성공할지 누구도 알 수 없었다. 그래서 가능한 모든 방법이 동원되었다. OSRD는 우라늄과 플루토늄 폭탄을 모두 시도하기로 했다. 가장 난제였던 우라늄-235의 분리에는 전자기 분리법, 기체확산법, 열확산법이라는 세 가지 기법이 쓰였다. 효율성만 따졌을 때는 셋 다 실패에 가까웠다. 들이는 자원과 노력에 비해 결과가 너무 적어서였다. 하지만 전쟁이라는 특수 상황이 모든 것을 정당화했다. 미국이 원자폭탄 개발을 결정하기까지는 오랜 시간이 걸렸지만 일단 만들기로 한 뒤에는 약간의 가능성만 보여도 인력과 물량을 쏟아부었다. 난다 긴다 하는 과학자들도 그렇게 조건 없는 대규모 지원을 받으며 연구해 본 것은 처음이었다.

    맨땅에 헤딩하듯 시작한 계획은 단 3년 만에 성과를 냈다. 1945년

7월 뉴멕시코 앨라모고도에서 테스트에 성공했고, 한 달 뒤 히로시마와 나가사키에 두 방의 폭탄이 떨어졌다. 1억 총옥쇄를 외치며 결사항전을 준비 중이던 일본은 곧바로 항복했다. 3년간 총 13만 명의 인력과 20억 달러의 예산이 투입된 결과였다. 2023년 기준 330억 달러, 원으로 환산하면 약 39조 9600억 원이다. 그러니까 2023년 한국 국방 예산(약 57조 원)의 70퍼센트 정도 된다. 이러한 대규모 물량과 천재적 두뇌의 조합은 맨해튼 계획의 성공, 나아가 제2차 세계대전의 승리를 이끈 원동력이었다. 전 세계에서 오직 '천조국' 미국만이 가능한 일이었다.

제3의 불을 얻은 인류

그리스 신화에 프로메테우스라는 반항적인 신이 나온다. 프로메테우스는 불을 훔쳐 인류에게 선물함으로써 제우스의 분노를 샀다. 맨해튼 계획의 스토리도 이와 닮았다. 실제로 오펜하이머의 전기를 쓴 카이 버드는 그를 '미국의 프로메테우스'로 불렀다. 오펜하이머가 자연으로부터 태양의 거대한 불꽃을 얻어냄으로써 우리에게 핵이라는 불을 선사해 주었다는 이유에서다.[11] 어쩌면 맨해튼 계획에 참여한 모든 과학자가 현대판 프로메테우스라고 할 수 있을 것이다.

실제로 인류는 원자폭탄을 통해 원자력이라는 전인미답의 에너지를 상용화할 수 있었다. 미국 정부는 1946년 원자력위원회 AEC를 설치해 맨해튼 계획을 군부에서 민간으로 이관했다. 시카고, 오크리지, 버클리, 로스앨러모스에 있던 시설들은 국립연구소로 전환되었다. 이 국립연구소들은 현재도 미국 에너지부 소속으로 에너지 분야 기초연구를 선도하고 있다. 오늘날 인류가 누리는 에너지 기술의 상당 부분이 여기서 나왔다.

과학의 성과는 대부분 양면성을 갖기 마련이다. 하지만 원자력만큼 이것이 극단적인 경우도 드물다. 흔히 원자력은 '제3의 불'로 불린다. 인류 역사에서 불, 전기 다음으로 등장한 에너지원이라서 그렇다. 그런데 그 효율은 앞 세대를 훨씬 압도한다. 우라늄 1그램이 생산하는 에너지는 석탄 3.2톤, 석유 267리터, TNT 21톤과 비슷하다. 이것이 도입되면서 산업활동이 양적, 질적으로 폭발했다. 따라서 원자력은 현대 과학 기술 문명이 성립하는 토대라 해도 과언이 아니다. 반면 사고가 한 번 일어나면, 주변을 말 그대로 황무지로 만들어버린다는 점에서 심각한 위협이 된다. 2011년 후쿠시마 원자력 발전소 사고를 떠올려보면 될 것이다. 원자력의 압도적 경제성에도 불구하고 끊임없이 대체에너지 개발이 모색되는 이유다. 따라서 원자력을 프로메테우스의 신화에 빗댄다면 잊지 말아야 할 교훈이 두 가지 있다. 첫째는 불을 훔쳐다 준 프로메테우스의 위대함과 그에 대한 고마움이다. 둘째는 바로 그 때문에 제우스가 분노했다는 것이다. 원자력의 시대를 살아가는 오늘날, 신의 분노는 아직 끝나지 않았을지 모른다.

가속기와 입자물리학 실험
선진국의 과학 필수품

우리나라는 선진국인가? 여러 국제경제지표를 보면 그렇다고 할 수 있다. 예컨대 세계은행WB의 고소득 국가군, 국제통화기금 IMF의 선진 경제권, 경제협력개발기구OECD 가입국 등을 기준으로 삼는다면 그렇다. 우리나라는 세 범주에 다 포함된다. 1인당 GDP 기준으로 우리나라는 이제 일본과 비슷하고 스페인에 앞서는 수준이다.

그런데 경제적으로 소득 수준이 높으면 다 선진국일까? 예컨대 카타르의 1인당 GDP는 미국보다 높고, 아랍에미리트 역시 영국보다 높다. 그럼 카타르는 미국보다, 아랍에미리트는 영국보다 선진국인가? 그렇게 말하긴 어렵다. 이것은 선진국의 정의에 경제력을 넘어서는 요인들이 있음을 함의한다. 아마 정치적 자유, 사회적 평등, 문화적 우수성 등이 포함될 것이다. 여기에 지적 리더십도 추가되어야 한다. 즉 선진국은 뛰어난 지식을 생산하고 전파함으로써 다른 나라의 성장을 견인할 수 있는 나라다. 과학도 그 지식 중 하나일 것이다. 수많은 과학자를 배출한 미국과 영국이 압도적 선진국으로 인정받는 이유이기도 하다.

이 관점에서 보면 우리나라도 선진국이라고 하기에는 부족하다. 그간 인류의 지식에 별로 기여하지 못했기 때문이다. 과학 교과서를 처음부터 끝까지 넘겨봐도 한국인은 나오지 않는다. 물론 우리나라는 유럽, 미국, 일본 등에 비해 과학을 연구한 시간이 훨씬 짧다. 오랜 식민통치와 내전으로 온전한 국가를 유지할 수 없었던 탓이다. 정부 수립 후에는 산업화가 급했기에 과학에 투자할 여력이 부족했다. 따라서 선진국들이 이미 완성해 놓은 지식과 기술을 도입해 제품을 생산하는 데 주력했다. 이 따라잡기 전략은 성공적이어서, 세계에서 가장 빨리 선진국 대열에 오른 나라가 되었다. 결국 우리나라는 1990년대가 되어서야 과학 연구를 본격화할 수 있었다. 유럽과 미국은 고사하고, 일본보다도 100년 이상 뒤처진다. 이건 부끄러운 일이 아니다. 어찌 보면 이런 과학 지식의 기반 없이 빠르게 고도성장을 이루었다는 것이 더 대단하다.

우주와 자연의 원리를 찾아서

사실 과학, 특히 순수기초과학은 선진국이 아니면 시도조차 하기 어렵다. 과학은 우주와 자연의 원리를 밝히는 고도의 정신 활동이기 때문이다. 이걸 하려면 우수한 고급인력과 대규모 자원이 필요하다. 당연히 돈도 많이 든다. 하지만 돌아오는 보상은 별로 없다. 그저 "아! 자연이란 그런 거구나, 우주는 이렇게 생겨났구나"하는 '앎'이 대부분이다. 많은 사람이 과학적 발견이 기술 개발과 경제 발전으로 이어진다고 생각한다. 그러나 그것은 지극히 예외적인 일이다. 과학이 소위 '대박' 나는 것은 연구 자체보다는 개발과 응용의 결과다. 즉 공학이나 경영학의 영역에 가깝다. 과학은 호기심에서 시작하여 깨달음으로 끝나는 학문이다.

가속기는 이러한 과학의 본질을 드러내는 대표적 도구다. 현대 과학에서 실험의 비중이 커지면서 각종 기기와 장비들도 눈부시게 발전해 왔다. 특히 과학의 대상이 커지거나(지구, 우주 등) 반대로 작아지면서(세포, 입자 등) 이러한 기기들도 대형화하고 복잡해졌다. 가속기는 그 첨단을 이끄는 대형 시설이다. 작은 도시 하나를 이룰 만큼 규모가 크고 투입 인력도 많다. 그래서 국가적 의사결정을 통해 구축 및 운영된다. 가속기를 짓고 실험하려면 천문학적 예산과 고도로 숙련된 전문가 집단이 필요하다. 거기서 나오는 실험 결과는 과학의 패러다임을 바꿔버리기도 한다. 이런 이유에서 현대의 가속기는 선진국 자격을 인증하는 '필수템'과도 같다.

가속기는 자연과 우주의 근원으로 들어가는 열쇠 역할을 한다. 눈에 보이기도 않는 미세한 입자를 빠르게 가속하면 그 심연으로 향하는 문이 조금씩 열린다. 물질을 구성하는 기본 요소가 입지여서 가능한 일이다. 감각으로 인지할 수 없는 거시세계와 미시세계가 서로 통한다니 흥미롭다. 이는 과학뿐만 아니라 문학과 철학에서도 다루는 테마다. 윌리엄 블레이크의 〈순수의 전조〉라는 시가 있다. 스티브 잡스가 영감을 받은 작품으로 특히 유명하다. 첫 연이 이렇다. "한 알의 모래에서 세계를 보고, 한 송이 들꽃에서 천국을 본다."

또한 노자는 《도덕경》에서 우주 삼라만상의 비밀을 이夷, 희希, 미微로 정의했다. 이는 너무나 커서 인간의 눈으로 못 보는 것, 희는 너무나 미묘해서 귀로 못 듣는 것, 미는 너무나 미세해서 감각으로 못 느끼는 것을 뜻한다. 우주와 입자를 연구하는 물리학은 이렇게 문학, 철학과도 맞닿아 있다.

가속기 실험은 입자에 전기장을 걸어서 속도를 빠르게 높이면서 이루어진다. 이때 가속하는 입자에 따라 장치의 종류와 실험 목적도 나뉜다. 우선 입자가속기는 전자, 양성자, 중입자, 중이온 등을 다른 입자나 물질에 충돌시켜서 일어나는 현상을 연구한다. 양성자가속기는 주기율표 1번인 수소H에서 양성자를 분리하여 물질에 충돌시킨다. 여기서 쪼개져 나오는 소립자를 반도체, 소재 연구 등에 활용한다. 중입자가속기는 암세포 사살의 명사수다. 수소보다 무거운 탄소 입자를 빛의 속도 70퍼센트 정도까지 가속하여 암세포에 쏜다. 기존 방사능 치료에 비해 암세포를 더 많이 죽이고 정상세포는 덜 죽인다. 중이온가속기는 우주에 존재하는 수많은 원소를 연구한다. 무거운 원소(탄소, 우라늄 등)를 이온화하고 가속해서 표적 원자핵에 충돌시킨다. 그럼 핵반응이 일어나고, 알려지지 않았던 희귀동위원소가 생성될 수 있다. 즉 중이온가속기 실험에서 뭔가 나오면 화학 교과서의 주기율표가 바뀐다.

반면 방사광가속기는 전자를 가속하여 빛을 생산한다. 전자는 만들기가 쉽고 무게도 수소의 1800분의 1에 불과하다. 그래서 속도를 빛의 99.9퍼센트까지 끌어올릴 수 있다. 이렇게 가속한 전자로 만들어낸 빛은 태양 밝기의 100억 배에 달한다. 이걸로 원자와 분자 수준에서 이루어지는 다양한 일들을 관찰할 수 있다. 몇 년 전 국내 연구진은 수소 원자H 두 개와 산소 원자O 한 개가 결합해 물 분자H_2O가 만들어지는, 1000조 분의 1(펨토)초 순간을 포착했다. 방사광가속기가 초고성능 거대 현미경으로 불리는 이유다. 이러한 특징 때문에 물리학과 화학은 물론 구조생물학, 의약학 등에도 폭넓게 쓰인다.

20세기와 원자 시대의 개막

20세기를 대표하는 과학의 키워드는 원자다. 고대 그리스 이래 원자는 더 이상 쪼갤 수 없는 물질의 기본 단위로 인식되었다. 그런데 1897년 영국의 조지프 존 톰슨이 원자 내부에서 전자를 발견하면서 이러한 인식에 혁명이 일어났다. 이후 양성자, 중성자, 원자핵 등이 발견되고, 그것들에 존재하는 새로운 힘이 알려졌다.

그리고 1919년, 어니스트 러더퍼드가 원자핵을 다른 원자핵으로 변환시키면서 새로운 지평이 열렸다. 이것은 인류가 원자핵이라는 물질 궁극의 한계를 인위적으로 바꾸게 되었음을 의미했다. 다만 원자핵을 자유자재로 연구하려면 일단 그것을 부숴야 했다. 원자핵은 양전하를 가지고 단단히 결합되어 있다. 이걸 부수려면 강한 핵력을 이겨낼 운동에너지를 갖도록 입자를 가속해 충돌시켜야 했다. 그래서 러더퍼드는 1927년 전 세계 물리학자들에게 고에너지 입자의 대량 공급 방법을 찾자고 제안했다.

해법은 꽤 빨리 나왔다. 1929년 미국의 어니스트 로런스가 사이클로트론을 발명했다. 최초의 입자가속기였다. 자기장과 교류 전압을 이용해 입자를 가속해서 원자핵에 충돌시켰다. 그럼으로써 방사성 동위원소를 분리해 냈다. 로런스는 이 업적으로 1939년 노벨물리학상을 받았다. 노벨재단은 시상의 이유로 "사이클로트론 실험으로 발표된 논문이 눈사태처럼 불어났다"라고 평했다. 입자들은 사이클로트론 안에서 빠르게 움직이다가 표적에 충돌하여 새로운 원소들을 만들어냈다. 이미 알려진 원소들의 방사성 동위원소들도 여럿 발견되었다. 대량 생산된 원소들은 물리학은 물론 화학, 생물학, 의학의 발전을 급격히 견인했다. 이는 사이클로트론이 요즘 말로 '혜자' 장비여서 가능했다. 이전까지는 그렇게 싸고 간단히 희귀동위원소를 얻을 방법이 없었다. 로런스가 최초 제작한 사이클로트론은 직경 약 11센티미터(4인치)에 제작비는 25달러에 불과했다. 그러나 성능은 결코 가볍지 않았다. 양성자를 8만

로런스가 최초로 개발한 4인치 사이클로트론. 이 공로로 로런스는 1939년 노벨물리학상을 받았는데, 학계에 영향을 미친 논문이 없이도 노벨상을 받은 사람은 그가 처음이었다.

전자볼트까지 가속했다. 이후의 스케일업도 매우 빨랐다. 1946년에는 184인치 사이클로트론이 완성되었고, 그 출력은 100메가전자볼트를 넘어섰다.

사이클로트론은 제2차 세계대전의 승리를 이끈 전략 인프라이기도 했다. 원자폭탄의 재료인 우라늄-235를 분리하는 데 필수였기 때문이다. 게다가 이 과정에서 플루토늄이라는 새로운 원소도 발견해 냈다. 이 두 원소로 만든 폭탄 두 방이 전쟁을 끝내는 결정타가 되었다. 물론 일본도 사이클로트론의 중요성을 알고 있었다. 일본 현대 물리학의 아버지로 꼽히는 니시나 요시오가 동양 최초로 개발에 성공했다. 그는 본래 보어, 로런스 등과 교류했던 양자역학의 권위자였다. 그래서 일본 군부는 니시나에게 비밀리에 원자폭탄 개발 임무를 맡겼다. 당시 이화학연구소를 이끌던 그는 별로 내키지 않았던 이 임무를 맡았으나, 결국 실패했다. 애초에 맨해튼 계획에 비해 비교도 안 될 만큼 적은 지원을 받았으니 성공할 리 만무했다. 종전 후 도쿄에 입성한 미군이 가장 먼저 한 일 중 하나는 이화학연구소를 폐쇄하는 것이었다. 그리고 사이클로트론을 해체해 도쿄 앞바다에 던져 버렸다.

집단 연구로서의 가속기 실험

가속기는 과학 연구의 방법과 체계에도 지대한 영향을 미쳤다. 그것은 팀 사이언스, 즉 집단연구로 요약된다. 이전까지 과학은 분야별로 개인들이 소규모로 연구하는 게 보통이었다. 하지만 로런스는 사이클로트론을 중심으로 다분야의 과학자, 엔지니어, 전문가들이 모여 시너지를 내야 한다고 생각했다. 즉 대학의 학과보다는 연구소 조직이 과학에 더 적합하다는 판단이었다. 이것은 가속기가 특정 분야를 넘어 모든 학문체계에 유용한 실험 결과를 제공한다는 것과도 연관되었다. 이에 로런스는 버클리 연구소를 핵이라는 공통 주제를 기반으로 물리학, 화학, 생물학, 의학 등이 협업하도록 구성했다. 물리학 그룹에서 원자핵 충돌 실험을 하면, 거기서 생성된 희귀동위원소의 특성을 화학 그룹에서 분석했다.

최소한의 과학 공부

의학 그룹은 환자의 암세포에 희귀동위원소를 쏘는 치료법을 개발했다. 생물학 그룹은 탄소-14라는 방사성 동위원소를 이용해서 식물의 광합성이 이루어지는 메커니즘을 규명하기도 했다. 이렇게 현대적인 연구소 모델을 디자인했다는 점에서 로런스는 뛰어난 과학자이자 경영자이기도 했다.

연구소 조직은 전쟁 이후에 더욱 확산되었다. 대표적으로 맨해튼 계획을 수행했던 비밀 시설들이 국립연구소로 재편되었다. 1946년 로런스가 이끈 버클리 연구소를 포함해 아르곤, 오크리지, 로스앨러모스 등이 최초의 국립연구소로 지정되었다. 이를 시작으로 오늘날 미국 에너지부 산하에 열일곱 개 국립연구소가 운영되고 있다. 국가가 소유하되 운영은 민간 전문가에게 맡기는 형식은 우리나라 정부출연연구소와 비슷하다. 그러나 가속기와 같은 대형시설을 기반으로 핵물리, 에너지, 환경 등 거대연구를 수행한다는 점에서 그 규모는 비교가 되지 않는다. 국립연구소는 특히 미국 전역에 분포하면서 각 지역의 대학, 기업들과 함께 연구한다. 한때 원자폭탄까지 만들었던 첨단 시설이 우수한 두뇌들과 결합하여 시너지를 내는 것이다. 연간 이용자 수만 3만 명을 넘는다. 이러한 결과로 인류 지식의 최전선을 확장하는 성과들이 국립연구소에서 쏟아져 나왔다. 118개의 노벨상이라는 숫자가 이를 방증한다.

다른 선진국들의 가속기 경쟁도 만만치 않다. 일본은 그중 가장 극적인 경우다. 원래 미국은 제2차 세계대전에서 패배한 일본을 농업 국가로 만든다는 계획을 세웠다. 이화학연구소를 폐쇄한 것도 같은 이유에서였다. 그런데 1950년 바로 옆 한반도에서 한국전쟁이 일어나자 미국은 이 계획을 전면 수정했다. 일본을 공산주의에 맞서는 자본주의 진영의 최전선으로 키운다는 것이다. 전후 일본이 고도의 기술 산업국가로 성장할 수 있었던 가장 중요한 이유다. 이로써 일본의 과학도 부활할 수 있었다. 갖은 우여곡절 끝에 이화학연구소는 다시 문을 열었고, 1966년 기존보다 훨씬 더 큰 가속기를 만들었다. 그리고 2016년, 가속기 실험으로 113번 원소를 발견해 일본의 국호를 따서 '니호늄Nh'이라고 명명했다. 동양에서는 처음으로 발견된 원소다. 현재 일본은 세계에서 가장 많은 대형 가속기를 보유한 나라다.

선진국들의 치열한 경쟁

유럽에서는 아예 국가 간 협력으로 가속기 연구소를 지었다. 유럽입자물리연구소Conseil Européen pour la Recherche Nucléaire라는 아주 긴 이름의 연구소다. 프랑스와 스위스의 국경 지대에 있으며, 흔히 약칭 CERN으로 불린다. 1954년 영국, 프랑스, 서독 등 열두 개 국가의 합의에 따라 출범했다. 여기에는 두 가지 배경이 있었다. 첫째로는 입자물리실험의 거대화로 개별 국가가 감당할 수 있는 정도를 넘어섰다는 것이다. 원래 가속기는 국가 차원의 자원이 필요한 시설이지만, CERN은 그보다 한 차원 더 높은 실험을 수행한다는 목표에 따라 출범했다. 둘째는 유럽의 미국에 대한 위기의식이다. 제2차 세계대전 이후 미국은 세계 초강대국으로 떠올랐고, 과학의 주도권도 완전히 가져갔다. 유럽 과학자들이 미국행을 택한 것도 자연스러운 수순이었다. 이에 유럽 각국이 비용을 분담해 미국에 밀리지 않을 연구소를 만들고자 의기투합한 것이다.

오늘날 CERN은 역사상 가장 큰 실험 장치인 대형 강입자 충돌기LHC를 운영하는 것으로 유명하다. 둘레만 27킬로미터에 에너지 출력은 무려 7조 전자볼트에 이른다. 2008년 구축된 이 LHC가 대중에게도 알려진 것은 2012년이었다. 모든 입자에 질량을 부여하는, 이른바 '신의 입자'로 알려진 힉스 보손의 존재를 실험으로 입증한 것이다. 세상의 근본을 구성하는 기본입자들은 1970년대부터 꾸준히 발견되었다. 그런데 유독 힉스만 수십 년간 발견되지 않아 마지막 퍼즐로 불리고 있었다. 결국 LHC의 이 발견으로 중력을 제외한 모든 물질과 상호작용을 기술하는 입자물리학의 기본 틀인 표준모형이 완성되었다. CERN이 세계 최고 입자물리연구소의 권위를 확립한 것은 물론이다.

그런데 힉스 발견 10여 년 만에 또 다른 실험이 주목을 받고 있다. 뮤온 g-2로 알려진 이 실험의 주 무대는 미국의 페르미 국립 가속기연구소다. 연구진은 기본입자 중 하나인 뮤온이 저장링이라는 실험 장치에서 움직이는 궤적을 분석한 결과, 표준모형에 포함되지 않는 새로운 입자의 가능성을 확인했다. 즉 완성된 것으

CERN이 운영하는 인류 최대 실험 장치 LHC의 둘레는 27킬로미터에 이른다.

로 알았던 표준모형을 보완할 새로운 이론이 등장할 수 있는 상황에 마주한 것이다. 이 실험의 신뢰도는 4.2시그마로 과학적 사실에 매우 근접했다. 신뢰도가 3시그마(99.7퍼센트)면 '힌트'에 해당하고, 5시그마(99.99994퍼센트) 이상이면 과학적 '발견'으로 인정된다. 힉스 발견 당시 신뢰도가 5시그마였다. 만약 페르미 국립연구소가 주도한 이 뮤온 g-2 실험이 과학적 발견으로 인정된다면 많은 것이 바뀌게 된다. 표준모형을 넘어서는 이론이 등장함은 물론, 유럽의 CERN이 가지고 있던 권위를 다시 미국으로 가져오는 계기가 될 것이다.

최소한의 과학 공부

인류의 진보를 누가 주도할 것인가

여기까지 읽은 분들 중 일부는 의문이 들 수도 있다. 가속기고 새로운 원소고 표준모형이고 다 좋은데, 그게 우리 삶과 무슨 상관이 있다는 말인가? 아주 정당한 의문이다. 말로는 자연과 우주의 기원을 밝힌다고는 하지만, 감각으로 인지할 수 없는 영역의 이야기여서 실감이 나지 않기 때문이다. 사실 기본입자 따위 몰라도 사는 데는 아무 지장 없을 것 같다.

하지만 그렇다고 해서 이 연구들이 무의미하거나 쓸모가 없는 것은 아니다. 이는 인류 지식의 진보를 얼마나 이룰 수 있는가의 문제로 귀결된다. 선진국들이 가속기 실험과 인프라에 천문학적 예산을 투자하는 이유도 결국 이 과정을 주도하고 싶어서다. 인류 역사를 돌이켜 보면, 한 시대를 풍미한 강대국들은 동시에 그 시대 지식의 지배자였음을 알 수 있다. 요컨대 지식의 최전선을 확장하여 그 혜택이 전 인류에게 돌아가도록 하는 것이 선진국의 역할이자 품격이다. 이런 관점에서 페르미 국립가속기연구소의 초대 소장인 로버트 윌슨이 1969년 의회에서 존 패스토어 상원의원과 나눈 대화는 되새겨 볼 가치가 있다.[12]

패스토어 : 이 가속기가 어떻게든 국가 안보와 관련될 희망이 있습니까?

윌슨 : 아니요, 그렇지 않을 겁니다.

패스토어 : 아무것도요?

윌슨 : 전혀요.

패스토어 : 그런 관점에서는 가치가 없습니까?

윌슨 : 그것은 오직 저희가 생각하는 다른 관점에서만 가치가 있습니다. 인간의 존엄성, 문화에 대한 우리의 사랑, 그런 것들입니다. 군대와는 관계가 없습니다. 미안합니다.

패스토어 : 미안해하지 않아도 됩니다.

윌슨 : 네. 하지만 솔직히 그렇게 응용될 것이라고는 말할 수 없습니다.

패스토어 : 그럼 이 프로젝트가 소련과 경쟁하는 우리에게 제시하는 바는 없나요?

윌슨 : 오직 장기적인 기술 발전의 관점에서만 그렇습니다. 그 외에는 이런 것들과 관련이 있습니다. 우리는 훌륭한 화가, 조각가, 시인인가? 제가 말씀드리는 바는, 이 나라에서 우리가 진정 존중하고 명예롭게 여기는 것들, 그것으로 나라를 사랑하게 만드는 것들입니다. 그런 의미에서 이 새로운 지식은 전적으로 국가의 명예와 관련이 있습니다. 이것은 미국을 지키는 일이 아니라, 지킬 만한 가치가 있도록 만드는 일과 관련이 있습니다.

아폴로 계획과 우주 개발
과학이 치른 체제 경쟁

모든 것의 시작은 지름 58센티미터의 둥근 쇳덩어리였다. 1957년 10월 4일, 로켓에 실린 이 쇳덩어리는 엔진에서 불을 내뿜으며 솟아올랐다. 그리고 우주 공간으로 진입해 메시지를 보냈다. "삐… 삐….." 단순한 기계음이 아니었다. 우주 경쟁의 개막을 알리는 서곡이나 마찬가지였다. 이것이 바로 미국을 포함한 전 세계를 충격으로 몰아넣은 소련의 스푸트니크 위성이었다.

미국은 왜 그리 충격을 받았을까. 두 가지 이유가 있었다. 첫 번째는 자존심이다. 제2차 세계대전에서 이긴 미국인들은 자국이 세계 최강이라고 자부했다. 정치·경제적으로는 물론 과학기술도 마찬가지였다. 그럴 만도 했다. 최초로 원자폭탄을 개발해 전쟁을 끝냈고, 세계 최고의 과학자들도 모두 미국으로 건너왔으니. 반면 소련은 아직 공업화가 더뎠다. 게다가 그들의 원자폭탄도 스파이들이 미국의 기술을 훔쳐서 완성한 것이었다. 두 번째는 공포다. 당시 미국과 소련은 준전시 상태였다. 언제 무력 충돌이 일어나도 이상하지 않았다. 만약 위성을 쏘아 올린 로켓에 원자폭탄을 달아 미국 본토로 발사한다면? 더 이상의 자세한 설명은 생략한다.

충격은 한 번으로 끝나지 않았다. 소련은 다음 달 스푸트니크 2호에 '라이카'라는 개를 태워 보냈다. 그러니까 우주여행을 한 최초의 생명체였다. 물론 미국도 당하고만 있지는 않았다. 1957년 12월 부랴부랴 뱅가드 위성을 발사했다. 다만 발사대를 채 벗어나기도 전에 폭발해 버렸을 뿐이다. 더욱 망신인 것은, 이 장면이 고스란히 생방송으로 나갔다는 사실. 미국 역사상 이보다 굴욕의 순간은 없었을 것이다. 결국 드와이트 아이젠하워 대통령이 당시 국가항공자문위원회와 육해공군의 로켓 기술 부문들을 통합하여 NASA를 만들었다. 하지만 그것만으로 전세를 뒤집기에는 역부족이었다. 1961년 소련은 마침내 인류 최초의 유인 우주 탐사(보스토크 1호)마저 성공했다. 미국은 절체절명의 상황으로 내몰렸다.

대통령의 정치적 선택

이것이 미국이 유인 달 탐사 계획을 추진한 결정적 이유였다. 단순히 우주에 나가는 것만으로는 부족했다. 사람을 달에 보내서, 거기 착륙시키고, 다시 지구로 귀환시켜야 했다. 이 목표에 필요

최소한의 과학 공부

한 모든 자원과 방법을 체계화한 것이 아폴로 계획이다. 이 계획을 성공시키는 데 가장 중요한 역할을 한 인물이 둘 있다. 물론 계획에 참여한 과학자, 엔지니어, 우주비행사, 관제사 등은 족히 수십만 명이 된다. 그러나 백만 대군이 출병해도 선봉에 서는 장수가 뛰어나야 승리할 수 있는 법이다. 소련과 건곤일척의 승부(진짜 전쟁은 아니지만)를 벌인 아폴로 계획에서도 선봉장 역할을 한 이들이 있었다.

첫 번째는 미국의 35대 대통령 존 F. 케네디다. 아폴로 계획은 과학자와 엔지니어들의 집단 R&D 프로젝트였다. 하지만 그 시작은 대통령의 정치적 결단에서 비롯되었다. 전임 아이젠하워는 NASA 설립 외에 우주 개발에 투자한 것이 별로 없었다. 이는 아이젠하워의 지론인 안정적인 재정 운영 기조에 따른 것이다. 일례로 그는 400억 달러에 달하는 NASA의 유인 우주 탐험 예산을 반려시켰다. 군인 출신 아이젠하워에게 우주 경쟁은 소련의 군사력에 대항하는 것보다 나중 문제였다.[13] 그리고 이 사이에 소련과의 격차는 더욱 벌어지고 있었다. 1957년 스푸트니크 1호에서 1961년 보스토크 1호까지, 우주에 관한 최초의 타이틀은 모조리 소련 차지였다.

케네디는 1960년 대통령 선거에서부터 이 문제를 공론화했다. 그는 소련으로부터 우주 개발의 주도권을 되찾자고 주장했고, 결국 정권 교체를 이뤘다. 당선 직후에는 우주 개발에서 구체적으로 뭘 할 것인지를 탐색했다. 초기 백악관의 과학자문위원들은 유인

1962년 9월 12일 케네디 대통령이 라이스대학교에서 한, 이른바 "우리는 달에 가기로 했습니다" 연설은 아폴로 계획의 비전을 명확히 밝힌 명연설로 꼽힌다.

달 탐사에 부정적이었다. 과학적으로 얻을 것이 별로 없다는 이유에서였다. 그러나 케네디는 미국의 위신을 높이면서, 다른 나라에 영감을 주고, 기술적으로 어렵다는 이유에서 달 탐사에 관심을 보였다. 즉 우주 개발은 과학적 성과나 예산 규모만으로 따질 문제가 아니라는 것이 그의 판단이었다.

결국 1961년 5월 케네디는 유인 달 탐사 계획을 발표했다. "10년 안에 달에 사람을 보내겠다"라는 메시지는 아주 명확했다. 세 가지 요인이 이 결정에 영향을 미쳤다. 첫째는 소련의 보스토크 1호 발사. 인류 최초의 우주인 유리 가가린은 우주에 나가 지구 궤도까지 돌고 귀환했다. 둘째는 피그만 침공 실패. 중앙정보국CIA 주도로 쿠바에 게릴라를 침투시켜 카스트로 정권을 붕괴시키려고 했으나, 작전이 실패하면서 케네디는 큰 위기에 직면했다. 셋째는 앨런 셰퍼드의 첫 우주 비행 성공. 소련보다 늦었고 지구 궤도를 돈 것도 아니었지만, 어쨌든 가능성은 확인했다.

요컨대 유인 달 탐사는 케네디가 선제적으로 던진 메시지라고 할 수 있었다. 이는 얽히고설킨 국내외 정치·군사적 상황을 돌파하려는 전략적 선택이었다. 의회도 이 계획에 동의하면서 NASA의 1962년 예산을 두 배 증액했다. 본격적인 아폴로 계획의 시작이었다.

나치 출신 과학자

두 번째는 베르너 폰 브라운이다. 아폴로 계획은 물론 현대 로켓 공학의 조상님과도 같은 인물이다. 달에 가려면 무엇보다 로켓이 있어야 했다. 폰 브라운은 아폴로 계획의 로켓으로 새턴V라는 희대의 걸작을 만들어냈다. 1960년대 만든 이 로켓은 현재까지도 인간이 만든 비행체 중에 가장 큰 엔진과 강한 추력을 가졌다. 아폴로 계획 동안 단 한 번도 발사에 실패한 적이 없을 정도로 기술적 완성도가 높았다.

본래 폰 브라운은 (이름에서 알 수 있듯) 독일인이다. 그런데 평범한 독일 태생이 아니다. 히틀러 직속 나치 무장친위대의 로켓 개발 책임자였다. 그가 만든 V2 로켓은 실제로 영국 폭격에서 위력을 발휘했다. 전쟁 막판 제공권을 모두 잃은 독일은 가까스로 이 로켓에 의지하고 있었다. 1944년 V2 로켓이 런던의 한 극장에 명중해서 무려 열한 개 건물이 파괴되었고 567명의 사망자가 나왔다. 그 잔해를 치우는 데만 일주일이 걸렸다. 제2차 세계대전 중 유럽에서 한 발의 미사일 공격으로 발생한 최대의 인명 피해였다.[14]

미국 입장에서 볼 때 아군의 심장에 비수를 꽂은 폰 브라운은 '악마의 재능'이었다. 그러나 그 천재성 때문에 울며 겨자 먹기로 데려올 수밖에 없었다. 1945년 독일이 항복하자, 미국 전략 사무국OSS은 나치 독일 과학자 포섭 작전[15]에 나섰다. 나치는 원자폭탄 개발에는 실패했지만, 항공, 로켓, 미사일 등에서는 뛰어난 기술을 갖고 있었다. 특히 로켓은 미국보다 25년 이상 앞섰다는 평가를 받았다. 따라서 포섭 1순위는 역시 폰 브라운이었다. 미국뿐만 아니라 영국, 소련도 마찬가지였다. 몸값이 뛴 폰 브라운은 마치 프로야구 자유계약 선수처럼 느긋하게 협상하며 좋은 조건을 받아냈다. 그리고 100명이 넘는 연구팀(가족 포함 300여 명)과 함께 미국으로 투항했다. 이들은 대부분 V2 개발자들로, 그대로 아폴로 계획의 핵심 인력이 된다. 물론 이들의 정착이 쉽지만은 않았다. 특히 독일군과 피 흘리며 싸웠던 군부의 반발이 컸다. 이런 이유로 한동안 이들은 로켓 개발의 전면에 나서지 못했다. V2 기술을 군에 이전해 주는 일 정도가 전부였다.

　　　　　　　　　　　　　　　최소한의 과학 공부

그 무렵 소련에서는 미국이 상상 못했던 일이 벌어졌다. 소련은 1949년 원자폭탄을 개발했으나 정작 떨어뜨릴 방법이 없었다. 미국이 일본에 그랬듯 폭격기로 떨어뜨려야 하는데, 소련의 공군력으로는 미국의 방어망을 뚫고 본토까지 들어갈 수 없었기 때문이다. 결국 소련은 이 차이를 한 방에 뒤집을 방법을 찾았다. 대륙간탄도 미사일ICBM 개발이었다. 미국에 폰 브라운이 있었다면 소련에는 헬무트 그뢰트룹이 있었다. 그 역시 독일 출신 과학자였다. 그뢰트룹은 지독히 사이가 나빴던 라이벌 폰 브라운이 미국으로 가자 소련을 택했다. 그리고 소련 로켓의 아버지인 세르게이 코롤료프[16]와 함께 최초의 대륙간 탄도 미사일인 R-7을 개발했다. 이것을 기반으로 발사한 인공위성이 스푸트니크 1호였다.

10년의 기한

위기에 몰린 미국은 결국 폰 브라운을 NASA의 발사체 개발 부문 책임자로 임명했다. 이미 폰 브라운의 머릿속에는 사람을 달까지 태워 갈 로켓의 기본 설계가 완성돼 있었다. 남은 건 이걸 구현하는 일뿐이었다. 그도 어릴 때부터 우주여행을 꿈꾼 '덕후'였다. 무장친위대 시절 우주탐사를 위해 만든 V2가 폭격에 쓰이자, "개발은 완벽했으나 엉뚱한 행성에 떨어졌다"라고 자조한 것은 유명한 일이다. 따라서 그에게도 아폴로 계획은 덕업일치의 기회였다.

최초의 달 착륙에 성공한 아폴로 11호의 발사 장면. 폰 브라운은 아폴로 계획에 사용된 새턴 V 로켓을 화성 탐사까지 염두에 둔 고스펙으로 설계했고, 이는 아폴로 계획이 목표한 10년 내에 성공하는 중요한 요인이 되었다.

무모해 보였던 케네디의 '10년 기한' 목표를 앞장서 이행한 것도 폰 브라운이었다. 그는 케네디의 달 탐사 선언 8개월 만에 새턴 V 로켓 개발 계획을 내놓았다. 여기서 그의 우주덕후 기질을 엿볼 수 있다. 새턴 V는 처음부터 화성 탐사를 염두에 두고 설계되었기 때문이다. 따라서 기존의 어떤 로켓보다 훨씬 더 강한 엔진과 거대한 추력을 갖추게 되었다. 애초에 이렇게 넉넉한 스펙으로 만들었기 때문에 계획을 여유롭게 운용할 수 있었다. 이는 케네디가 약속한 10년 기한을 맞출 수 있었던 결정적 요인 중 하나였다. 만약 목표에 딱 맞는 사양으로 제작했다면 그렇지 못했을 것이다. 갑작스럽게 등장하는 변수나 난점에 대응해 로켓을 기술적으로 보완하는 시간이 더 많이 걸렸을 것이기 때문이다.

폰 브라운은 엄청난 추진력과 임기응변을 발휘하기도 했다. 그는 정상적인 방법으로는 케네디가 질러버린 10년 기한을 맞출 수 없음을 알고 있었다. 그래서 여러 프로젝트를 동시 수행하거나, 일부 단계들을 과감히 건너뛰는 방법으로 아폴로 계획을 이끌어 나갔다. 대표적 예가 아폴로 계획의 가장 결정적 순간 중 하나였던 아폴로 8호였다. 폰 브라운은 1968년 갓 완성된 새턴 V를 별도의 테스트 없이 곧바로 유인 달 궤도 선회 비행에 투입했다. 이는 몇 단계로 나눠서 시험해 봐야 할 일을 한 번의 발사로 몰아서 한 것이었다. 물론 자신이 개발한 새턴 V에 그만한 신뢰가 있어서 가능한 일이었다.

도박으로까지 평가되었던 아폴로 8호가 달의 궤도를 돌고 귀환함으로써 미국은 비로소 소련에 앞서나갔다. 이듬해에는 개발이 지연되었던 달 착륙선까지 완성되었다. 이제 정말 달 착륙은 시간 문제가 되었다. 그리고 1969년 7월, "한 인간에게는 작은 발걸음이지만 인류에게는 커다란 도약"이라는 역사에 영원히 기록될 명언을 남기며 아폴로 11호가 달에 착륙했다. 사람을 달에 보내겠다던 케네디의 선언이 단 8년 만에 실현되는 순간이었다. 선언 당시에는 경쟁 상대인 소련도, NASA의 직원들도, 심지어 케네디도 실현 가능성을 확신하지 못했을 것이다. 인류 최초의 달 착륙은 그만큼 수많은 어려움을 뛰어넘은 극적인 결과였다.

과학, 정치, 경제의 삼위일체

만약 미국이 자존심에 상처를 입지 않았거나 소련의 로켓에 위협을 느끼지 않았다면 어땠을까. 달 착륙은 아예 없었거나 먼 훗날 이루어졌을 것이다. 아폴로 계획의 시작은 이렇듯 냉전과 군사 위기를 직접적 배경으로 삼고 있었다. 우주에 대한 탐구라는 인류 보편적 가치와는 거리가 멀었다. 하지만 그 결과는 인류 최초의 달 착륙이라는 과학적 위업으로 이어졌다. 아마 인류가 과학을 싹 틔우고 발전시켜 온 이래로 가장 위대한 순간이었을 것이다. 과학이 훨씬 더 발달한 지금의 기준에서도 아폴로 11호가 달에 착륙했을 때만큼 극적인 순간을 찾아보기는 힘들다.

최소한의 과학 공부

흥미로운 사실은 이 과학적 위업이 정치, 경제와 한 몸을 이룸으로써 가능했다는 점이다. 아폴로 계획의 모든 순간이 다 잘 풀린 것은 아니었다. 중단될 위기도 수차례 있었다. 1967년 아폴로 1호의 사령선에서 훈련을 받던 세 명의 우주비행사들이 화재 사고로 사망한 것이 대표적 예다. 이 사건으로 상원에서 청문회까지 열렸다. 자칫 위험성을 이유로 계획이 폐기될 수도 있었다. 1968년에는 어느 때보다 심각하게 중단 여론이 들끓었다. 그해 미국에서는 68혁명으로 상징되는 반전 운동과 민권 운동이 정점에 올랐다. 이에 대한 반동으로 마틴 루터 킹, 로버트 F. 케네디 등 진보 운동의 리더들이 암살당하기도 했다. 이렇게 혼란한 때에 달에 가려고 수십억 달러를 쓴다며 비판하는 사람들이 많았다. 이들은 그 돈을 가난과 불평등의 해소, 의학 발전, 환경 보호 등을 위해 쓰자고 주장했다.[17] 이렇듯 아폴로 계획은 정치적으로 자주 쟁점화되었고, 중단해야 한다는 여론은 늘 존재했었다.

하지만 동시에 당파적 이해관계를 초월하는 국가의 과제로 인정받기도 했다. 아폴로 계획은 이러한 정치적 합의가 있었기에 반대 여론에도 불구하고, 또한 케네디 이후 정부가 두 번 바뀌었어도 계속될 수 있었다. 아폴로 계획은 경제와도 깊은 연관이 있었다. 국민경제에 영향을 미칠 수 있는, 그야말로 천문학적 비용이 들어갔기 때문이다. 아폴로 계획의 총 비용을 2023년 기준으로 환산하면 1720억 달러(약 224조 원)가 넘는다. 2023년 미국 정부 예산(약 5.8조 달러)의 3퍼센트, 한국 정부 예산(약 638조 원)의 무려 35.1퍼센

1968년 처음으로 달의 궤도를 도는 데 성공한 아폴로 8호의 지구돋이 사진. 아폴로 계획을 상징하는 사진 중에 하나다.

최소한의 과학 공부

트를 차지한다. 당시 미국이 2차 세계대전과 한국전쟁 이후의 호황기여서 가능했던 일이다.

요컨대 아폴로 계획은 과학이 정치, 경제의 전폭적 지원을 받으면 어떤 위업을 이룰 수 있는지 보여준다. 순수하게 과학 연구만의 목적만 있었다면 아폴로 계획은 시작조차 못했거나, 금방 좌초했을 것이다. 소련과의 체제 경쟁에서 이겨야 한다는 시대적 목표가 있었기에 반대 여론과 천문학적 비용에도 불구하고 계속될 수 있었다. 이를 뒤집어 생각하면, 아폴로 11호로 목표의 상당 부분을 이뤘기에 더 이상 계속되기 어려웠음을 함의하기도 한다. 원래 아폴로 계획은 20호까지 계획되었으나, 바로 이러한 이유에서 17호로 끝났다. 그리고 냉전 질서가 완전히 해체된 이후, 더 이상 달에 가려고 막대한 비용을 쏟아부을 이유도 없어져 버렸다.

인터넷과 정보혁명의 확산
입자물리학과 냉전이 연결한 세계

2012년 런던 올림픽은 역대 올림픽 개막식 중 최고로 꼽힌다. 영국이 세계사에 미친 영향을 제대로 뽐냈기 때문이다. 특히 팝과 문화예술에 있어서 원조의 위엄을 보여주었다. 보통 올림픽 개막식은 그 나라의 특수성을 자랑하기 마련이다. 요컨대 "우리 이런 것도 있다!"라는 메시지가 주가 된다. 그런데 런던 올림픽은 역으로 보편성을 강조했다. "너희 이거 다 알지?" 이런 느낌의 메시지였다. 조앤 K. 롤링, 콜드플레이, 아델, 폴 매카트니로 이어지는 초호화 라인업 덕분에 가능한 일이었다.

그런데 그 화려한 면면 사이로 다소 생소한 얼굴이 등장했다. 팀 버너스리라는 과학자다. 영국 출신 과학자라면 뉴턴, 다윈, 맥스웰 등등 차고 넘친다. 그런데 왜 하필 이 사람이었을까? 이유는 간단하다. 인류에 미친 영향이 그 이상이기 때문이다. 버너스리는

최소한의 과학 공부

인터넷의 기본 형식인 월드와이드웹www의 발명자다. 단순히 발명에 그치지 않는다. 그 위대한 발명품을 무료로 전 세계에 풀었다. 그래서 개막식에서 그가 등장한 쇼의 주제가 "모두를 위한 것" 이었다.

입자물리학 실험과 소통의 문제

월드와이드웹은 의외의 장소에서 탄생했다. 마이크로소프트나 애플 같은 IT 기업이 아니다. 입자물리학 연구소, 그것도 실험 하나에 수천 명이 참여하는 거대 시설 CERN이다. 이곳에는 앞서 언급했듯 세계 최대의 입자가속기 LHC가 있다.

CERN의 과학자들은 LHC로 물질의 근원을 이루는 기본입자들을 충돌시키는 일을 한다. 이러한 실험의 목표 중 하나는 우주의 기원을 밝히는 것이다. 원래 물리학의 최소 단위인 물질과 최대 단위인 우주는 오랫동안 별개의 질문으로 존재했다. 그런데 빅뱅을 알게 되면서 이 질문들이 하나로 합쳐졌다. 빅뱅 이론에 따르면 우주는 138억 년 전 아주 작고 뜨거운 상태에서 시작되었다. 우주를 채우는 물질이 이때 만들어졌다. 우선 빅뱅 직후 쿼크, 전자 등의 기본입자가 생겨났다. 그리고 우주의 온도가 낮아지면서 양성자와 중성자, 헬륨 원자핵, 원자가 만들어졌다. 다시 원자들이 중력에 의해 합쳐져 별과 은하가 탄생했다. 이러한 이유로 기본입자를 쪼개면 우주의 기원을 추적할 단서를 찾을 수 있다.

CERN의 LHC를 비롯한 많은 입자가속기는 원형이다. 실험이 시작되면 눈에 보이지도 않는 입자들은 이 크고 둥근 관을 말 그대로 빛의 속도로 질주한다. 그러다 서로 충돌하면 엄청난 에너지가 방출되는데, 과학자들은 바로 이 순간을 포착한다. 이를 돕는 장치가 가속기 곳곳에 설치된 검출기다. 과학자들은 마치 잠복수사하는 형사들처럼 팀을 이루어 검출기에 자리 잡는다. 그리고 입자가 충돌하는 순간에 일어나는 다양한 현상을 분석한다. 아주 미세하더라도 뭔가 새로운 반응이 나오면, 과학 교과서가 바뀌기도 한다. 대표적인 예가 화학 시간에 배우는 원소 주기율표다. 주기율표에는 118개의 원소가 올라 있다. 이중 자연에서 발견된 것은 92번 우라늄까지다. 93번 이상 원소는 가속기 실험을 통해 인공적으로 만들어졌다.

LHC 정도의 대형 가속기는 검출기 크기도 어마어마하다. 투입 인력만 몇백 명에 이른다. 그래서 입자가속기로 실험한 논문은 저자도 엄청나게 많다. LHC의 명성을 알린, 힉스 입자 발견에 대한 《피지컬 리뷰 레터스》의 2012년 논문 저자는 무려 5154명이었다. 문자 그대로 한 개 사단 수준이다. 논문 33페이지 중 24페이지를 저자들 이름이 차지했다. 이러한 이유로 입자물리학 실험에서는 상호 소통이 중요하다. 많으면 몇천 명에 이르는 인력이 실험 데이터를 정확히 분석하고 의견을 신속히 공유해야 한다.

버너스리가 고민했던 문제도 이것이었다. 그는 옥스퍼드대학교에서 물리학을 전공하고 1980년부터 CERN의 소프트웨어 컨설턴트로 일했다. 입사 후 첫 임무가 대형 입자물리학 실험을 지원할 정보 시스템의 구축이었다. 버너스리는 연구소 곳곳의 컴퓨터들이 거미줄web처럼 얽혀 실험 참여자들이 쉽고 빠르게 정보를 얻는 체계를 구상했다. 즉 오늘날 인터넷이 작동하는 방식의 원형을 제시한 것이다. 버너스리는 이 시스템에 인콰이어Enquire라는 이름을 붙였다. '문의하다'라는 뜻은 입자물리학 지식과 정보를 공유하는 시스템에 썩 잘 어울렸다. 유럽 국가들이 공동 운영하는 CERN에는 많은 과학자, 엔지니어, 직원들이 드나들었다. 이들이 남기는 논문, 데이터, 실험기록, 매뉴얼, 메모 등도 엄청났다. 그런데 CERN은 워낙 사람들이 자주 바뀌는 조직이었고, 그러다 보니 자료들이 없어지는 일이 다반사였다. 인콰이어는 이러한 연구자료를 조직화하는 동시에 효과적 검색을 가능케 했다.

월드와이드웹 프로젝트의 성공

인콰이어의 성공에 자신감을 얻은 버너스리는 더 발전된 시스템을 제안했다. 이는 하이퍼텍스트의 네트워크화로 요약된다. '하이퍼'는 '과도한, 초과된'을 뜻하는 접두사다. 따라서 하이퍼텍스트는 초월문서, 즉 문서를 뛰어넘은 문서라는 의미가 된다. 이것의 가장 큰 특징은 비순차성, 비선형성이다. 문서들이 중간에 머무는 단계 없이 직진으로 연결된다. 반면 전통 텍스트를 대표하는 책은 철저히 순차적이다. 어떤 지점에 도달하려면 처음과 그 사이의 단계(페이지)들을 거쳐야 한다. CERN의 문서 시스템도 이런 방식, 즉 순차적인 트리 구조(컴퓨터의 폴더 구조와 같은)를 따랐다. 따라서 이 시스템에서 문서 간 이동은 상위 폴더로 올라갔다가 다시 하위 폴더로 내려오는 등 번거로울 수밖에 없었다.

1989년 버너스리는 새로운 시스템의 제안서에서 이 계층 구조의 문제점을 지적했다. 그러면서 정보의 거미줄 시스템의 핵심은 보편성이라는 논지를 폈다.[18] 버너스리는 이런 의미를 담아 새로운 프로젝트를 월드와이드웹이라고 명명했다. 이름에서 보듯 전 세계의 컴퓨터를 정보의 그물망으로 엮는다는 원대한 계획이었다. 버너스리는 하이퍼텍스트를 기본 형식으로 채택함으로써 이것이 가능하다고 보았다. 이에 프로젝트의 각 구성 요소들에 하이퍼텍스트의 약자 'ht'를 붙이기로 했다. 인터넷에 쓰이는 http, html 등이 바로 여기서 기인한다.

월드와이드웹 제안서는 당장 채택되지는 못했다. 그러나 하이퍼텍스트에 관심이 지대했던 연구원 로버트 카일리오Robert Cailliau의 눈에 띄어 뒤늦게나마 인력과 자금을 지원받을 수 있었다. 원래 버너스리는 이 프로젝트를 민간 기업과 함께 추진하기를 원했다. 그러나 제안을 받아들이는 회사는 단 한 곳도 없었다. 결국 버너스리는 자신의 컴퓨터에 웹 코드를 작성하기 시작했고 착수 두 달 만에 웹 클라이언트와 서버를 완성할 수 있었다. 당시 인턴 연

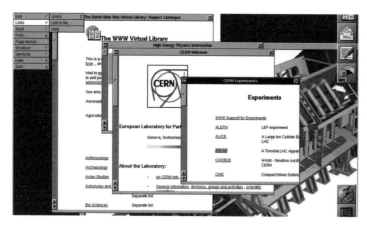

1990년 최초로 가동된 웹페이지. 원래는 CERN의 정보 시스템을 구축하려 했으나, 일이 커져서 월드와이드웹으로 발전하게 되었다.

구원이었던 니콜라 펠로Nicola Pellow의 도움으로 최초의 웹 브라우저도 만들었다.[19] 1990년 크리스마스에 버너스 리와 카일리오는 이 브라우저로 자신들이 개설한 최초의 웹 사이트(http://info.cern.ch)에 접속했다. 월드와이드웹이 만천하에 위용을 드러내는 순간이었다.

월드와이드웹의 최대 강점은 보편성과 접근성에 있었다. 1990년대 초만 해도 컴퓨터 간 호환은 어려운 문제였다. 사용하는 언어와 운영체제가 제각각이었기 때문이다. 이때만 해도 윈도우, 도스, 리눅스가 모두 쓰였다. 그런데 월드와이드웹은 일단 웹상에 업로드된 자료라면 누구라도(어떤 컴퓨터를 쓰든) 접근할 수 있다는 원리에 기초했다. 그 경로는 복잡한 설명이나 매뉴얼이 아닌 하이퍼링크라는 간단한 형태로 주어졌다. 이것은 버너스리와 카일리오가 그토록 강조한 하이퍼텍스트의 핵심 원리이기도 했다. 특히 버너스리가 1993년 CERN으로부터 소유권을 양도받아 누구나 로열티 없이 서버와 브라우저를 제작 및 판매할 수 있도록 한 조치는 월드와이드웹 확산에 불을 지폈다. 이를 계기로 넷스케이프, 익스플로러와 같은 브라우저들이 개발되었고, 그만큼 일반인들의 접근성도 높아졌다.

냉전과 아르파넷 개발

오늘날 월드와이드웹은 거의 인터넷 그 자체로 인식된다. 하지만 이는 정확한 개념이 아니다. 인터넷은 말 그대로 전 세계에 존재하는 컴퓨터들을 연결하는 네트워크다. 월드와이드웹은 이 방대한 네트워크를 기반으로 공유되는 하이퍼텍스트들의 체계라고 할 수 있다. 그런데 이것이 작동하려면 다양한 네트워크들을 표준화하는 프로토콜(통신규약)이 필요하다. 그래야만 서로 데이터를 교환할 수 있기 때문이다. 현재의 인터넷에서 이 역할을 하는 것이 TCP/IP다. 요컨대 인터넷은 TCP/IP를 따르는 컴퓨터 네트워크들의 총체라고 할 수 있다. 그 원형을 확립한 것이 바로 아르파넷ARPAnet이었다.

아르파넷의 기원은 1969년으로 거슬러 올라간다. 미국 국방부 산하의 고등연구계획국ARPA이 주도해서 만들었다. 1958년 아이젠하워 대통령은 스푸트니크 충격에 대응해 두 개의 조직을 설치한 바 있다. 하나는 항공 및 우주 부문의 NASA고, 다른 하나는 군사 부문의 ARPA다. NASA가 소련 우주 계획에 맞대응했다면, ARPA는 국방에 필요한 장기·기반기술을 축적하는 역할을 맡았다. 특히 기존 질서를 재편하는 와해성 기술, 성공 확률은 낮지만 효과는 큰 고위험 기술에 집중했다.

ARPA는 보통의 군사 조직과 다르게 유연한 방식으로 운영되었다. 대표적인 예가 자체 연구소를 두지 않았다는 것이다. 대신 특채로 영입한 전문가들이 프로젝트 매니저로서 그때그때 필요한 기술을 외부에 위탁하는 형태를 취했다. 이는 군과 민간의 경계를 넘어서 언제 어디서라도 최고의 기술을 흡수하기 위한 방식이었다. 조직의 핵심인 프로젝트 매니저에게도 직업 안정성을 보장하지 않았다. 그러니까 나쁘게 보면 단기간에 최대 역량을 뽑아내고 다른 곳으로 보내는 방식이었다. 그럼에도 ARPA의 높은 위상과 의사결정의 전권을 보장하는 운영 때문에 최고의 인재들이 꾸준히 모였다. 작가 마이클 벨피오어Michael Belfiore는 철저히 성과주의적으로 운영되는 ARPA를 일컬어 "미친 과학자들의 부서"라고 했다.[20] 물론 여기서 미쳤다는 표현은 좋은 뜻으로 쓴 것이다. 실제로 현대사회를 뒤바꾼 혁신적 기술들이 이곳에서 쏟아져 나왔다. GPS, 자율주행 자동차, 음성인식기술, 스텔스기, 수술용 로봇 등 적용 분야를 가리지 않는다.

ARPA 내부 서버들을 연결한 아르파넷도 그중 하나였다. 1960년

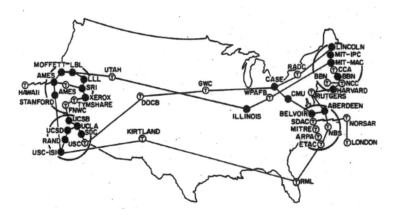

아르파넷의 연결 체계. 원래 군사용 정보를 분산해서 관리하기 위한 목적이었으나. 민간에 개방하면서 인터넷이 발달할 수 있는 기반으로 성장했다.

대 냉전의 격화로 중요하게 관리되어야 할 군사정보도 그만큼 늘어났다. 그 과정에서 소련과 핵전쟁이 일어나 그간 축적한 정보들이 파괴되기라도 하면 어쩌냐는 고민이 대두되었다. ARPA는 서버들을 네 개 대학으로 분산하되, 네트워크로 연결하여 정보를 교환하는 대안을 제시했다. 이를 위한 내부 연구를 해보니 기존의 회선 연결보다 패킷 교환 방식이 안정적이라는 결론이 나왔다. '패킷'은 우편 용어로 소포 꾸러미라는 의미다. 이 방식의 가장 큰 특징은 분할이다. 기존 회선 연결은 선이 끊어지면 데이터도 다 날아간다는 치명적 단점이 있었다. 그러나 패킷 교환은 덩어리진 데이터를 분할하므로 시간을 나눠 전송할 수 있으며, 중간에 유실된 부분은 다시 보충이 가능하다는 장점이 있었다. 따라서 핵 공

최소한의 과학 공부

격을 당해도 기존보다 리스크를 훨씬 줄일 수 있었다.

로런스 로버트Lawrence Roberts를 비롯한 네 명의 과학자가 이러한 방식에 기초한 아르파넷을 완성했다. 그리고 1983년에는 빈트 서프가 패킷 교환에 적합한 프로토콜로서 TCP/IP를 도입했다. 이러한 공로로 로버트와 서프는 '인터넷의 아버지'로 불리는데, 서프는 후일 구글의 부사장이 된다. 이렇게 아르파넷이 고도화되면서 대학과 기업들도 이것이 학문연구와 제품 개발에 유용함을 깨닫게 되었다. 그래서 ARPA에 너도나도 참여를 요청하는 상황에 이르렀는데, 결국 국방부는 아르파넷을 민간에 개방해 버렸다. 이로써 1990년대 인터넷이 발달할 수 있는 기반이 만들어졌다고 할 수 있다.

인터넷이 촉발한 혁명

이렇듯 인터넷은 입자물리학과 국방이라는 전혀 다른 영역에서 출발한 기술들이 합쳐진 결과였다. 월드와이드웹이라는 영국 혈통과 아르파넷이라는 미국 혈통이 만나 탄생한 혼혈인 셈이다. 요즘 유행하는 융합기술의 전형이라고도 할 수 있다.

초창기 인터넷은 특정한 기술적 수요에 의해 탄생했으나, 영향력이 커지면서 현대인의 생활양식까지 바꾸게 된다. 흔히 정보혁명, 또는 3차 산업혁명이라 부르는 사회적 현상이다. 가장 직접적인 변화로는 인간이 정보를 얻는 방식을 들 수 있다. 이것은 문서와 문서를 직접 연결하는 하이퍼텍스트의 원리에서 기인한 바 크다. 대표적 예가 구글, 네이버와 같은 검색 엔진이다. 검색 엔진은 사람들이 정보에 접근하는 방식을 완전히 바꾸었다. 그동안 인간은 책, 신문, 텔레비전 등 전통적 매체들이 주는 정보를 수동적으로 받을 수밖에 없었다. 정보에 불만이 있다 한들 그 의사를 표출하기조차 어려웠다. 그런데 검색 엔진으로 대변되는 하이퍼텍스트 원리가 도입되면서, 필요한 정보를 직접 찾아 나서는 능동적인 소비자가 되었다. 정보의 획득 과정 역시 대단히 간편하고 효율화되었음은 물론이다.

예컨대 데카르트 철학의 제1원리인 "나는 생각한다, 고로 존재한다"의 의미를 알고 싶다고 가정해 보자. 이걸 책으로 익힌다면 생각보다 만만치 않을 것이다. 일단 근대철학, 17세기 유럽사, 데카르트 등에 대한 책을 읽어야 한다. 이 책들은 중세 말에서 30년 전쟁 이후로 "나는 생각한다, 고로 존재한다"는 철학 원리가 성립한 이론적 맥락을 소개할 것이다. 데카르트를 다룬 책은 그 개인의 생애를 주로 보여줄 것이다. 따라서 이 책들만으로는 "나는 생각한다, 고로 존재한다"의 의미만을 정확히 알기 어렵다. 설령 안다고 해도 상당한 시간과 노력을 들여야 한다. 목표 지점까지 순차적으로 가는 과정에서 원하지 않는 지식도 익혀야 하기 때문이다. 하지만 검색 엔진이라면 이야기가 다르다. 구글이나 네이버에 "나는 생각한다, 고로 존재한다"를 쳐서 나오는 결과물 중에 적당한 것을 골라서 그것만 읽으면 된다. 어떤 방황도 없이 필요한 부분만 정확히 얻을 수 있다.

물론 이것만으로 인터넷을 혁명이라고 부르기는 어렵다. 혁명은 무엇보다 정치·경제적 변화를 수반해야 하기 때문이다. 그런데 이 관점에서 보면 인터넷도 틀림없는 혁명이다. 두 가지 이유에서 그렇다. 첫째는 경제적인 이유다. 인터넷은 정보기술 기반의 거대한 신산업을 창출했다. 만약 인터넷이 발명되지 않았다면 구글, 애플, 아마존, 네이버, 카카오 같은 기업들은 없었거나 있다 하더라도 지금과 모습이 많이 달랐을 것이다. 당연히 이 기업들이 생산하는 부가가치와 일자리 규모 역시 비교도 안 되게 줄었을 것이다. 두 번째는 정치적 이유다. 인터넷은 민주주의의 개념을 변화시켰다. 현대국가는 간접민주주의를 채택할 수밖에 없다. 따라서 기존 정치인들은 몇 년에 한 번 돌아오는 선거만 걱정하면 되었다. 선거 외에는 대중들이 정치적으로 조직되어 의견을 표출할 기회가 없었기 때문이다. 이러한 구조에서는 물리적인 세력 과시가 중요해서 자본과 인력이 풍부한 주류 정치인들이 유리할 수밖에 없었다. 그런데 인터넷의 발달로 선거 이외의 정치적 공간이 확대되었고, 이는 참여민주주의와 풀뿌리민주주의가 각광받는 계기가 되었다. 따라서 비주류 후보라도 인터넷에서의 조직과 선전 활동을 잘만 활용하면 충분히 당선될 수 있는 환경이 만들어졌다. 한국의 16대 대통령 노무현과 미국의 44대 대통령 버락 오바마가 대표적 성공 사례일 것이다.

이런 이유에서 인터넷을 3차 산업혁명의 주역으로 꼽을 만하다. 산업혁명은 인류 문명과 생활양식의 극적인 변화를 포착할 수 있다는 점에서 유용한 개념이다. 인터넷의 기원을 1969년의 아르파넷으로 본다면, 3차 산업혁명도 벌써 50년 넘게 진행 중이다. 하지만 혁명의 기세는 줄지 않는 모양새다. 초창기 PC가 주도했던 인터넷의 영향력은 이제 모바일과 스마트폰이 넘겨받았다. 그런데 여기서 끝이 아니다. 앞으로는 사물인터넷IoT이 대세가 될 것이고, 이를 4차 산업혁명의 핵심 동력으로 예상하는 학자들도 많다. 인터넷의 전성시대는 아직 끝나지 않았다. 어쩌면 이제 본격적으로 시작되고 있는 것인지도 모른다.

과학의 전문화와 국가의 지원
과학자와 과학단체의 등장

아마추어라고 무시해서는 안 된다. 근대 초기의 과학 발전은 대부분 아마추어의 덕이었다. 예컨대 근대적 원자론을 제창한 존 돌턴은 교사였다. 산소를 발견한 조지프 프리스틀리는 목사였고, 미생물학을 개척한 안토니 판 레이우엔훅은 무역상이었다. 이들은 체계적인 과학 교육을 받지 못했다. 그저 순수한 호기심에 따라, 기구들을 직접 만들어 집에서 실험해 보았다. 그럼에도 역사에 길이 남을 위대한 발견을 이뤘다. 물론 과학이 충분히 발전하지 않아서 가능한 일이었다. 요즘 말로 하면 과학이 블루오션이었던 셈이다.

하지만 과학이 점점 발전하면서 교육과 훈련을 받은 전문 과학자들이 아마추어들을 대체했다. 이들은 연구를 대가로 급여와 지원금을 받는 프로페셔널이라는 점에서 차별화되었다. 또한 개인으로 분산되었던 이전 세대와 달리, 뚜렷한 목적을 갖는 집단으로 조직되었다. 다만 이러한 경향은 그리 오래되지 않았다. 집단연구를 위한 과학단체는 17세기에, 직업적 과학자는 18세기에 이르러서야 나타난 현상이기 때문이다.

이는 여러 사회정치적 요인, 특히 국가의 지원과 맞물리며 일어난 변화였다. 당시 서양의 국가들은 근대화라는 시대정신에 직면해 있었다. 부국강병은 이에 필요한 최우선의 정책과제였다. 과학은 부국강병의 가장 중요한 파트너로 부상했다. 본래 자연철학에 가까웠던 과학은 베이컨 등이 규정한 실용적 목표, 기술적 성격을 중심으로 재구성되고 있었다. 그 방향은 자연에 대한 이해를 통해 인간에게 유용한 장치를 만들고 생활을 개선한다는 것으로 요약된다. 이로써 과학은 산업 발전과 전쟁 수행의 지적 원천으로 받아들여지게 되었다. 정치가들은 바로 이 점에 주목했다. 그래서 과학 지식과 인재들을 체제로 포섭하고자 했다.

국왕이 인증한 과학단체

최초의 근대적 과학단체는 영국의 런던 왕립학회다. 1660년 창립되어 현재까지 활동하고 있다. 영국의 노벨상 수상자는 대부분 이곳의 회원이라고 해도 과언이 아닐 정도로 권위가 대단하다. 시작은 소박했다. 17세기 신학문으로 떠오르던 과학에 관심을 가진

최소한의 과학 공부

일군의 학자들이 만든 연구모임이 그 모태다. 혼자서 과학을 연구하던 이들은 함께 모여서 실험하고 토론하고 논문도 쓰자고 의기투합했다. 2년 뒤에는 국왕 찰스 2세의 헌장도 받게 된다. 사실 찰스 2세는 성군이라 하기에는 어려운 인물이었다. 그러나 과학 애호가였기에 로얄Royal이라는 명칭을 허락했고, 스스로 회원이 되었다. 그는 1675년 항해술과 천문학 발전을 위한 그리니치 천문대를 세우기도 했다.

왕립학회의 정신적 지주는 베이컨이었다. 일찍이 그는 '솔로몬의 집'이라는 과학자들의 이상향을 제안한 바 있었다. 시설과 재정 지원을 바탕으로 실험 연구를 수행하고, 인류 복지에 유용한 지식을 생산하는 곳으로 이해되었다.[21] 왕립학회는 이러한 비전을 현실화한 공동체였다. 조직의 모토 또한 "누구의 말도 그대로 믿지 말라Nullius in verba"로 정했다. 오직 경험을 통해서만 진리에 이를 수 있다는 베이컨의 철학을 집약한 문구였다.

다만 이름과 달리 실제 운영은 왕립과는 거리가 있었다. 왕립학회는 사적 모임으로서 회원들의 회비에 따라 운영되었기 때문이다. 그래서 초창기 성장 과정이 순조롭지만은 않았다. 일단 돈이 있어야 뭘 해도 할 것 아닌가. 왕립학회는 회비를 많이 낼 수 있는 사람들을 위주로 회원을 받았고, 그러다 보니 연구 활동의 질도 낮아졌다. 1680년대 왕립학회의 업적을 보면, 과학적 가치는 별로 없고 호기심 위주의 기이한 연구들이 많이 포함되어 있었다.[22]

1687년 이러한 분위기를 바꾸는 일대 사건이 일어났다. 아이작 뉴턴이 《자연철학의 수학적 원리Philosophiae naturalis principia mathematica》, 즉 《프린키피아》를 왕립학회에서 출간한 것이다. 뉴턴은 이미 1671년 광학 연구 성과를 인정받아 회원으로 선출되었다. 그러나 학회의 거물이었던 로버트 훅과 표절 시비가 붙으면서 10년 이상 모습을 드러내지 않았다.[23] 핼리 혜성으로 유명한 천문학자 에드먼드 핼리의 끈질긴 설득 끝에 뉴턴은 《프린키피아》를 출간하기로 하나, 만성적인 재정 적자로 인해 왕립학회에는 책을 인쇄할 비용조차 없었다. 결국 핼리가 사비를 들여 출간을 도왔고, 인류사 불멸의 명저 《프린키피아》는 왕립학회의 이름으로 세상에 나오게 된다. 이로써 왕립학회는 과학자들의 한담 모임에서 전문 학술단체로 위상을 공고히 하게 되었다.

비슷한 시기 프랑스 파리에서도 과학단체가 출범했다. 런던 왕립학회보다 6년 늦은 1666년이었다. 이 단체도 과학자들의 모임이라는 점에서 왕립학회와 유사했다. 다만 한 가지가 달랐다. 과학자들이 만든 왕립학회와 달리, 과학아카데미는 정부가 기획했다는 것이다. 특히 재무장관 장 바티스트 콜베르가 주도적 역할을 했다. 콜베르는 70명에 달하는 이 과학자들의 모임이 잘 되려면 국가의 지원이 필요하다고 보았다. 이는 국부 증진을 위해 강력한 중상주의를 추진하던 콜베르의 정책 노선과 같은 맥락의 것이었다. 그 결과 회원들은 국왕으로부터 급여를 받으며 안정적인 연구 활동을 했다. 물론 이는 국왕 루이 14세의 과학에 대한 지대한 관심과 후원 덕분이기도 했다.[24] 따라서 과학아카데미의 과학자들은

파리 과학아카데미를 방문하여 콜베르로부터 보고받는 루이 14세. 프랑스 절대왕정은 과학기술을 중시했고, 최초로 급여를 받는 직업 과학자를 고용하여 연구에만 전념하도록 지원했다.

정부 시설을 최대한 이용하면서 지구의 크기 측정 같은 대규모 연구를 수행할 수 있었다. 과학자가 정부 관료와 별반 다르지 않았던 셈이다.

이런 탄탄한 지원을 바탕으로 뛰어난 과학자들이 배출되었다. '프랑스의 뉴턴'이라 불린 피에르 시몽 라플라스를 필두로, 장바티스트 르 롱 달랑베르, 앙투안 라부아지에, 조제프 루이 라그랑주 등을 들 수 있다. 한 가지 흥미로운 점은 이들이 계몽주의 전파에도 큰 역할을 했다는 것이다. 물론 계몽주의는 구체제를 무너뜨리려는 문과생들의 정치 프로젝트였다. 그러나 그 이론적 원천은 이과생들의 사고체계, 즉 과학적 사유에서 비롯된 것이기도 했다. 계몽주의자들은 종교와 군주의 지배는 논리적 정당성이 없다고 여겼다. 그리고 이성적 개인들이 통치의 주체가 되는 합리적 체제를 꿈꿨다. 프랑스 절대왕정은 부국강병을 위해 과학자를 우대했지만, 시민혁명의 사상적 토대에 기여하는 역설적 결과도 초래한 것이다.

국가가 키우는 직업 과학자

18세기 말이 되면서 과학자도 전문직업으로 본격화했다. 근대사의 분기점인 프랑스대혁명이 그 중요한 배경이 된다. 1789년 혁명의 결과로 1792년 제1공화국이 출범했다. 그러자 혁명의 확산을 경계한 주변 국가들이 대프랑스동맹을 결성하고 프랑스를 압박했고, 이는 무력 충돌로 이어지게 된다. 그 결과 프랑스에는 과학자와 기술자들이 대거 부족해졌다. 이미 혁명 정부는 절대왕정이 후원한 과학아카데미의 학자들을 여러 명 단두대로 보낸 바 있었다. 근대화학의 아버지라 불렸던 라부아지에가 대표적이다. 간신히 처형을 모면한 이들은 망명을 택했다. 반면 대프랑스동맹과의 전선이 확대되면서 포병과 공병의 수요가 늘었다. 공업 원료의 수입도 끊겨서 화약 등의 자급체제도 시급히 확립해야 했다.[25]

이러한 배경에서 1794년 에콜 폴리테크니크École Polytechnique가 창설되었다. 이곳은 한마디로 혁명 정부의 과학기술자 양성 기관이었다. 이를 기획하고 실행에 옮긴 인물이 수학자 가스파르 몽주다.[26] 몽주는 혁명 이념에 따른 국가의 봉사자를 양성하고, 반혁명 세력으로부터 조국을 방어한다는 비전을 제시했다. 그리고 출신 배경보다는 수학과 과학 지식을 평가해서 학생들을 선발했다. 치열한 경쟁을 뚫은 입학생들은 혁명 정신은 물론 물리학, 화학, 해석학, 기계공학, 건축학 등을 학습했다. 몽주를 비롯하여 라플라스와 라그랑주 등 과학아카데미 출신들이 교수직을 맡았다. 실력 위주로 선발된 학생들, 최고의 석학 교수진, 국가의 재정 지원이 합쳐지니 우수한 인재가 쏟아져 나오는 것은 당연했다. 혁명 정부는 이들을 도량형, 선거제도, 공중보건 등의 근대화 개혁에 적극 투입했다. 이렇게 국립학교를 통해 과학기술자를 양성하고, 이들을 다시 정부에 고용하는 관료 시스템은 현대 프랑스의 중요한 특징이기도 하다. 과학자 입장에서도 정부와의 긴밀한 관계를 통해 상당한 권력을 누릴 수 있었음은 물론이다.

1799년 나폴레옹 집권은 에콜 폴리테크니크에도 변화를 가져왔다. 과학기술에 관심이 지대했던 나폴레옹은 집권하자마자 라플라스를 내무장관으로, 몽주를 에콜 폴리테크니크 교장으로 발탁했다. 이어서 에콜 폴리테크니크를 자신의 통치를 지원하는 조직으로 개편했다. 이 작업은 1799년과 1804년 두 번에 걸쳐 이루어졌다. 그 방향은 군사화, 즉 군대식 규율과 문화의 이식으로 요약되었다. 교원과 직원들은 군인을 겸했고, 학생들도 중대와 대대로 편제되어 병영 생활을 했다. 혁명과 과학의 교의로 출범한 에콜 폴리테크니크에 군사라는 가치가 더해진 것이다. 이때부터 줄

에콜 폴리테크니크는 이공계 학교지만 조국을 방어한다는 설립 목적도 있었다. 그래서 재학생들은 군복 비슷한 교복을 입는다.

업생 진로에서 군대가 차지하는 비중이 높아졌다. 특히 과학기술 지식이 중요한 포병대와 공병대에서 졸업생들을 대거 흡수했다. 군대로 간 에콜 폴리테크니크 출신들은 무기 제조와 개량을 주도하는 한편, 정부 소속 공학자로서 운하, 다리, 철도 등의 건설 사업도 관리·감독했다.[27] 이렇게 국가, 과학기술, 군사가 결합된 전통 교수법은 현재에도 이어지고 있다. 이는 "조국, 과학, 영광을 위하여Pour la Patrie, les Sciences et la Gloire"라는 교훈에도 잘 드러난다. 오늘날에도 에콜 폴리테크니크 학생들은 기초군사훈련을 받고, 교복을 입으며, 프랑스대혁명 기념일 열병식의 최선두에 선다.

최소한의 과학 공부

후발 국가의 추격

과학을 키운 것은 영국과 프랑스 같은 선진국만이 아니었다. 이
들의 성공 경험을 목격한 후발 국가들도 추격에 나섰다. 이 국가
들은 근대화의 속도가 늦은 만큼, 더 효율적이고 강력한 부국강병
정책을 추진코자 했다. 따라서 선진국을 따라잡겠다는 명확한 목
표에 따라 과학을 전략적으로 지원하는 양상이 나타났다.

20세기 초 독일이 그러했다. 독일 제국의 빌헬름 2세는 대외적
으로 실리를 우선시한 선대 황제들과 다른 노선을 택했다. 그의 꿈
은 독일을 대영제국처럼 만드는 것이었기 때문이다. 그러려면 영
토를 확장하고 해외 식민지를 건설해야 했다. 그가 내세운 "그 무
엇보다 독일Deutschland uber alles"이라는 슬로건은 이를 잘 보여준다.
그래서 산업 육성과 국방력 강화가 시급한 정책과제가 되었다. 빌
헬름 2세는 런던 왕립학회, 파리 과학아카데미, 에콜 폴리테크니
크처럼 과학 지식을 생산할 전문가 집단의 필요성을 절감했다.

그때 아돌프 하르나크라는 신학자가 솔깃한 제안을 했다. 국
가가 지원하는 과학 연구기관, 특히 물리학과 화학 등 기초연구
에 집중하는 연구소를 만들자는 것이었다. 선진국이 되려면 기초
학문이 튼튼해야 한다는 논리에서였다. 이 제안에 귀가 번쩍 뜨인
빌헬름 2세는 1911년 연구소 설립에 대한 칙령을 반포했다. 이렇
게 출범한 것이 카이저 빌헬름 연구협회다. 연구소에 황제의 이름
을 그대로 가져다 쓴 것이 눈에 띈다. 이렇게 황제를 전면에 내세

운 브랜드 마케팅은 특히 기부금 모집에서 위력을 발휘했다. 독일을 대표하는 각종 기업과 은행들이 앞다투어 지원금을 내놓았다.

이로써 카이저 빌헬름 연구협회는 단숨에 거대 조직을 갖추고 뛰어난 과학자를 영입할 수 있었다. 그 결과 설립 4년 만에 유기화학연구소장 리하르트 빌슈테터가 노벨화학상을 받았다. 이 외에도 20세기를 대표하는 천재 과학자들이 이곳에서 연구했다. 인공 질소 비료를 개발해 인류를 기아로부터 구원한 프리츠 하버, 상대성이론을 제창한 아인슈타인도 이곳의 연구소장을 지냈다. 이렇듯 눈부신 성과를 내던 카이저 빌헬름 연구협회는 나치의 통치 시기에는 암흑기를 겪기도 했다.[28] 그러나 제2차 세계대전 후에는 막스 플랑크 연구협회로 개칭했고, 명실상부한 세계적 연구소로 성장하며 떨어졌던 권위를 되찾았다. 현재에도 독일 전역에 80개가 넘는 연구소가 운영 중이다. 2023년 기준 무려 서른아홉 명의 노벨상 수상자를 배출한 이 연구소에 '노벨상 사관학교'라는 별명은 잘 어울린다.

일본도 독일과 비슷했다. 1868년 메이지 유신으로 근대화의 초석을 다진 일본은 20세기 초부터 제국주의 전쟁에 뛰어들었다. 그리고 청일전쟁, 러일전쟁, 제1차 세계대전에서 연달아 승리하며 열강의 반열에 올랐다. 이 과정에서 군사기술과 생산기술이 비약적으로 발전하고 산업혁명도 성숙했다. 즉 일본은 동양에서는 유일하게 근대화에 성공한 국가였다. 비결은 그리 특별하지 않았다. 서양이 하는 일은 뭐든지 따라 해보는 방식으로 근대화를 추진했기 때문이다. 따라서 당시 서양에서 보편화된 국가의 과학 지원도 일본에서 화제가 되었다. 이미 일본은 메이지 유신 직후 서양에 대거 유학생을 보냈었다. 이렇게 서양의 앞선 연구환경을 체험하고 돌아온 과학자들이 나서서, 국가가 과학에 지원해야 한다는 목소리를 냈다.

다카미네 조키치가 그중 가장 적극적이었다. 그는 도쿄제국대학을 졸업하고 미국에서 성공한 응용화학자였다. 식물성 성분으로 소화제를 개발했고, 세계 최초로 아드레날린 결정을 추출하여 명성을 날렸다. 아드레날린은 현대의학의 필수 호르몬으로서 급성 알레르기 발작 진정제와 지혈제로 쓰인다. 그러니까 다카미네는 요즘 말로 하면 R&D 벤처사업가쯤 되었다. 그는 원천기술 개발로 큰돈을 벌었기에, 기존 기계공업이 물리학·화학 기반의 과학산업으로 대체될 것임을 잘 알고 있었다. 그래서 일본이 강대국으로 성장하려면 국민과학연구소가 필요하다고 주장했다.

이러한 주장에 거물 사업가 시부사와 에이이치가 호응했다. 그는 도쿄증권거래소, 제일국립은행, 히토츠바시대학, 제국호텔 등 500개가 넘는 기업 설립에 참여해서 '일본 자본주의의 아버지'라 불리는 인물이다.[29] 사업가의 본능적 촉 덕분인지, 시부사와는 다카미네의 비전이 탁견임을 바로 알아보았다. 그래서 주위 정·재계 인사들을 모아 국민과학연구소 설립 여론을 확산시켰다. 여기에 총리까지 관여하게 되고, 마침내 1917년 제국의회 의결을 통해 이화학연구소가 출범했다. 초기 지본금 200만 엔은 민간 기부금, 정부 보조금, 왕실 하사금 등을 모아 조성했다. 1913년 도쿄의 한 레스토랑에서 다카미네가 오피니언 리더들을 모아 놓고 국민과학연구소 설립에 대해 연설한 지 4년 만의 일이었다.

비슷한 시기 설립된 서양의 연구소들이 그렇듯, 이화학연구소도 100년이 넘은 현재까지 운영 중이다. 이화학연구소는 특히 기업들에 창의적 기술들을 전수해 주며 성공 가도를 달렸다. 물론 카이저 빌헬름 연구협회처럼 제2차 세계대전기에는 파시즘에 이용되면서 위기를 맞기도 했다. 비밀리에 추진되었던 일본의 핵 개발을 총괄한 곳이 바로 이 연구소였기 때문에 전쟁 후에는 미군정에 의해 폐쇄될 위기에 처했다. 그러나 과학자들의 노력으로 폐쇄를 막았고, 이후 일본의 첫 번째와 두 번째 노벨상 수상자를 배출하며 부활했다. 현재에도 과학 강국 일본을 상징하는 연구소로서 세계적 명성을 인정받고 있다.

사회 제도로서의 과학

과학은 본래 자연에 대한 순수한 호기심에서 시작되었다. 이러한 호기심을 실험과 논리적 추론으로 해결하려 한 선구자들 덕분에 과학이 학문으로 체계화될 수 있었다. 다만 이때만 해도 과학을 업으로 삼는 사람은 거의 없었다. 업으로 삼고 싶어도, 그 활동에 필요한 비용을 대주는 곳이 없었다. 그래서 당시 과학을 연구하던 이들은 대부분 취미로 활동하는 아마추어였을 뿐이다. 이들은 그저 호기심을 해결하여 지식을 얻는, 자기만족을 추구했다.

그러나 시간이 흘러 과학은 사회적 요구와 만나게 되었다. 그것은 곧 근대화의 시대정신이다. 당시 연구되던 모든 학문이 이 거대한 프로젝트에서 자유로울 수 없었고, 과학도 예외가 아니었다. 특히 근대 과학혁명을 거치며 철학에서 벗어나 기술과 결합한 과학은 여러모로 요긴해 보였다. 과학이 생산한 실용적 지식은 근대화의 필수 과업인 부국강병에 지적 기반을 제공했다. 이 점을 깨달은 정치가와 관료들은 과학의 사회적 활용과 파급을 위한 제도들을 설계했다. 과학의 전문화와 함께 등장한 학회, 아카데미, 지원금, 대학, 연구소 등은 그 결과물이었다. 직업으로서의 과학자, 제도로서의 과학은 이렇게 탄생했다. 그것은 우리가 흔히 보는 현대 과학자와 연구기관의 원형이기도 하다.

PART 3

경제

인류를 풍요롭게 만든
위대한 과학의 순간들

루나 소사이어티와 산업혁명의 기원
기계가 대신하는 노동

인간의 삶은 수많은 역사적 사건들이 기반을 이룬다. 그중 가장 결정적인 순간은 무엇일까? 인류의 긴 역사만큼이나 특정 사건을 뽑기는 쉽지 않다. 하지만 산업혁명은 들어갈 가능성이 크다. 오늘날 인류가 영위하는 삶, 생활양식의 원형이 바로 산업혁명에서 비롯되었기 때문이다. 물론 산업혁명은 수 세기에 걸쳐 일어난 장기적 변화다. 몇몇 개념과 명제들로 설명하기 어렵다. 그럼에도 결정적인 문명사적 의의가 한 가지 있다. '인간의 노동을 기계로 대체하기 시작했다'라는 점이다. 오늘날 기계가 없는 삶은 상상할 수도 없다. 우리는 별의별 첨단 기술이 탑재된 기계를 한 몸처럼 여기며 삶을 꾸려가고 있다. 이러한 삶의 방식의 원초적 형태를 산업혁명에서 찾을 수 있다. 이때부터 인류는 엄청난 자유를 얻고, 거기서 생긴 여유를 다른 활동에 투여할 수 있게 되었다.

그렇다면 산업혁명은 어떻게 시작되었나? 다양한 방법으로 이 질문의 답을 찾을 수 있다. 역사학자 아널드 토인비가 설명하듯 산업혁명은 산업과 기술은 물론 경제, 사회, 교육, 정치 등의 변화를 포괄하기 때문이다.[1] 그중 빼놓을 수 없는 것이 지식인들의 역할이다. 산업혁명이 혁명이 될 수 있었던 이유는 이전에는 듣도 보도 못했던 혁신적 지식 때문이었다. 이것이 인류의 삶을 근본적으로 바꾸는 발명품을 만들어냄으로써 혁명을 발화시켰다.

한 가지 재미있는 사실은 이 지식의 생산자들이 서로 긴밀히 연결되어 있었다는 점이다. 중세 말 유럽에는 이미 편지 공화국(16~18세기 유럽 지식인 사회에 형성되었던 학문 네트워크를 비유적으로 표현한 말이다. 당시 지식인들은 철학, 과학 등의 신학문을 주제로 국경과 지방을 초월하는 열띤 토론을 벌였다. 교통과 통신이 발달하지 못했던 시대였으므로 편지가 주로 토론의 매개 역할을 했다. 자세한 내용은 이 책의 파트 4를 참조할 것)이라는 지식 공유 네트워크가 전통으로 자리 잡고 있었다. 산업혁명을 촉발한 지식들도 이를 매개로 퍼지고 또 응용되었다. 이러한 연결과 증폭의 과정을 통해 토인비가 말한 총체적인 사회 변화로 확대될 수 있었다.

루나 소사이어티에 모인 지식인들

그 중심에 영국의 도시 버밍엄이 있었다. 버밍엄에는 일찍부터

최소한의 과학 공부

철강 산업이 자리 잡았다. 문화예술의 전통도 깊다. 레드 제플린과 블랙 사바스를 배출한 헤비메탈의 본고장이며,《반지의 제왕》을 쓴 J.R.R. 톨킨도 이곳에서 성장했다. 즉 버밍엄은 영국의 소프트 파워를 대표하는 도시다. 이 도시가 오래전부터 분야를 막론하고 지식과 인재가 모이는 거점 역할을 했기에 가능한 일이었다.

18세기 중반 매튜 볼턴은 이곳에서 철물 사업을 하면서 소호 제작소를 운영했다. 당시 유럽 최대 규모의 공장이었다. 원자재 창고부터 설계실, 주물작업장, 조립작업장, 완제품 창고, 전시실 등을 하나의 공간으로 집약했다. 역사학자들은 소호 제작소를 근거로 버밍엄을 최초의 산업 도시로 보기도 한다. 현대의 복잡한 산업 공정이 이를 모델로 발전했기 때문이다. 18세기에 이런 형태의 작업을 구상했다는 것에서 볼턴의 비범함을 엿볼 수 있다.

실제로 볼턴은 단순한 사업가가 아니라 과학자이자 지식인이었다. 그리고 당대의 지식인들을 초대하여 교류하기를 즐겼다. 볼턴의 집인 소호 하우스가 만남의 장소였다. 그런데 그저 친목 모임이라고 하기에는 참석자들의 면면이 엄청났다. 산소를 발견한 화학자 조지프 프리스틀리, 제철업의 혁신을 이끈 기계공학자 존 윌킨슨, 찰스 다윈의 할아버지이자 의사 이래즈머스 다윈, 영국 최대의 도자기 사업가 조사이아 웨지우드 등이었다.

이들이 18세기 버밍엄에 모인 데에는 그만한 배경이 있었다. 당시 영국은 주철 기술이 한창 발달하고 있었다. 수철 공성의 핵심은 1500도가 넘는 고온의 유지다. 볼턴의 집에 모인 이들은 고

루나 소사이어티는 과학 애호가들의 모임으로 시작하였지만, 후일 근대의 기초가 되는 사상과 지식이 이곳에서 쏟아져 나왔다. 조지프 프리스틀리, 존 윌킨슨, 제임스 와트, 매튜 볼턴, 애덤 스미스, 벤저민 프랭클린 등이 이 모임 출신이다.

온을 다루는 이 고도의 기술과 관련이 있었다. 프리스틀리는 연소 실험을 했고, 윌킨슨은 제철 기술자였으며, 웨지우드는 서양에서는 최초로 도자기를 자체 생산했다. 그리고 이들은 과학을 진지하게 탐구함으로써 사회의 진보를 꿈꾸었다는 공통점도 있었다. 따라서 모임의 주제는 주로 과학에 대한 것이었고, 밤늦게까지 계속되기 일쑤였다. 가로등이 없던 시대라서 모임 후 귀갓길이 너무 어두웠다. 그래서 보름달이 뜨는 날에 모임을 열었다. 이런 이유로 이 모임에는 '루나 소사이어티'라는 낭만적인 이름이 붙었다. 우리말로는 달빛 친목회, 만월회 등으로 번역된다.

　1774년 볼턴은 몇 해 전 알게 된 동업자를 모임에 참석시켰다.

동업자는 글래스고에서 살았으나 볼턴과 일하면서 버밍엄에 왔고, 루나 소사이어티에도 들어오게 된 것이다. 그가 바로 제임스 와트다. 흔히 와트는 증기기관의 발명자로 알려져 있다. 그러나 이는 정확한 사실이 아니다. 증기기관은 와트 이전에도 이미 존재했기 때문이다. 와트는 기존 증기기관의 효율을 크게 높여서 산업에 널리 쓰이도록 기여한 인물이다.

와트와 증기기관의 혁신

원래 와트는 글래스고대학교의 공업사에서 일하던 수리기사였다. 18세기쯤 되면 과학의 실험도구들도 전문화되어 관리인력이 필요했다. 와트도 컴퍼스, 눈금자, 사분의 등을 만들고 수리하는 업무를 했다. 1763년 자연철학 교수 존 앤더슨은 수업 때 사용하던 뉴커먼 증기기관의 수리를 와트에게 의뢰했다. 18세기 초 토머스 뉴커먼이 만든 증기기관은 기존의 어떤 모델보다도 성능이 뛰어났다. 사람 스물다섯 명과 말 열 마리가 일주일 동안 하던 일을 단 하루 만에 해냈다. 그러나 열을 냉각하는 데 에너지를 많이 잃는다는 단점이 있었다. 석탄으로 물을 데워 증기를 발생시키고, 다시 차가운 물로 증기를 식혀 피스톤을 운동하게 만드는 방식 때문이었다. 이렇게 굳이 데운 물을 다시 식히는 과정에서 열이 낭비될 수밖에 없었다.

와트도 곧바로 이 열효율 문제를 파악했다. 와트는 기계에 대한 이론적 지식이 탄탄한, 과학자의 면모가 강한 기술자였다. 당시 대학의 수리기사는 1년짜리 계약직이었다. 급여도 적고 교수가 그려준 도면에 따라 제작과 수리를 했다. 그러나 와트는 단순 작업만 반복하는 수리기사가 아니었다. 그는 독학으로 상당한 과학 지식을 갖췄고, 같은 대학의 교수이자 석학이었던 조지프 블랙과도 교류했다. 이런 능력을 인정받아 와트는 교수들의 기술 컨설턴트 역할도 했다.

와트는 여러 실험을 거쳐 뉴커먼 증기기관의 개선 방안을 찾아냈다. 요지는 피스톤 실린더를 교대로 가열 및 냉각하는 비효율적인 과정을 제거한다는 것이었다. 그래서 증기를 실린더 안이 아니라 외부의 응축기에 모아서 압축시키고, 피스톤을 대기압이 아닌 증기압으로 움직이는 방식을 고안했다. 이렇게 하자 응축기만 냉각되고 실린더의 열은 보존되어 열효율이 유지될 수 있었다. 그러면서도 증기압을 이용해 작은 기계로도 큰 힘을 내게 되었다. 이는 블랙의 조언에서 착안한 것이었다. 와트는 섭씨 100도의 물이 증기로 변하면서 강한 열을 발생시킨다는 사실을 발견하고 블랙을 찾아갔다. 그러자 블랙은 로버트 보일이 발견한, 물질의 상태가 변화할 때 발생하는 열의 이동 현상을 설명해 주었다. 이렇듯 와트의 혁신은 수리 경험은 물론 평소 알던 과학적 지식에 의해 가능했다. 때마침 캐런 제철소의 존 로벅도 와트의 연구에 투자를 결정했다. 로벅의 지원에 힘입어 와트는 1769년 1월 새로운 증기기관의 첫 특허를 낼 수 있었다.

다만 실용화는 쉽지 않았다. 와트의 새 기관은 당시 쓰이던 어떤 것보다 훨씬 큰 압력의 증기를 이용했다. 따라서 피스톤과 실린더 사이에서 증기가 새어 나가지 않게 하는 패킹이 무엇보다 중요했는데 캐런 제철소의 공작 기술로는 이게 불가능했다. 실린더, 피스톤, 나사, 기어 등의 규격을 서로 정밀하게 맞출 수 없었기 때문이다. 설상가상으로 무리하게 사업을 확장하던 로벅은 1773년 파산하고 말았다. 와트에게는 심각한 타격이었다.

볼턴이 와트와 만난 것이 바로 이 무렵이다. 볼턴은 급증하는 철물 주문량을 감당할 수 없어서 생산 방식의 혁신이 필요한 상황이었다. 그래서 와트의 증기기관에 주목했고, 채무를 처분해 주는 대가로 지분을 받았다. 역사에 길이 남을 동업은 그렇게 시작되었다. 와트는 스타트업, 볼턴은 엔젤 투자자였던 셈이다. 동업 시작 후 볼턴이 가장 먼저 한 일은 증기기관의 특허 연장이었다. 원래 영국의 특허 보호 기간은 14년이었고, 와트를 만났을 때는 이미 6년이 지나 있었다. 볼턴은 의회에 로비하여 이를 무려 1800년까지 연장했다. 경쟁업체들이 모두 반발한 엄청난 특혜였다. 이후 와트는 수직 운동뿐만 아니라 회전 운동까지 가능한 증기기관을 만들어 냈고, 1785년까지 다섯 개의 특허를 더 냈다.

와트는 볼턴과 협업해 기술 문제까지 해결할 수 있었다. 볼턴의 소개로 나간 루나 소사이어티에서 윌킨슨이 발명한 배럴 보링 기계를 알게 된 것이 계기였다. 이것이 오랫동안 막혀 있던 패킹 문

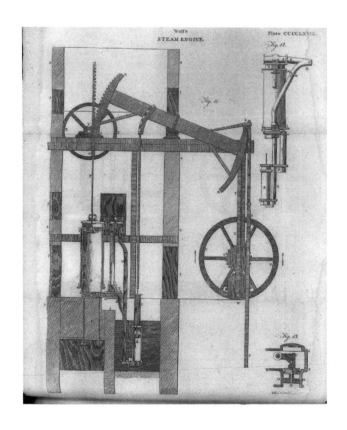

와트가 개량한 증기기관. 현대 기계문명의 원형과도 같은 발명품이라 할 수 있다. 기존 제품보다 훨씬 힘과 효율이 좋았던 이것이 산업에 널리 쓰이면서, 공장제 대공업이 급격히 발달할 수 있었다.

제에 돌파구를 열어주었다. 윌킨슨은 원래 대포를 정밀하게 깎기 위해 이 기계를 만들었으나, 와트는 실린더 블록의 가공에 사용했다. 이로써 와트가 오랫동안 구상해 온 새로운 증기기관의 마지막 퍼즐이 맞춰졌다. 마케팅에도 일가견이 있었던 볼턴은 갓 출시된 증기기관에 찰떡같은 카피를 붙였다.

최소한의 과학 공부

"온 세상이 갖고자 하는 힘, 저는 그걸 팝니다I sell here, sir, what all the world desires to have—POWER."

증기기관이 일으킨 연쇄 효과

1776년 마침내 와트의 증기기관이 시장에 등장했다. 같은 양의 석탄을 썼을 때 와트의 증기기관은 뉴커먼의 것보다 무려 세 배 더 오래갔다. 소형 제작이 가능하다는 점도 큰 장점이었다. 뉴커먼의 증기기관은 그 거대한 크기 때문에 주로 탄광에서 쓰였다. 그러나 소형화한 와트의 증기기관은 공간의 제약을 받지 않았다. 제분기와 직조기 등의 기계는 물론, 수레나 배의 동력원으로도 쓸 수 있었다. 연료인 석탄도 마찬가지로 이동이 쉬웠다. 그러니까 증기기관과 석탄만 갖고 있으면, 언제 어디서든 쉽게 동력을 일으킬 수 있게 되었다. 이 의미는 대단히 중요했다. 인간의 생활 영역에서 이루어지던 크고 작은 노동을 기계가 대체하게 되었기 때문이다. 당연히 와트의 증기기관은 불티나게 팔렸다. 그뿐 아니라 이를 흉내 낸 짝퉁들(와트 특허를 피해 만든 유사품들)도 덩달아 판매량이 올랐다. 요즘 말로 하면 기존 시장 질서를 재편한 와해성 기술이면서, 다양한 응용을 가능케 한 기반 기술이었던 셈이다.

증기기관의 진정한 혁신은 산업 전반에 일으킨 연쇄 효과에 있다. 당시 영국의 주력산업이었던 면공업이 가장 먼저 혜택을 보왔다. 본래 면공업의 핵심기술은 수력 직조기였다. 그래서 공장이 강가에 많이 있었고, 물의 수급 상황에 따라 때로 공장이 멈추기도 했다. 그러나 증기기관의 도입으로 공장의 입지가 자유로워지면서 이런 문제가 없어졌다. 면공업은 증기기관을 기반으로 자동화, 대형화했다. 이것이 근대적 공장의 효시가 되었다.

제철업의 발전도 촉진했다. 이미 16세기에 영국은 해군의 대포를 청동에서 주철(무쇠)로 업그레이드해서 스페인의 무적함대를 제압할 수 있었다. 이어 에이브러햄 다비가 코크스 제조법을 개발해 세계적 주철 강국으로 올라섰다. 하지만 탄소 함량이 높은 주철은 외부 충격에 쉽게 부러지는 문제가 있었다. 그래서 18세기 후반 철에서 불순물과 탄소를 제거하는 기술들이 등장했다. 와트의 증기기관은 제철 용광로에 바람을 불어넣는 데 압도적 위력을 발휘했다. 새로운 제철기술과 증기기관의 결합은 영국의 철 생산량을 급격하게 증가시켰다. '산업의 쌀'이라는 철은 그렇게 일상생활에서 가장 흔하게 보는 소재가 되었다.

이는 교통의 일대 혁신으로도 이어졌다. 증기선과 증기기관차가 등장한 것이다. 강력한 철과 소형화된 동력원은 먼 거리를 빠르게 이동하는 탈 것에 적합했다. 물론 이전에도 원양 항해는 있었으나, 계절풍이라는 기후 여건이 뒷받침되어야 했다. 증기선은 자연의 도움 없이도 빠르고 안전하게 사람과 자원을 세계 곳곳으로 실어 날랐다. 때마침 건설업도 발전하면서 내륙 깊숙이 배들이 들어갈 수 있게 되었다. 여기에 더해 기차와 철도가 전 세계의 육지를 연결했다. 생산 자원은 물론, 문화와 지식의 교류도 크게 늘었다. 흔히 진정한 의미의 세계사는 대항해시대에서 시작된다고 한다. 서로 존재조차 몰랐던 각 문명이 항로로 연결되어 긴밀한 영향을 주고받게 되었다는 이유에서다. 철도는 그 세계사의 속도를 높이고 실체를 더욱 분명히 했다. 하지만 교통의 혁신으로 인류가 받은 가장 큰 혜택은 무엇보다 '시간'이었다. 나라 간 이동 시간이 몇 주와 몇 달에서 몇 시간과 며칠로 줄었다. 인류는 그렇게 번 시간을 다른 생산과 지식 활동에 투여함으로써 더 많은 문명 발전을 이뤄낼 수 있었다. 《멋진 신세계》의 작가 올더스 헉슬리가 와트를 두고 '시간의 발명자'라고 칭송한 이유이기도 하다.

근대를 만든 자유의 의미

근대 세계를 창조한 핵심 원리는 개인의 자유다. 왕정과 종교로부터 자유로워진 개인들의 자율과 창의가 근대 문명을 꽃피우는 동력이 되었다. 그런데 자유라고 하면 보통 정치적 자유를 떠올린다. 신분 또는 계급에 구속되지 않고, 내 삶을 내 마음대로 꾸릴 수 있는 자유다. 르네상스와 종교개혁에서 싹터 시민혁명으로 완성된 이 개념은 철학자와 사상가들, 그러니까 문과생들이 체계화해왔다. 그러나 근대의 형성에서 이에 못지않게 숭요한 것이 물리적 자유다. 즉 자연 제약과 노동 시간에서 해방되어, 보다 생산적이

볼턴(왼쪽)과 와트는 2022년까지 영국 50파운드 지폐의 인물이었다. 볼턴에는 증기기관을 홍보하는 그 유명한 카피 "온 세상이 갖고자 하는 힘, 저는 그걸 팝니다"가 새겨져 있다.

고 고차원의 활동에 전념할 수 있어야 한다는 것이다. 이는 문과 생보다는 이과생들이 만들어왔다. 와트는 그 대열의 선두에 놓일 만한 이과생일 것이다.

그러나 근대의 물리적 자유는 와트 혼자서 간단히 만들어낸 것은 아니었다. 주입식 역사교육에서는 흔히 와트, 증기기관, 산업혁명, 근대의 시작을 한 세트의 키워드로 가르친다. 하지만 이런 단편적 암기로는 저변에 존재하는 다양한 역사적 맥락을 파악하기 어렵다. 무엇보다 중요하게 지적되어야 할 것은 증기기관 탄생의 과학적, 집단적 배경이다. 물론 증기기관 개발에 과학이 직접적으로 연관되지는 않았다. 산업혁명의 주역은 과학자들보다는 와트와 볼턴 같은 기술자와 사업가들이었다. 그러나 와트와 볼턴의 본업이 과학이 아니었지만, 그들은 누구보다 과학자의 면모

최소한의 과학 공부

를 갖춘 이들이었다. 이들이 모인 루나 소사이어티의 성격도 그러했다. 본업은 따로 있지만 과학을 사랑하고 탐구한 애호가들이 모여서 지식을 나누었다. 당시 영국에는 이와 비슷한 지식인 모임이 많았고, 이러한 아마추어 과학의 전통이 사회 전반에 뿌리내려 있었다. 만약 와트가 이 모임에서 아이디어를 얻지 못했다면, 그리고 앤더슨이나 블랙 같은 과학자들과 교류하지 않았다면, 증기기관의 혁신은 훨씬 늦어졌을 것이다.

1785년 와트와 볼턴은 왕립학회 회원으로 선출되었다. 본업이 무엇이든 그들이 뉴턴, 다윈, 맥스웰 등과 어깨를 나란히 할만한 과학자임을 인정받은 것이다. 과학은 (뉴턴이나 다윈이 그랬듯) 대단한 발견을 통해 인류의 진보를 직접 이끌기도 하지만, 다양한 문명이 꽃피울 수 있는 지적 토양을 만든다는 점에서도 중요하다.

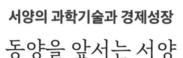

서양의 과학기술과 경제성장

동양을 앞서는 서양

왜 어떤 나라는 부유하고, 어떤 나라는 가난한가? 무엇이 이 차이를 만들었나? 어린아이나 할 법한 생각이라고 치부할지도 모르지만 그렇지 않다. 이는 오래전부터 역사학과 경제학의 대단히 중요한 질문이었다. 많은 학자가 치열한 논쟁을 벌였다. 이 질문에 답하려면 우선 부유한 나라와 가난한 나라를 구분해야 한다. 이건 별로 어렵지 않다. 부유한 나라는 대부분 서양에, 가난한 나라는 주로 동양에 분포한다. 서양이 더 부유한 이유도 이미 알고 있다. 현대 인류문명의 토대인 과학기술을 서양이 주도했기 때문이다. 당장 지금 쓰고 있는 의복, 집, 먹거리, 조명, 자동차, 스마트폰, 인터넷, TV 등을 생각해 보라. 이 문명의 이기들은 어느 날 하늘에서 뚝 떨어지지 않았다. 멀리 잡으면 16세기 과학혁명에서부터 축적되어 온 혁신의 집약체다.

그런데 서양이 늘 우세했던 것은 아니다. 과거에는 동양의 과학기술이 서양보다 뛰어났다. 중국 4대 발명품이라는 종이, 화약, 인쇄술, 나침반이 대표적이다. 이것들은 고대 인류문명이 성립하는 기반기술과도 같았다. 천문학도 중국이 서양에 비교 불가로 앞서 있었다. 중국에서 천문학은 제왕의 학문으로서, 통치의 정당성은 하늘의 움직임과 직결되었다. 그래서 국가가 선발한 우수 인재들이 역법 개발과 기구 제작에 대거 투입되었다. 천문 관측이 국책사업이나 마찬가지였던 셈이다. 그 결과 상당한 관측자료가 축적되었다. 적어도 근대 이전의 일식과 월식, 혜성, 초신성 등에 대한 관측 기록은 서양보다 중국이 훨씬 신뢰할 만하다. 이뿐만 아니다. 의학, 기상학, 수학, 농학 등에서도 중국은 동시대의 서양보다 높은 수준에 있었다. 특히 11세기의 송나라는 국방에는 취약했으나 문화적으로는 번영을 누렸다. 이때 새로운 벼 품종이 도입되어 농업생산력이 크게 늘었고, 천문학을 필두로 한 과학도 많은 발전을 이루었다.

16세기라는 분기점

그럼 서양은 언제 동양을 추월한 것인가? 이에 대해 경제학자 앵거스 매디슨은 흥미로운 분석을 내놓았다. 그는 기원후 1년부터 2000년까지 전 세계 국가들의 1인당 GDP를 계산했다. 이 기간

동안 세계의 1인당 GDP는 총 14배 증가하는데, 이전까지는 큰 변화가 없다가 11세기를 기점으로 급증한다. 매디슨은 이를 유럽이 세계의 성장을 주도한 결과라고 본다. 특히 16세기 유럽이 대항해 시대에 돌입하고, 산업혁명을 거친 영국이 패권 국가가 되면서 세계의 실질 소득이 크게 늘어난다는 설명이다. 지역별 분석 결과를 보면 실제로 1500년경부터 유럽의 1인당 GDP가 중국을 앞지르는 것이 확인된다. 1820년에 이 차이는 두 배 이상으로 벌어진다.[2] 동양은 이걸 다시는 만회하지 못했다. 물론 매디슨의 작업이 워낙 넓은 범위를 포괄하다 보니, 추정치의 정확성 논란은 있다. 그러나 세계경제사 연구에서 여전히 가장 많이 인용되는 데이터임은 분명하다. 매디슨의 방대한 데이터를 통해 다음의 사실을 알 수 있다. 중세까지 뒤처졌던 서양이 16세기에 동양을 앞지르고, 19세기가 되면 동양의 역전이 불가능해진다는 것.

서양이 동양을 추월한 이유에 대해서는 다양한 설명이 있다. 그 초점은 동양에 없었던 서양만의 발전 요소가 무엇이었는가로 집중된다. 여기서는 매디슨이 규명한 16세기라는 분기점을 기준으로 두 가지를 살펴보고자 한다. 첫째는 근대과학이고, 둘째는 자유사상이다. 이 두 가지야말로 서양 고유의 특징이면서, 지속적인 경제성장의 원천이었다.

16세기 서양에서 중요한 사건은 역시 과학혁명이다. 이 개념은 1949년 영국의 허버트 버터필드Herbert Butterfield가 제기해서 유명해졌다. 그에 의하면 과학혁명은 고대에서 중세까지 이어진 자연관

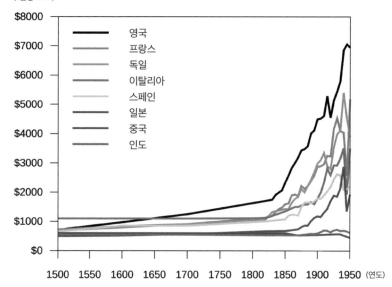

(1인당 GDP)

■	영국
■	프랑스
■	독일
■	이탈리아
■	스페인
■	일본
■	중국
■	인도

경제학자 매디슨에 의하면, 동양과 서양의 GDP는 16세기부터 벌어지기 시작해 19세기가 되면 두 배 이상의 큰 격차를 보이게 된다. 19세기 서양 제국주의가 동양의 다수 지역을 식민지로 만들었음을 고려해 보면, 꽤 설득력이 있는 논리다.

을 전복했기 때문에 혁명이다. 서양은 과학혁명을 통해 비로소 세계사를 주도하게 되었다. 버터필드의 설명이다.

그것(과학혁명)은 형이상학에서도 인간의 사고 습성을 바꾼 동시에, 물리적 우주의 전체 도식과 인간 삶 자체의 질감을 바꾸어 놓았다. 이 혁명이 근대세계와 정신의 실제적 기원으로 드러남으로써 유럽사의 관습적 시대구분을 시대착오적으로 만들었다.[3]

이전까지 서양인들의 자연 이해는 철학적 사유에 기초했다. 이러한 자연철학은 인간의 관념 속에 거대한 자연의 체계를 추상화하여 그 본질과 운동을 밝히려 했다. 특히 아리스토텔레스는 자연의 운동이 뚜렷한 목적을 갖는다고 했는데, 이로써 모든 것이 신의 뜻이라는 신학과도 연결되었다. 중세까지 자연의 탐구는 성서나 고전을 읽고 진리를 깨우치는 것이었다. 진리의 정당성은 신이나 아리스토텔레스 같은 선지자들이 담보했다. 조선 시대 양반들이 공자왈, 맹자왈하는 것과 별반 다르지 않았다. 천문학, 물리학, 의학 등이 모두 그러한 방식으로 연구되었고, 과학자는 철학자나 신학자와 구분되지 않았다.

실용적 자연관과 경험주의

과학혁명은 이러한 자연관을 무너뜨리고 자연과학이라는 새로운 지식체계를 세웠다. 그것은 목적론보다는 기계론, 즉 자연을 유용한 기계로 인식하는 데서 출발했다. 기계론에 따르면 자연은 그저 물질들의 객관적 조합일 뿐이다. 따라서 인간이 자연에 가져야 할 질문은 "왜?"가 아닌 "어떻게?"다. 뉴턴은 만유인력의 법칙을 발견했지만, 거리에 따른 힘의 크기만 계산했을 뿐, 그 원인에는 관심이 없었다. 중요한 것은 메커니즘이다. 자연의 메커니즘을 이해한다면 인간에게 유용하도록 조작할 수 있다. 베이컨은 이러한 적극적, 실용적인 자연관을 설파했다. 그에게 지식의 가치는 자연에 개입해 인간 삶을 나아지게 하는 것에 있었다. 과학이 담지하는 진보의 지향은 이러한 베이컨의 자연관에서 기인한다.

과학혁명의 선구자들은 자연철학의 사변성을 배격하고 실험과 관찰의 방법론을 내세웠다. 그래서 "아리스토텔레스고 뭐고 내 알 바 아니고, 직접 모든 걸 확인하겠다"라는 경험주의를 견지했다. 이는 비단 과학만의 문제는 아니었다. 대항해시대, 신대륙 발견, 문명 교류의 본격화로 기존에 없던 지식이 쏟아지는 사회 상황을 반영하는 것이기도 했다.

과학 연구의 주체도 다양해졌다. 과학의 민주화, 대중화가 일어난 것이다. 본래 자연철학은 귀족과 식자층의 학문이었다. 아리스토텔레스 등의 고전들이 죄다 라틴어였으니 그럴 만도 했다. 코페르니쿠스조차 《천구의 회전에 대하여》를 라틴어로 썼다. 그러나 새로운 과학에서는 경전보다 실험이 더 각광받았다. 망원경을 만드는 뉴턴, 시체를 해부하는 하비, 별을 관측하는 케플러 등이 새로운 과학자의 전형을 보였다. 이때 쓰인 기구들은 과학의 수단으로만 종속되지 않고, 실험 방법론 확립의 주역이 되었다. 이로써 불과 몇십 년 만에 실험이 과학의 대명사가 될 수 있었다. 그래서 근대의 과학자들은 중세의 식자층과 달리 장인과 기술자를 천히 여기지 않았으며, 기꺼이 그들로부터 배우고자 했다. 학자들이 탄광에 들어가 흙먼지를 뒤집어쓰거나 손에 화학약품과 피를 묻히는 일을 마다하지 않았던 데에는 이런 배경이 있었다. 시대를 잘

못 만난 천재라는 다 빈치도 과학자와 예술가의 협업을 상징하는 인물이었다. 마찬가지로 코페르니쿠스와 함께 과학혁명의 포문을 연 베살리우스의《인체의 구조에 대하여》는 화가 반 칼카르의 정교한 해부도가 없었다면 빛을 보지 못했을 것이다. 이렇게 과학 이론은 장인, 기술자, 예술가, 외과의 등의 숙련 기술과 결합하며 눈부시게 발전했다.

과학과 기술의 연결

요컨대 과학혁명은 과학 자체의 위상과 성격 변화를 의미하는 것이기도 했다. 기존의 과학이 철학에 가까웠다면, 근대부터는 기술에 훨씬 가까워졌다. 오늘날 과학기술이라는 말은 당연하게 들리지만 연원을 따져보면 별로 당연하지 않다. 과학과 기술은 별개의 전통을 갖기 때문이다. 두 전통이 합쳐지는 것은 과학혁명이 초래한 자연관과 방법론의 변화 때문이었다. 이것이 18세기 산업혁명의 지적 기반이 되었다. 다만 이 과정이 흔히 생각하듯 과학적 발견을 기술이 응용하는 방식으로 이루어지지는 않았다. 과학의 이론적 발전이 산업혁명에 직접적 영향을 주지는 않았다는 뜻이다. 과학과 기술이 한층 가까워진 것은 분명하나, 그 연결의 형태는 간접적이고 모호했다.[4] 그것은 과학적 방법의 공유와 인적 연결이라는 두 가지 형태로 나타났다.

최소한의 과학 공부

우선 기술자들이 과학의 방법을 수용했다. 즉 기술자들이 과학적 연구 방법, 실험적인 분석 태도를 통해 기존 기술을 혁신할 수 있게 되었다. 와트의 증기기관 개량도 이런 경우였다. 와트가 의뢰받은 뉴커먼 증기기관을 그저 수리만 했다면 혁신도 없었을 것이다. 그는 기계의 구조와 시스템을 분석하고, 열효율 문제의 원인을 파악함으로써, 분리형 응축기라는 기술적 대안을 도출해 낼 수 있었다. 여기에 고도의 수학이나 과학 이론은 필요하지 않았다. 기존 데이터를 귀납적으로 분석하여 더 효율적인 조합으로 재구축한 수준이었다. 그러나 산업혁명기에는 이 정도만으로도 상당한 기술혁신을 이룰 수 있었다.

또한 과학 지식을 매개로 과학자, 기술자, 기업가 등이 활발히 교류했다. 근대과학의 꽃을 피운 뉴턴주의자들은 과학과 기술을 그렇게 딱 떨어지게 구분하지 않았다. 그들은 지식으로 현실의 개선을 이뤄야 한다는 베이컨의 과학관에 따라, 이론적 탐구는 물론 기술의 개발과 혁신에도 많은 관심을 두었다. 산업혁명의 동력이 되었던 계몽주의는 바로 이러한 실용적 배경을 두고 있었다. 흔히 산업혁명의 지적 기원으로 꼽히는 루나 소사이어티가 그 전형이었다. 이 모임의 구성원들은 과학자, 사업가, 교수, 의사, 수리기사 등 다양한 직업을 가졌지만, 과학이라는 공통의 관심사를 매개로 교류했다. 그리고 여기서 근대를 만든 다양한 발명과 사상들이 나올 수 있었다. 와트의 증기기관만 해도, 그가 이 모임에서 윌킨슨을 통해 알게 된 배럴 기계가 아니었다면, 개발이 훨씬 늦어졌을 것이다.

자유사상의 폭발력

이렇게 성숙한 과학기술 역량과 산업 조건은 자유사상과 공명하며 경제성장으로 폭발했다. 자유사상은 정치적으로는 자치, 경제적으로는 자립을 지향한다.[5] 이미 많은 학자가 서양이 동양보다 앞선 결정적 이유로 자유사상을 꼽는다.[6] 이러한 논의에서 흥미로운 부분은 꽤 오래전부터 서양에 자유의 전통이 있었다는 점이다. 즉 근대 시민혁명 훨씬 이전, 고대 그리스·로마의 화폐경제와 무역에서도 그 경향을 찾아볼 수 있다.

중세에 암흑기를 맞았던 자유사상은 10~11세기 이탈리아에서 부활했다. 베네치아, 피렌체, 제노바 등의 도시국가들은 지중해 무역의 거점으로서 엄청난 부를 축적했다. 공화정으로 운영된 이 국가들의 시민들은 상당한 자유를 누렸고, 영리기업, 장인조합, 병원 등의 자치단체들이 발달했다. 이 자치단체들이야말로 근대 자유사상을 확산시킨 동력이었다. 이들의 활동으로 상업과 무역은 물론, 관련 제도도 크게 발전했다. 재산권 보호와 계약의 의무를 명시한 상법, 영속적 기업 활동을 보장하는 법인, 자본조달과 위험분산에 적합한 주식회사 등이 그 예다. 자치단체 간 경쟁이 심화하면서 회원들의 안전과 권리를 보호해 줄 정치적 기구도 필요로 하게 되었다. 일곱 개 자치주가 연합한 네덜란드 공화국이 그렇게 결성되었다. 네덜란드 공화국은 분산된 이탈리아 도시국가를 추월해 유럽 경제를 주도했다. 뒤이어 산업혁명과 시민혁명으로 국민국가 체제를 완성한 영국이 패권을 잡았다. 이렇듯 자유 사상에 기초한 중세 말, 근대 초의 자치단체들은 현대 자본주의로 발전해 나가는 원형이 되었다.

지식사회로의 발전이라는 측면에서도 자치단체의 역할은 중요했다. 이 시대의 자본 축적은 단순히 물적 자본만을 의미하지는 않았다. 이탈리아 도시국가의 성장은 르네상스와 인쇄술 혁명이라는 지적, 문화적 배경도 함께 갖고 있었기 때문이다. 무역으로 돈을 번 부자들은 인쇄술이 찍어내는 엄청난 양의 책들을 사들였다. 자연히 새로운 사상에 개방적인 문화가 형성되고 토론도 활성화되었다. 그러자 지식인들도 몰려들었다. 코페르니쿠스와 하비는 파도바에서 의학을 공부했고, 갈릴레이는 메디치가의 후원을 받으며 수석 과학자로 연구했다. 그즈음 유럽에 형성된 편지 공화국은 지식인들의 유대와 교류를 더욱 긴밀히 했다. 이 또한 계급과 신분보다는 공통의 관심사로 이어지는 자유사상의 전통에 놓인 것이었다.

특히 장인조합은 과학혁명에서 산업혁명을 잇는 지식의 거점이었다. 이곳에서 숙련된 기술자들이 축적한 노하우는 과학자와의 협업을 통해 기술혁신으로 증폭되었다. 12세기 말부터 출현한 대학도 장인조합에서 비롯되었고, 여기서 체계적인 교육을 받은 기술자들이 사회로 퍼져나갔다. 또한 과학혁명 이후에는 분야별로 전문화된 지식인들이 과학단체를 결성했다. 이러한 난제의 목적은 새로운 사상의 발견과 공유였고, 이는 오늘날에도 과학 발전

15세기 번영을 누렸던 이탈리아 피렌체의 모습(위쪽)과 당시 길드의 일상을 표현한 조각상
(아래쪽). 이러한 자치단체들은 상업, 실용적 지식, 자유사상 확산의 기폭제가 되었다. 이것이
근대자본주의로 발전해 가는 원형이 된다.

을 주도하는 학회로서 기능하고 있다. 요컨대 이 시대의 유럽에서
는 물적 자본뿐만 아니라 인적 자본과 사회 자본도 함께 축적되었
고, 이것이 산업혁명과 경제성장을 촉발하는 트리거가 되었다.

서양과 동양의 운명이 갈린 1776년

과학혁명, 산업혁명, 경제성장은 16세기 이후 서양과 동양의 차이를 가른 핵심 사건들이었다. 이는 아주 긴 시간대를 거치며 진행되어 단기간에 극적인 변화가 포착되지 않는다. 그만큼 특정 시점, 또는 계기가 결정적이었다고 꼬집어 말하기가 어렵다.

그러나 어떤 기준에서 봐도 1776년이 상징적인 해였음은 분명하다. 그해《국부론》이 출간되었고, 개량된 증기기관이 시장에 등장했으며, 미국 독립선언서가 발표되었다. 이 세 가지는 서양과 동양의 가장 큰 차이였던 과학기술과 자유사상의 결정판과도 같은 사건들이었다. 이로써 시민혁명과 산업혁명의 불이 댕겨지고, 근대라는 새 시대가 열릴 수 있었다. 그 선구자인 세 사람, 즉 애덤 스미스, 제임스 와트, 벤저민 프랭클린에게는 두 가지 공통점이 있었다.

첫째는 루나 소사이어티의 회원이었다는 것. 세 사람은 과학자, 기술자, 기업가들의 연대를 상징한 이 모임에서 활동하며 역사를 바꿀 성과들의 아이디어를 얻었다. 이것은 이 모임이 지향한, 새로운 지식에 대한 적극적 수용이라는 기조 덕분이었다. 공통의 관심사로 묶인 이 개인들에게 전공 분야나 국적은 별로 중요하지 않았다. 심지어 식민지 출신이었던 프랭클린은 이 모임에서 모국인 영국에 비수를 꽂을 지식체계를 갖추기까지 한다.

둘째는 과학자가 아님에도 과학에 조예가 깊었다는 것. 스미스는 재무장관 찰스 타운센드의 부탁을 받고 그 아들의 견문을 넓혀

주고자 함께 프랑스를 여행했다. 이때 중농주의 경제학자 프랑수아 케네를 만났다. 중농주의는 physiocracy라는 영어 이름에서 보듯 생리학physiology에 기초한 경제학 사조였다. 의사 출신 케네는 체액이 원활히 순환하면 인체가 스스로 균형을 회복하듯, 정부 통제를 줄이고 자연법 체계에 경제를 맡겨야 한다고 주장했다. 이 주장에 감명을 받은 스미스는 과거 《도덕감정론》에서 정립한 이기심 개념과 중농주의의 자유방임 논리를 결합해서 《국부론》을 저술했다. 수리기사였던 와트도 과학자들과 교류하며 증기기관 개량의 단서를 얻었고, 프랭클린은 일찍부터 전기에 관심을 가져 번개 실험도 해보았다. 그리고 독립선언서를 쓸 때는 《프린키피아》의 논리 구조를 적용하여 미국 독립의 정당성을 절대적 진리로부터 도출되는 것으로 보이도록 구성했다.

서양이 혁명의 시간을 보내는 동안, 동양은 큰 변화 없이 체제를 유지했다. 한때 앞서 있었던 중국의 과학기술은 지식혁명으로 나아가지 못했다. 자유사상의 전통 또한 없었다. 반면 전제군주제와 농업이 정치경제체제로서 오래 지속되었다. 도시는 자치권을 가질 수 없었고 경제적 자유보다는 행정적 필요에 따라 운영되었다. 그리고 모든 산업을 정부가 통제했다. 장인은 자유가 없었기 때문에 기술혁신의 동기가 부족했고, 장인조합 같은 자치단체도 만들지 못해서 기술이 제대로 이전되거나 교육되지 못했다. 이런 와중에 맞은 1776년은 마침 강희제-옹정제-건륭제로 이어져 온 청나라의 전성기가 끝나가는 시점이었다. 이 시점에서 서양은 동

최소한의 과학 공부

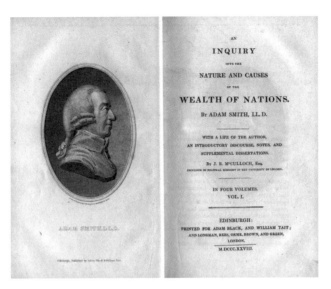

1776년은 동양과 서양의 운명이 갈리는 분기점이었다. 이 해 와트의 개량된 증기기관, 미국 독립선언서, 애덤 스미스의 《국부론》이 함께 등장했다. 《국부론》은 인간의 이기심 충족이 오히려 국부의 증진에 도움이 된다는 논리를 펴면서, 근대자본주의를 체계화하는 강력한 이론서가 되었다.

양을 확실히 앞서나가고 있었다. 그리고 수십 년 뒤, 영국이 아편 전쟁에서 중국에 승리를 거두고 인도를 식민지화함으로써, 서양 의 우위는 역전 불가능한 것이 되고 만다.

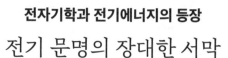

전자기학과 전기에너지의 등장
전기 문명의 장대한 서막

자고로 전기와 자기는 신비한 현상이었다. 원거리의 두 물체에 작용하는 보이지 않는 힘이라니, 옛사람들에게는 마법처럼 보였을 것이다. 최초로 전기에 대한 학문적 기록을 남긴 이는 고대 그리스의 탈레스다. 탈레스는 호박(먹는 거 말고 보석)을 양털로 닦으면 먼지가 달라붙는 현상에 의문을 품었다. 당시 과학으로 이러한 마찰전기를 설명할 수는 없었다. 그래서 탈레스는 호박과 같은 무생물에도 영혼이 있다고 해석했다. 이렇듯 인류는 전기라는 현상을 꽤 오래전부터 알고 있었다. 자기 역시 마찬가지다. 고대 중국의 발명품인 나침반이 바로 자기 현상을 이용한 것이다. 그런데 사람들은 나침반을 쓰면서도 막상 그 원리는 몰랐다.

17세기가 되어서야 전기와 자기에 대한 과학적 설명이 시도되었다. 1600년 영국의 물리학자 윌리엄 길버트는 지구가 거대한

최소한의 과학 공부

자석이라고 주장했다. 그래서 나침반의 철이 늘 북극을 가리킨다는 것이다. 천문학자들도 이 주장에 큰 관심을 보였다. 이걸로 달이 지구를 도는 이유를 설명할 수 있겠다고 생각했기 때문이다. 다만 길버트는 전기를 자기와는 다른 유형의 현상으로 보았다. 호박을 문지르면 먼지는 끌어당기지만, 자석처럼 철을 끌어당기지는 않았기 때문이다. 길버트는 이 끌어당김 현상을 electricus라고 했다. 그리스어 호박elektron을 라틴어로 쓴 것이다. 이것이 영어로 electricity, 즉 전기가 되었다. 이렇게 어원에서 보듯 전기는 잠깐씩 나타났다 사라지는 현상이었다. 그런데 1800년 알레산드로 볼타가 전지를 개발해 지속적인 전류를 만들어내는 데 성공했다. 볼타 전지의 등장으로 전기가 과학의 실험 영역에 본격적으로 들어오게 되었다.

서로 연관되는 힘

그 무렵 과학자들은 어떤 힘을 다른 종류의 힘으로 바꾸는 데 몰두하고 있었다. 이러한 시도에는 두 가지 배경이 존재했다. 첫째는 자연에 대한 새로운 인식이다. 독일의 자연철학자들이 대표적인데, 이들은 자연에 존재하는 힘들이 서로 연관되어 변환될 수 있다고 보았다. 저 멀리 이마누엘 칸트에서 시작하여 요한 볼프강 폰 괴테로 이어진 이 사상은 자연을 거대한 유기체로 바라보는 낭만적 성향을 띠었다. 둘째는 증기기관이 주도한 산업혁명이었다. 따지고 보면 증기기관도 열을 에너지로 바꾸는 변환 장치나 마찬가지였다. 이 변환의 효율을 높이는 것이 당대의 중요한 문제였다.

때마침 등장한 볼타 전지가 힘의 변환에 대한 탐구를 더욱 부추겼다. 전지에 전류가 흐르자 물질이 화학적으로 분해되는, 전기 분해 현상이 확인되었기 때문이다. 이것은 전기가 물리를 넘어 화학과도 연관이 있음을 시사했다. 그리고 1820년, 덴마크의 한스 크리스티안 외르스테드가 중대한 사실을 발견했다. 전류가 흐르는 전선 주위에 있던 나침반의 바늘이 움직인 것이다. 전류가 자기 작용을 한다는 것을 최초로 보인 연구 결과다. 이에 감명받은 토마스 요한 제베크는 열로 자기 현상을 만들어내려 했으나, 엉뚱하게도 전기가 만들어졌다. 이른바 열전 효과를 발견한 것이다. 이로써 전기력과 자기력의 상호 연관성은 분명해졌다. 여기서 전자기학이라는 새로운 학문이 탄생했다.

마이클 패러데이는 전자기학의 최선두에 있었던 개척자다. 그는 직관력이 뛰어난 실험물리학자로서 화학에도 일가견이 있었다. 그 역시 독일 자연철학의 영향을 강하게 받았다. 전자기학의 또 다른 기수인 앙드레 마리 앙페르의 동료이기도 했다. 앙페르는 두 개의 전선 사이에 작용하는, 자석처럼 서로 끌어당기거나 밀어내는 힘의 존재를 알아냈다. 이때 작용하는 힘에는 만유인력과 마찬가지로 역제곱 법칙이 성립했다. 즉 힘은 거리의 제곱에 반비례하고, 각각의 전류의 세기에 비례한다는 것이다. 앙페르는 이 중

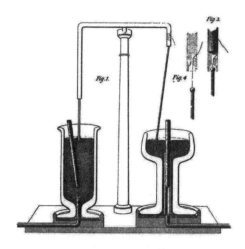

1821년 패러데이가 개발한 전기 모터. 전기에너지를 동력으로 바꿔주는 최초의 도구였다.

요한 발견을 수식으로 정리하여 패러데이에게 보냈다. 그러나 수학을 못 했던 패러데이는 대부분 이해할 수 없었다.

패러데이는 계산보다는 실험에 집중하였다. 그 결과 1821년 전기를 기계적 에너지로 바꾸는 데 성공했다. 무명의 패러데이가 이런 일을 해내리라고는 아무도 예상하지 못했다. 많은 학자가 전기로 새로운 동력 장치를 만들고자 했으나 별 진전이 없었다. 당시의 뉴턴주의적 사고에 의하면, 모든 자연현상은 구성 입자들 사이에 작용하는 인력과 척력의 수학적 합으로 계산되어야 했다. 그런데 실제 실험에는 이 이론이 잘 들어맞지 않았다. 패러데이는 전혀 다른 방법으로 문제를 해결했다. 두 힘의 작용을 인력이나 척력이 아닌, 원형으로 회전시키는 형태로 상정하여 실험한 것이다.

자석 주변에 철 가루를 뿌리면, 둥근 모양을 이루는 것을 떠올려 보면 된다. 당시의 과학적 세계관에서 이런 원형의 힘 작용은 매우 기묘한 것이었다. 그러나 패러데이는 이 발상을 전자기 회전 장치로 구현했고, 이것이 전기 모터의 원형이 되었다. 전기를 일상생활의 동력원으로 쓸 수 있는 길이 열린 것이다.

이런 대담한 가정이 가능했던 이유는 역설적이게도 패러데이가 정규 교육을 받지 못해서였다. 그는 요즘 말로 '흙수저' 출신이었다. 가난한 대장장이의 아들로 태어나 학교를 못 다녔다. 열네 살부터는 인쇄소 제본공으로 일했다. 그러나 지식에 대한 의지만큼은 엄청났다. 제본할 책을 읽으며 독학으로 공부했다. 그러다 스무 살에 후일 왕립학회장이 되는 험프리 데이비의 실험 조수로 채용되었다. 전기화학의 선구자 데이비는 모든 화학 결합의 본질이 전기력에 있을 거라는 파격적인 주장을 했다.[7] 패러데이는 데이비를 도우며 화학 실험에 대한 노하우를 익혔다. 정규 교육을 받지 못한 패러데이에게 화학은 잘 어울리는 학문이었다. 수학보다는 실험과 직관력이 더 중요했기 때문이다. 데이비는 외르스테드의 실험에서 새로운 동력 장치의 가능성을 가장 먼저 꿰뚫어 본 인물이기도 했다. 그래서 진작에 모터 개발에 나섰는데, 이걸 제자인 패러데이가 덜컥 먼저 성공해 버렸다. 자존심이 상한 데이비는 패러데이가 자신의 연구를 훔쳤다고 단정했다. 결국 패러데이는 데이비가 사망하는 1829년이 되어서야 전자기 연구를 재개할 수 있었다.

패러데이와 전자기 유도의 발견

1831년 패러데이는 자신은 물론 인류에게도 가장 중요한 업적을 냈다. 전자기 유도, 말 그대로 자기로부터 전기를 유도해 내는 현상이다. 그 기원은 1820년의 외르스테드 실험으로 거슬러 올라간다. 이 실험의 중요한 함의는 전기가 자기로 변할 수 있다는 것이었다. 그럼 역으로 자기로 전기를 만들어낼 수는 없나? 많은 학자의 관심사가 이것이었다. 물리학자란 기본적으로 세상을 대칭으로 바라보는 사람들이라서 그렇다. 하지만 이 시도는 죄다 실패했다. 실패의 이유는 뉴턴역학의 원거리 작용 개념과 맞닿았다. 원거리 작용은 접촉하지 않은 두 물체가 서로 끌어당기거나 밀쳐내는 직접적 힘을 의미한다. 만유인력이 대표적이다. 뉴턴역학이 풍미한 당시에 이것은 자연계의 가장 보편적인 힘 형태로 인식되었다. 뉴턴주의자들은 이걸로 세상의 모든 현상을 설명(라플라스 프로그램)하려고까지 들었다. 그런데 전기와 자기의 상호작용만큼은 그럴 수가 없었다. 이론과 현실의 아귀가 서로 맞지 않았기 때문이다.

패러데이의 위대함이 여기서 드러난다. 그는 실험을 설계하며 원거리 작용을 과감히 폐기하고 파동 개념을 도입했다. 즉 전기와 자기는 뉴턴이 정식화했듯 빈 공간에서 힘을 서로 직접 주고받지 않는다. 그럼 어떻게 힘을 전달하는가? 패러데이는 '장field'이라는 독특한 개념을 제시했다. 흔히 전기장, 자기장 할 때의 그 장이다.

장은 힘이 전달되는 공간적 매개다. 패러데이는 장을 따라 역선, 즉 힘의 선이 존재해서 물체들을 서로 연결한다고 생각했다. 장을 매개로 자기가 전기가 되고, 전기는 자기가 되는 것이다. 현대물리학의 핵심 개념이기도 한 장은 이렇게 패러데이로부터 모태가 형성되었다.

패러데이는 이를 증명하는 실험을 고안했다. 고리 모양의 철심에 두 개의 코일을 각각 감는다. 한쪽 코일에는 검류계(전류가 흐르는지 보는 장치)를 연결하여 닫힌 회로를 만들고, 다른 쪽 코일에는 전지를 연결하여 정상 회로를 만든다. 이때 전지를 연결한 코일에 전류가 흐르는 동안 반대쪽 회로의 검류계 바늘이 움직인다면? 패러데이는 이를 회로에 흐르는 전류가 주위에 자기장을 발생시켜서 옆 회로에도 전류를 흐르게 한다고 해석했다. 만약 그렇다면 자석만으로도 전류를 만들어낼 수 있지 않나? 패러데이는 막대 철심에 코일을 감아서 검류계에 연결하고, 철심 끝에 자석을 갖다 대면서 전류가 흐르는지 확인했다. 그러자 자석을 갖다 대거나 떼는 순간마다 검류계 바늘이 흔들렸다. 다음에는 아예 원통형 코일을 만들어 안쪽에 자석을 넣었다 뺐다를 반복해 보았다. 역시 검류계의 바늘이 움직였다.

실험 과정이 복잡해 보이지만 결론은 간단하다. 패러데이가 발전기의 원리를 확립한 것이다. 이는 오늘날 화력, 수력, 풍력 등을 이용해 전기를 일으키는 원리와 다르지 않다. 그러니까 패러데이 덕분에 인류는 전기를 값싸게 대량 생산할 수 있게 되었다. 이건

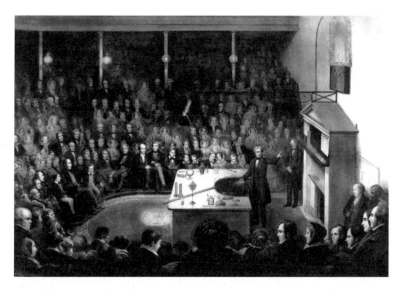

패러데이는 당대의 석학이었지만 대중과의 소통에도 엄청난 노력을 기울였다. 특히 크리스마스마다 왕립연구소에서 어린아이들을 위해 강연하는 모습은 오늘날까지 그를 대표하는 이미지가 되었다.

자석의 문명사적 의의가 바뀌는 일이기도 했다. 원래 자석은 나침반 외에는 쓸모없는 물건이었다. 그러나 패러데이 이후로 전기를 일으키는 근원으로써 인류에게 매우 중요한 도구가 되었다.

맥스웰과 전자기학의 완성

패러데이의 실험은 완벽했다. 그래서 기존 주류 이론늘이 보인 결함을 뚫고 나가 전자기학이라는 신기원을 세울 수 있었다. 패러데이가 "실험은 수학 앞에 기죽을 필요 없다"라고 일갈한 이유이기도 했다. 하지만 그 패러데이조차 수학을 완전히 피해갈 수는 없었다. 예컨대 이런 것이었다. 패러데이의 주장대로 역선을 따라 힘이 전달된다면, 그 메커니즘은 무엇인가? 원거리 작용에서는 힘이 동시 전달되는데, 장에서는 그렇지 않다. 그럼 걸리는 시간은 얼마인가? 역선이 물리적 실재라면, 그것이 퍼진 공간에 존재하는 에너지의 크기는 얼마인가?[8] 이에 대한 대답은 실험만으로는 부족했다. 체계적인 이론이 있어야 했다. 유명한 베스트셀러의 제목처럼, 정말 '수학이 필요한 순간'이 찾아온 것이다.

이것은 제임스 클러크 맥스웰이라는 후배의 몫이었다. 맥스웰은 우연히도 패러데이가 전자기 유도를 발견한 1831년에 태어났다. 그런데 패러데이와는 차이점이 더 많았다. 제본공이자 실험 조수였던 패러데이와 달리 맥스웰은 뉴턴이 졸업한 케임브리지대학교 출신으로 수학의 천재였다. 그리고 패러데이가 평생 실험실에 틀어박혀 있었다면, 맥스웰은 종이와 펜으로 계산을 했다.

맥스웰이 주목한 것은 전기와 자기가 힘을 전달하면서 발생하는 시간차였다. 이것은 패러데이가 원거리 작용을 기각하고 파동 개념을 채택한 이유이기도 했다. 전기와 자기는 뉴턴의 정식화와는 달리 동시에 힘을 전달하지 않고 시간을 두고 일정한 속도로 퍼져나갔다. 맥스웰은 바로 그 속도를 계산하려 했다. 그런데 막상 계산해 보니 충격적인 사실이 밝혀졌다. 그 속도가 빛의 속도와 일치했기 때문이다. 그러니까 전기와 자기는 빛의 속도로 힘을 전달한다는 의미가 된다.

1861년 맥스웰은 연구 결과를 종합해 스무 개의 방정식으로 체계화했다. 바로 이것이 현재까지도 수많은 물리학도와 공학도를 괴롭히는 맥스웰 방정식이다. 1884년 올리버 헤비사이드 등이 이를 재정리해 현재는 네 개다. 맥스웰 방정식은 전자기학의 완결판이자 최종 보스다. 그때까지 개별적으로 탐구되었던 전기, 자기, 빛 등의 현상을 하나로 통합했다. 예컨대 맥스웰 방정식을 풀면 전자파를 표현하는 파동방정식을 얻는다. 이때 파동의 진행 속도는 역시 빛의 속도와 같다. 따라서 맥스웰은 빛이 전기장과 자기장의 파동, 즉 전자기파라는 결론을 내렸다. 이로써 근대과학 최대의 난제였던 빛의 본질에 대한 논쟁이 일단락되었다. 기존 주류였던 뉴턴의 입자설은 기각되었다. 물론 맥스웰의 파동설도 완전한 진리는 아니었다. 44년 뒤, 아인슈타인이라는 후배가 광전효과라는 또 다른 안티테제를 들고 등장하기 때문이다.

전기가 이끈 인류의 진보

패러데이와 맥스웰의 전자기학은 인류의 삶에 엄청난 영향을 미쳤다. 전자기학의 완성으로 전기라는 새로운 동력을 대량으로, 자유자재로 활용할 수 있게 되었기 때문이다. 전기의 상용화는 이미 진행 중이던 산업혁명을 크게 자극했다. 그래서 증기기관이 주도한 18세기의 1차 산업혁명과 구분하여, 전기가 주도하는 19~20세기를 2차 산업혁명으로 보기도 한다. 실제로 이 시기에 증기기관의 시대 못지않은 발명품들이 쏟아졌다. 1837년 새뮤얼 모스는 인류 최초의 원거리 통신인 전신기를 발명했다. 모스는 송신기 스위치를 눌렀다 떼는 차이를 조절해 부호를 만들었는데, 이게 그 유명한 모스부호다. 그리고 에른스트 베르너 폰 지멘스는 1879년 최초의 노면전차를 개발해 도시교통의 패러다임을 바꿨다. 하지만 뭐니 뭐니해도 전기 문명 시대의 총아는 토머스 에디슨이다. 1879년의 전구를 시작으로 전축, 전화, 전기냉장고 등 그가 쏟아낸 발명품은 현대인의 생활양식, 현대 과학기술문명의 확립에 지대한 공헌을 했다.

1차 산업혁명이 기술자와 사업가의 혁신으로 이루어졌다면, 2차 산업혁명은 과학의 난제 해결이 산업적 파급력으로 이어졌다는 차이가 있다. 이때부터 과학은 인류의 진보를 이끄는 학문으로 위상을 공고히 하게 되었다. 물론 이 과정이 쉽지만은 않았다. 초창기만해도 전자기학이 그렇게 엄청난 가능성을 갖고 있음은 아무도 몰랐기 때문이다. 학자들은 순수하게 궁금했던 질문, 예컨대 전기와자기는 다른 종류의 힘인지, 서로 변환될 수 있을지를 탐구했을 뿐이다. 이를 보여주는 일화가 있다. 어느 날 패러데이의 실험실로정부 관료들이 찾아왔다. 그들은 전자기 실험을 보고 물었다. "이런 걸 어디다 씁니까? 이거 돈이 됩니까?" 패러데이의 답이 걸작이다. "갓 태어난 아기가 뭘 할 수 있겠습니까? 훗날 이것에 세금을 매길 수 있을 겁니다." 사실 이런 연구가 돈이 되냐는 현대과학

최소한의 과학 공부

에서도 꾸준히 반복되는 질문이다. 하지만 전자기학의 발전 과정에서 보듯, 과학 연구는 계획대로 진행되는 것이 아니며 그것이 가져올 결과는 과학자 본인도 대부분 알 수 없다. 그저 시대가 당면한 난제의 해결에 최선을 다하면 예상하지 못했던 방향으로 인류의 삶이 진보하기도 하는 것이다. 패러데이와 맥스웰의 전자기학은 이 점에서도 중요한 의미를 준다.

2차 산업혁명과 대중의 시대
석유, 전기, 자동차가 만든 세상

허먼 멜빌의 1851년 소설 《모비 딕》은 당시의 미국 포경업계를 반영한 작품이다. 1853년 일본을 개항시킨 매튜 페리Matthew Perry 제독의 요구 중 하나는 미국 포경선의 기항 허용이었다. 그만큼 고래잡이가 성행한 때였다. 그 많은 고래를 잡아서 어디다 썼냐고? 고래의 기름은 등불을 밝히는 주원료였다. 그때 기준 1갤런에 2.5달러나 할 정도로 상당한 고가였다. 대체재가 마땅찮았기에 비쌀 수밖에 없었다. 송진 기름, 식물성 유지 등은 품질이 떨어졌고, 석탄은 가격이 더 비쌌다.

1859년 등유가 대량 생산되면서 문제가 해결되었다. 온 미국이 등불을 밝힐 정도의 생산량이 쏟아졌다. 등유는 등불에 쓰이는 석유라는 뜻이다. 여기에는 세 명의 선구자가 있었다. 1855년 석유 사업에 관심이 있던 변호사 조지 비셀은 예일대학교의 화학 교수 벤저민 실리먼에게 타당성 분석을 의뢰했다. 실리먼의 결론은 석유가 '값싼 비용으로 귀중한 제품을 만들 수 있는 원료'라는 것이었다. 경영 컨설팅 역사를 통틀어 가장 뛰어난 분석이었을 것이다. 비셀은 이 보고서를 근거로 투자자를 모집했다. 그때만 해도 석유는 고위험 벤처사업이었다. 비셀과 실리먼은 세네카 석유회사를 설립하고, 에드윈 드레이크라는 채굴 전문가를 영입했다. 드레이크의 시추팀은 1년여의 시행착오 끝에 펜실베이니아주 북서부 도시 타이터스빌에서 석유를 대량으로 뽑아내는 데 성공했다. 최초의 수직 굴착식 시추방식을 적용한 결과였다. 이는 미국 석유산업의 태동을 의미하는 것이기도 했다.

소문은 삽시간에 퍼졌다. 사업가와 기술자들이 타이터스빌로 몰려들었다. 이들은 석유가 다양한 성질을 가진 혼합물이며, 이미 알려진 증류 기법을 이용하면 쉽게 분리할 수 있음을 알아냈다. 인구 200여 명의 타이터스빌은 10년도 안 돼 1만 명이 넘는 대도시가 되었다. 펜실베이니아의 석유 열풍은 인디애나, 오하이오를 거쳐 텍사스까지 퍼져 나갔다. 골드러시에 이은 오일러시였다.

2차 산업혁명의 도래

석유의 대량생산으로 미국인들은 밤에 일찍 잠들 필요가 없어졌다. 싼값에 밤늦도록 불을 켤 수 있었기 때문이다. 그래서 늦게까지 일하거나, 사람들과 교류하거나, 책을 읽거나 했다. 이는 산업에서 촉발된 생활양식의 혁명을 의미하는 것이었다.

본래 산업혁명은 증기기관과 석탄에서 시작되었다. 여기에는 인간의 노동을 최초로 기계가 대체한다는 역사적 의미가 있었다. 그 특징은 자동화, 연결성, 유동성으로 요약되었다. 인간이 증기기관을 조작하는 정도의 노동만 투입하면, 나머지는 기계가 알아서 했다. 거기서 나오는 생산량은 인간의 노동과는 비교가 안 되었다. 증기기관은 일종의 플랫폼 기술로서 다양한 산업을 대형화하고 서로 연계했다. 동력원으로 쓰인 석탄은 가볍고 이동이 쉬워서 언제 어디서나 동력을 일으킬 수 있었다.

이러한 양상은 석유와 전기라는 새로운 동력원이 등장하면서 더욱 급진전했다. 자동화, 연결성, 유동성에서 석유와 전기는 이제껏 도입된 모든 에너지를 압도했다. 그만큼 엄청난 대량생산의 가능성을 내포했다. 특히 20세기 등장한 자동차와 비행기라는 새로운 운송수단의 원료로 쓰이면서 시너지가 대폭발했다. 이 시대를 2차 산업혁명으로 구분할 수 있다.[9] 1차 산업혁명을 18세기 후반~19세기 초반 영국이 주도했다면, 2차는 19세기 중반~20세기 초반으로 미국이 중심이 되었다. 2차 산업혁명은 각 기술이 내적, 외적으로 연계되면서 거대한 시스템을 이룬다는 특징이 있었다. 이러한 기술시스템에는 기술, 발명품, 원료, 엔지니어 등의 고유 요소뿐만 아니라 고용, 노동, 인프라, 정책 등의 사회 제도도 포함되었다. 그 결과 인간의 기술 의존도는 심화되고, 농촌에서 도시로 삶의 기반이 이동하며, 공장제 대공업을 중심으로 새로운 사회 경제적 관계를 형성하게 되었다.

이 모든 혁명은 석유에서 비롯되었다. 석유petroleum는 그리스어 petro(암석)와 라틴어 oleum(기름)의 합성어에서 기인한다. 과학적으로는 자연에 존재하는 탄화수소의 혼합물을 의미한다. 즉 탄소C와 수소H가 결합된 여러 탄화수소 분자들이 섞여 있는 상태다. 분자 크기가 비슷하면 물리적 성질도 유사하다. 그래서 끓는점 차이를 이용해 분자량이 비슷한 구성 성분(휘발유, 등유, 경유, 중유, 윤활유, 아스팔트 등)을 분리해 낸다. 이것이 석유 정제 기술이다.

석유산업의 독점화

인류는 아주 오래전부터 석유의 존재를 알고 있었다. 고대 중동과 그리스에서는 건축물의 방수를 막고자 역청(아스팔트)이 쓰이기도 했다. 성경에도 노아의 방주를 만들 때 역청을 사용했다는 기록이 있다. 중세 이슬람에서는 정제 기술이 발달해서 그때부터 등불에 등유를 썼다. 석유 정제 기술은 다른 지식들이 그렇듯 르네상스 때 이슬람에서 유럽으로 전해졌다.

그러나 핵심 에너지로 부상하는 것은 19세기부터다. 바로 이때부터 시추와 정제 기술이 급속히 발전하기 때문이다. 그 시발점은 앞서 살펴보았듯 미국이다. 1860년대부터 등유가 미국인들의 밤을 밝히는 에너지원이 되면서, 석유에 대한 수요도 급증했다. 수요가 있으면 공급도 따라오기 마련이다. 막대한 자본과 사업가들이 석유산업으로 몰려들었다.

특히 오하이오의 석유 사업가 존 D. 록펠러는 일찍부터 시추보다는 유통과 정유에 집중했다. 이건 대단한 선견지명이었다. 우선 철도왕이었던 코르넬리우스 밴더빌트에게 운송 독점권을 주면서 석유 유통량을 크게 늘렸다. 그리고 등유를 만들고 남은 타르로 석유젤리, 파라핀 왁스, 아스팔트 등의 부산물도 생산했다. 당시 오하이오는 고무를 비롯한 고분자공업이 발달하고 있었다. 록펠러는 그 원료를 공급하며 막대한 수익을 냈다. 이렇게 사업 규모를 키운 록펠러는 1870년 스탠더드 오일을 설립하여 순식간에 경쟁사들을 무너뜨리고 시장을 장악했다. 남은 건 동업자 밴더빌트였다.

록펠러는 밴더빌트를 내치고자 회사의 명운을 건 승부수를 던졌다. 무려 640킬로미터에 이르는 송유관을 건설하여 철도의 석유 유통을 대체해 버린 것이다. 물론 록펠러는 라이벌을 무너뜨리려고 한 일이지만, 이걸로 미국인들이 본 혜택은 엄청났다. 거대한 송유관 네트워크 덕분에 원거리의 시골에서도 석유를 싸고 빠르게 공급받게 된 것이다. 액체 자원으로서 유동성이 뛰어난 석유의 장점을 극대화한, 말 그대로 신의 한 수였다. 이로써 철도 수송의 40퍼센트를 차지하던 록펠러의 물량이 빠져 버렸다. 수많은 철도 회사들이 파산했고, 밴더빌트도 몰락할 수밖에 없었다. 1881년 스탠더드 오일의 미국 석유 시장 점유율은 95퍼센트를 기록했다.

스탠더드 오일은 전국적 공룡기업다운 관리기법을 사용했다. 미국은 주에 따라 기업 운영에 대한 법률과 규제가 다르다. 이에 스탠더드 오일은 주마다 개별 법인을 두되, 뉴욕의 이사회가 주주들의 권리를 위임받아 전체 체계를 관리하게 했다. 이것이 록펠러의 시그니처인 스탠더드 오일 트러스트다. 록펠러가 선보인 이 독특한 조직 유형은 금세 다른 산업으로도 번져 미국 경제의 독점화를 부추겼다. 이는 의회가 1890년 반독점법을 의결하는 계기가 된다. 이 법으로 스탠더드 오일은 수십 개로 쪼개져야 했지만, 그 후손은 엑손모빌, 셰브론, 아모코 등으로 현재에도 이어지고 있다. 록펠러는 미국인들의 생활은 물론, 정치와 경제에도 큰 영향을 미친 기업인이었던 셈이다.

전기산업과 에디슨-테슬라의 경쟁

그런데 무소불위의 록펠러에게 도전한 이가 있었다. 바로 에디슨이다. 밴더빌트가 철도왕, 록펠러가 석유왕이었다면, 에디슨은 전기왕이었다. 그는 1879년 여러 시행착오 끝에 백열전구 개발에 성공했다. 필라멘트를 핵심으로 하는 에디슨 전구는 뛰어난 가성비, 실용성, 안전성을 갖고 있어서 기존 전구들을 압도했다. 이렇게 백열전구라는 와해성 기술의 등장으로 석유 업체들이 큰 타격을 입었다. 이때 에디슨의 가능성을 알아보고 거액을 투자하는 인물이 J.P. 모건이다. 그는 전기산업에서 얻은 막대한 수익을 발판으로 미국 최대의 금융재벌로 성장했다.

전기산업의 기원은 패러데이가 개척하고 맥스웰이 완성한 전자기학이다. 에디슨은 패러데이의 열렬한 추종자였다. 실제로 패러데이의 저작을 처음부터 끝까지 읽었노라고 밝힌 바 있다. 전자기학은 전기력과 자기력이라는 힘의 변환을 다룬다. 에디슨의 대다수 발명품 – 이중전신기, 전화기, 축음기, 백열전구, 전차 – 도 이렇게 에너지를 교묘하게 변형하는 것들이었다.[10] 이런 의미에서 에디슨은 사업가 이전에 전자기학의 탁월한 응용자였다. 흔히 과학기술이라고 하는, 과학적 발견이 기술적 응용개발로 이어져 삶의 질을 높이는 행위에, 전자기학만큼 잘 어울리는 사례도 없다.

에디슨은 전기 시스템의 설계자이기도 했다. 이 점에 그의 위대함이 있다. 에디슨은 전구뿐만 아니라 시스템을 구성하는 장치들을 설계하고 관련 회사들을 설립하는 데 상당한 노력을 투여했다.[11] 가장 먼저 설립한 에디슨 전등회사는 조명 개발을 위한 재정 지원을 맡았다. 이어 1880년 설립된 뉴욕 에디슨 조명회사는 전기 서비스를 제공할 중앙발전소를 건설·유지하는 일을 했다. 이 밖에도 발전기(에디슨 기계회사), 송전 케이블(에디슨 전기튜브회사), 백열등(에디슨 전구회사)의 생산 회사를 만들었다. 전기의 사용량 측정과 요금 책정 역시 에디슨이 발명한 계량기가 했다. 요컨대 에디슨은 전기를 생산, 배송, 사용, 계량하는 시스템 자체를 확립했다고

최소한의 과학 공부

테슬라(왼쪽)와 에디슨(오른쪽)은 전기의 공급방식을 두고 세기의 경쟁을 벌였다. 원래는 에디슨의 직류가 시장을 선점했으나, 테슬라가 개발한 교류의 우수성이 입증되면서 전세가 역전되었다. 경쟁에서 패배한 에디슨은 결국 경영 일선에서 물러나게 된다.

볼 수 있다. 이러한 전기 시스템은 빠르게 퍼져나갔다. 1882년 미국에 한 개만 있던 발전소는 1920년 4000개에 육박했고, 가정의 3분의 1 이상에 전기가 공급되었다. 그 용도 역시 조명뿐만 아니라 선풍기, 다리미, 청소기 등으로 확대되었다.[12] 1887년 조선에 최초의 백열등 시스템을 공급한 것도 에디슨의 회사였다.

그러나 잘나가던 에디슨에게도 경쟁자는 나타났다. 파리지사의 엔지니어였던 니콜라 테슬라다. 오스트리아 출신의 이 물리학자는 오늘날 전기자동차 회사 이름으로 더 유명하다. 둘은 전기를 인류 생활 전반으로 상용화시킨 천재라는 공통점이 있다. 그런데 차이점이 더 많다. 제대로 학교를 다니지 않은 에디슨과 달리, 테슬라는 수학과 과학에 뛰어나서 대학도 장학생으로 입학했다. 또 에디슨이 시간이 걸리더라도 시행착오를 겪으며 연구의 해법을 도출했다면, 테슬라는 이론에 기초한 엄밀한 실험 계획을 세워 시간 손실을 최소화했다.

이렇게 상반된 두 천재가 전기의 공급방식을 두고 정면충돌했다. 원래 에디슨은 110V 직류를 채택했다. 그런데 이렇게 낮은 전압으로는 에너지 손실이 커서 원거리에 전력을 보내기가 어려웠다. 따라서 발전소를 소비지역과 가깝게, 촘촘히 지어야 했다. 물론 교류를 쓰면 손실을 줄일 수 있었다. 다만 교류에서 작동하는 쓸 만한 전동기가 없다는 게 문제였다. 이걸 해결한 이가 테슬라였다. 그는 교류 유도전동기를 개발하고, 경영진에게 틈날 때마다 교류의 우수성을 설파했다. 그러나 이미 직류 설비에 많은 투자를 한 에디슨은 생각을 바꾸지 않았다. 결국 1886년 테슬라는 조지 웨스팅하우스의 회사로 이직했다. 웨스팅하우스의 220V 교류 방식은 손실이 적어 원거리로도 전기를 보낼 수 있었고, 변압기도 다루기 간단했다. 이러한 장점 때문에 후발주자였음에도 빠르게 영향력을 키웠다.

위기를 느낀 에디슨은 견제에 나섰다. 그 방법이 참으로 치사했다. 요즘 말로 하면 가짜뉴스를 퍼뜨리는 것이었다. 에디슨은 동물들을 교류 전기로 감전사시켜 위험성을 강조했다. 또 뉴욕주에 로비하여 웨스팅하우스 발전기를 사형집행에 쓰도록 했다. 하지만 이런 공작에도 교류의 우수성을 끝내 극복할 수는 없었다. 결정타

최소한의 과학 공부

는 1893년 시카고 만국박람회였다. 여기서 웨스팅하우스가 전기 사업권을 따내며 전세는 역전되었다. 이 대회는 미국인들에게 교류의 안전성과 경제성을 알리는 계기가 되었다. 화가 난 투자자 모건은 경쟁사였던 톰슨 휴스턴과 합병하면서 에디슨을 축출해 버렸다. 이 합병한 회사가 제너럴 일렉트릭이다. 이후 교류 전기는 대세가 되었고, 현재까지도 그 우위는 변하지 않고 있다.

포드주의와 자동차 혁명

에디슨의 휘하에는 테슬라 말고 인재가 더 있었다. 자동차왕으로 불리는 헨리 포드다. 1903년 포드는 에디슨으로부터 독립하여 자신의 이름을 딴 회사를 차렸다. 그러자 조선 왕실에서 곧바로 포드의 자동차를 구매했다. 16년 전 에디슨과 백열등 계약을 맺은 데 이은 얼리 어답터 행보였다. 서양 기술에 관심이 많았던 고종은 축음기의 애호가이기도 했다.

초창기 자동차의 동력원은 전기가 대세였다. 전기 자동차의 등장은 1830년대로 거슬러 올라간다. 1901년 독일의 기계공학자 페르디난트 포르셰Ferdinand Porsche는 전기 자동차의 배터리가 무겁다는 단점을 개선해 최초의 하이브리드 자동차를 만들었다. 그러나 몇 년 안 돼 휘발유 자동차가 역전해 버렸다. 1908년 포드가 모델 T라는 미국의 역사를 바꾼 자동차를 내놓은 것이다. 결국 포르셰도 대세에 수긍할 수밖에 없었다. 원래 벤츠의 엔지니어였던 그는 1931년 독립하여 포르쉐를 창업했다. 그리고 1934년에는 "대중volks을 위한 자동차wagen를 만들어달라"는 히틀러의 부탁에 따라 폭스바겐Volkswagen의 비틀을 설계했다. 요컨대 포르셰는 포르쉐, 벤츠, 폭스바겐에 모두 관여한 엔지니어였다.

포드의 모델 T는 기술보다는 생산 방식에서 혁신적이었다. 그 결과 대량생산에 성공했고 판매가격을 크게 낮춤으로써 자동차의 대중화 시대를 열었다. 출시 당시 850달러였던 가격은 1915년 440달러로, 1920년대에는 290달러까지 낮아졌다. 그 비결은 "사장님이 미쳤어요"가 아니라 3S에 있었다. 즉 설계와 디자인의 단순화Simplification, 부품과 작업의 표준화Standardization, 기계와 공구의 전문화Specialization다. 이러한 3S 원칙은 거대한 이동 조립 라인을 통해 구현되었다. 포드는 도축장의 고기 해체 라인에서 얻은 아이디어를 자동차 생산에 적용했다. 이 라인에서 작업자는 굳이 이동할 필요가 없다. 컨베이어 벨트가 자동으로 작업물을 전달해 준다. 그래서 작업당 소요시간이 균등해진다. 이러면 전체 작업 과정에서 낭비되는 시간을 죄다 없앨 수 있다. 최소한의 시간으로 최대한의 생산량을 뽑아낼 수 있게 되는 셈이다.

포드의 혁신은 생산에만 머무르지 않았다. 1914년에는 2.3달러의 일당을 (할당량 충족을 전제로) 5달러로 올려버렸다. 뒤이어 주 5일 근무도 시행했다. 노동자의 생활에도 관여했다. 포드는 사회부서를 설치해 노동자의 재무설계, 결혼, 교육 등도 지원했다. 이 역시

최소한의 과학 공부

노동생산성 향상을 위한 것이었다. 이러한 정책은 가격 인하와 시너지를 이루며 자동차의 대량소비를 가능케 했다. 이전까지 자동차는 부유층의 전유물이었다. 그러나 포드의 노동자들은 자기가 만든 자동차를 사서 드라이브와 피크닉을 다니며 저녁이 있는 삶을 즐겼다. 이러한 '생산성 향상 → 대량생산 → 가격 하락 → 대량소비 → 생산성 더 향상'의 선순환이 포드 경영철학의 핵심이었다. 이는 심지어 사회주의자에게도 깊은 인상을 남겼다. 이탈리아의 마르크스주의자 안토니오 그람시는 포드의 경영 방식을 포드주의로 개념화하며, 근대성의 정수로서 유럽도 적극 수입해야 할 것으로 보았다.

포드주의는 자동차 산업, 나아가 제조업의 보편적 모델로 확산되었다. 이는 20세기의 민주주의 확산과도 조응하는 것이었다. 때마침 보통선거가 확립되는 시기이기도 했다. 미국의 남성은 1868년, 여성은 1920년에 투표권을 가졌다(물론 유색인종은 배제되었다). 민주주의, 포드주의, 노동자 지위 상승은 서로를 촉진했다. 바야흐로 대중의 시대가 열리기 시작한 것이다.

포드의 모델 T(위쪽)와 생산 방식(아래쪽). 이것은 단순한 자동차가 아니었다. 자본주의의 대다
수를 차지하는 노동자들의 지위를 끌어올려 대중의 시대를 촉발했다.

최소한의 과학 공부

트랜지스터와 실리콘밸리의 형성
작아지는 소자, 변화하는 기업

1946년 개발된 초창기 컴퓨터 에니악은 어마어마하게 컸다. 높이 5.5미터, 길이 24.5미터에 달했으며, 무게는 무려 30톤이었다. 에니악은 원래 제2차 세계대전 중에 미군의 의뢰로 만든 탄도학 계산 기계로 성능은 좋았다. 인간이 스무 시간 걸렸던 포탄의 궤적 계산을 30초 만에 끝냈다. 하지만 크기가 커도 너무 컸다. 스쿼시 코트만 한 방을 혼자 차지할 정도였다. 그렇다 보니 고장도 잦고 전기도 많이 먹었다. 에니악을 가동하면 펜실베이니아 도시들의 전력 공급에 차질을 빚었다는 전설도 전해진다. 오늘날 손바닥만 한 스마트폰이 그보다 훨씬 많은 일을 할 수 있음을 생각해 보면, 컴퓨터라고 부르기 민망한 기계였다.

에니악이 이렇게 클 수밖에 없었던 이유가 있었다. 무려 1만 8000개가 넘는 진공관이 들어갔기 때문이다. 진공관은 요즘 쓰이는 반도체

1만 8000개가 넘는 진공관이 들어간 초창기 컴퓨터 에니악. 덩치는 이렇게 커도 기능은 요즘 쓰는 스마트폰만도 못했다.

의 조상님쯤 되는, 20세기 전자혁명의 신호탄이 된 장치다. 1904년 존 플레밍이 정류용 2극 진공관, 1907년 리 디포리스트가 증폭용 3극 진공관을 연달아 개발했다. 이것들은 전기 신호의 송수신을 결정(스위칭)하고, 전파 신호를 교류에서 직류로 변환(정류)하며, 입력 신호의 작은 변화를 출력 신호의 큰 변화로 유도(증폭)했다. 이로써 전자기기, 무선 통신이 획기적으로 발전할 수 있었다. 라디오와 텔레비전의 송수신기, 레이더, 전화 교환기 등이 그 산물이다.

그런데 진공관은 전자기기 부품으로 쓰기에는 확실히 컸다. 진공관은 유리관 안에 설치된 필라멘트를 가열해서 전자를 외부로 방출시키는 방식으로 작동했는데, 이 유리관의 부피 때문에 크기를 줄이는 데 한계가 있었다. 게다가 유리라서 충격에도 약했다. 필라멘트를 뜨겁게 달궈야 해서 전력이 많이 필요했고, 필라멘트의 수명도 짧았다. 이런 문제 때문에 작고 견고한 전자소자에 대한 수요가 높아질 수밖에 없었다.

작고, 단단하고, 오래가는 트랜지스터

필요는 발명의 어머니라고, 얼마 안 돼 진공관을 대체할 장치가 개발되었다. 1947년 미국 벨연구소Bell Labs의 윌리엄 쇼클리, 월터 브래튼, 존 바딘이 트랜지스터transistor를 개발한 것이다. 벨연구소는 알렉산더 그레이엄 벨의 이름을 딴 것에서 보듯, 원래 전화와 관련된 연구소다. 그런데 이 연구소는 전화보다 대단한 기술들을 많이 만들어냈다. 태양전지, 컴퓨터 음악, 디지털카메라용 고체촬상소자 등이다. 심지어 빅뱅 이론의 증거가 되는 우주배경복사까지 발견했다. 이 연구소가 주제에 얽매이지 않은 자유롭고 개방적인 연구를 장려한 결과다. 트랜지스터 개발도 전쟁 중의 레이더 수신기 연구에서 파생한 것이었다.[13]

트랜지스터는 반도체 결정을 사용하는 전자소자다. 반도체는 말 그대로 전기가 흐르지 않는 부도체(절연체)와 전기가 흐르는 도체의 중간적 성질을 갖는 물질이다. 그래서 필요에 따라 전기를 흐르게 할 수도 있고, 흐르지 않게 할 수도 있다. 이 때문에 전자기기의 정보를 전달, 저장, 처리하는 핵심 역할을 한다. 트랜지스터라는 이름도 이런 기능을 반영한 조어다. 즉 전달transfer과 저항기resistor를 합친 것이다. 전기전도성을 가지면서 동시에 저항의 역할도 한다는 의미다.

트랜지스터에는 세 개의 다리(단자)가 있다. 각각 이미터, 베이스, 컬렉터라고 한다. 트랜지스터는 이들의 상호작용을 통해 전류를 스위칭하거나 증폭한다. 즉 세 개 중 두 개 사이에 전기를 통하게 할지 말지, 어느 정도로 통하게 할지를 나머지 하나의 단자로 조절할 수 있다. 이를 수도꼭지에서 나오는 물의 양을 밸브의 열린 정도로 조절하는 것에 비유하기도 한다.

우선 스위칭은 이름 그대로 전등의 스위치를 켰다, 껐다 하는 것과 비슷하다. 스위치가 열려 있으면 베이스에 전류가 흐르지 않으므로 모든 전류계에 전류가 흐르지 않는다. 반대로 스위치를 닫아 베이스에 전류가 흐르면 모든 전류계에 전류가 흐른다. 이러한 스위칭 기능을 디지털 기기에서는 이진법 신호(0, 1)의 구분에 사용하기도 한다. 또한 전자회로를 설계할 때 AND, OR, NOR(Not OR), NAND(Not And), XOR(Exclusive OR) 등의 논리 게이트도 만들 수 있다. 이것들을 조합하면 컴퓨터에서 흔히 쓰는 CPU, GPU, RAM, 플래시 메모리 등의 연산기나 기억장치 등이 된다. 마이크로소프트 창업자 빌 게이츠가 시간여행을 할 수 있다면 1947년의 벨 연구소로 가겠다는 데에는 그만한 이유가 있는 것이다.

최소한의 과학 공부

증폭은 약한 전류를 강한 전류로 키우는 작용이다. 트랜지스터의 베이스는 매우 얇아서 약한 전류가 흐른다. 반면 컬렉터에는 베이스보다 훨씬 강한 전류가 흐른다. 베이스의 작은 전류 변화가 컬렉터에는 큰 변화로 나타나는 것을 증폭 작용이라고 한다. 이를 이용하면 100배의 전류도 쉽게 유도할 수 있다. 앰프는 증폭 작용을 이용해 만든 대표적인 기기다.

트랜지스터가 없었다면 노트북, 스마트폰 등등 소형 디지털 기기들도 없었을 것이다. 이런 기기들에 넣기에는 진공관이 너무 크기 때문이다. 게다가 필라멘트의 가열 과정에서 전력을 많이 쓰기 때문에 작은 전지로 전력을 공급하는 데도 한계가 있다. 그마저도 필라멘트가 오래 못 간다. 반면 트랜지스터는 아주 작고, 전력을 덜 쓰고, 반영구적이다. 일례로 1954년 벨연구소는 최초의 트랜지스터 컴퓨터 트래딕을 개발했다. 진공관 컴퓨터와 성능이 거의 같으면서도 크기는 300분의 1, 소비전력은 1500분의 1에 불과했다. 이러한 압도적 성능 우위 때문에 트랜지스터는 진공관을 빠르게 대체했다.[14]

실리콘밸리의 태동

재미있는 사실은 트랜지스터의 발명이 트랜지스터'만'의 발명이 아니었다는 점이다. 트랜지스터의 상용화 과정에서 세계에서 가장 유명한 혁신 클러스터인 실리콘밸리Silicon Valley도 형성되었기 때문이다. 실리콘밸리는 지역적으로 샌프란시스코만의 남서쪽 해안가 도시들을 지칭한다. 반도체 재료로 주로 쓰이는 규소silicon와 샌프란시스코만 동남쪽에 있는 산타클라라 계곡valley을 합쳐서 만든 명칭이다. 그러나 오늘날에는 지명보다 세계 최고의 IT와 반도체 산업을 이끄는 기업, 대학, 연구소 등의 집합체 개념으로 쓰이고 있다.

그 기원은 트랜지스터의 발명자 중 하나인 쇼클리로 거슬러 올라간다. 쇼클리는 트랜지스터의 아버지로 불리지만, 동시에 실리콘밸리의 아버지이기도 했다. 다만 그 과정이 결코 본인이 의도한 것은 아니었다. 원래 벨연구소의 첫 번째 성과는 이론물리학자인 바딘과 실험물리학자인 브래튼이 협업해서 만든 점 접촉형 트랜지스터였다. 그런데 이 발명의 특허를 내는 과정에서 두 사람의 팀장인 쇼클리는 배제되었다. 쇼클리가 워낙 괴팍하고 독단적인 성격이었던 탓에 바딘과 브래튼이 작정하고 따돌린 것이다. 격분한 쇼클리는 독자 개발에 나서 접합형 트랜지스터를 고안했다. 사실 점접촉형 트랜지스터가 작동에는 성공했지만, 제품으로 상용화하기에는 한계가 있었다. 이에 쇼클리가 안정적이고 제품화에도 용이한 샌드위치 구조의 트랜지스터를 개발한 것이다. 쇼클리는 이 새 제품을 뒷받침하는 이론까지 확립했다. 이 때문에 벨연구소 내에서도 트랜지스터의 최초 발명자가 누구인가에 대한 논란이 생겼다. 그러나 노벨재단은 1956년 노벨물리학상을 세 사람에게 수여함으로써 트랜지스터 개발 공로를 공평하게 인정했다.

트랜지스터 개발을 계기로 셋의 관계는 돌이킬 수 없게 되었다. 바딘은 사직했고, 브래튼은 쇼클리를 직장 내 괴롭힘으로 고발했다. 쇼클리도 벨연구소를 떠나 고향인 서부로 돌아가 사업을 하겠다고 결심했다. 마침 쇼클리의 접합형 트랜지스터를 응용한 휴대용 라디오가 출시되어 타이밍도 좋았다. 이 계획을 전해 들은 스탠퍼드대학교 교수 프레데릭 터먼은 쇼클리에게 팔로알토로 오라고 제안했다. 터먼도 실리콘밸리 역사에서 빼놓을 수 없는 인물이다. 1939년 그의 제자들인 윌리엄 휴렛과 데이비드 패커드가 실리콘밸리 1호 기업 휴렛팩커드를 창업했기 때문이다. 이어 1951년에는 대학과 기업의 협력 플랫폼으로서 스탠퍼드 산업단지까지 창설한 상황이었다. 그래서 쇼클리에게 함께 일하자고 권고한 것이다.

터먼의 제안을 받아들인 쇼클리는 1956년 아널드 베크만의 지원을 받아 쇼클리 반도체연구소를 팔로알토에 설립했다. 사업 목표는 실리콘으로 트랜지스터를 생산하는 것. 이러한 시도 때문에 후일 쇼클리는 '실리콘밸리에 실리콘을 가져온 사람'으로 불렸다. 쇼클리는 벨연구소의 동료들을 데려오려 했으나 여의치 않았다. 그에 대한 나쁜 소문이 이미 파다했기 때문이었다. 어쩔 수 없이 직접 리크루트에 나섰다. 그래도 쇼클리의 명성과 트랜지스터라는 첨단 기술의 매력 덕분에 뛰어난 인재들이 몰려들었다. 로버트 노이스, 유진 클라이너, 고든 무어 등이다. 세계적 석학 쇼클리를 필두로 전도유망한 인재들이 뭉친 연구소의 앞날은 밝아 보였다.

역사가 바뀐 날

그러나 이들의 관계는 오래가지 못했다. 사람 쉽게 안 변한다고, 역시 쇼클리의 독단성이 문제가 되었다. 그는 연구원들을 자신의 권위에 복종해야 하는 수직적 관계로만 대했다. 특히 우생학을 신봉했기 때문에 연구원들의 서열을 나누고 차별했다. 사람들 보는 앞에서 직원을 해고한 것이 한두 번이 아니었다. 참다못한 연구원들은 사장인 베크만을 찾아가 연구소장을 교체해 달라고 요청했다. 하지만 베크만이 노벨상 수상자 쇼클리를 포기하는 일은 없었다.

결국 1957년 9월 18일, 연구원 여덟 명이 사직서를 냈다. 쇼클리는 이들을 여덟 명의 배신자traitorous 8라고 불렀다. 그런데 《뉴욕타임스》의 평가는 좀 다르다. 역사를 바꾼 10일 중 하루로 이날을 꼽았다.[15] 오늘날 실리콘밸리에서 자기 회사를 차리고자 퇴사하는 것은 당연하고 또 장려되는 일이다. 그러나 이때만 해도 그렇지 못했다. 원래 이들은 다른 회사로 들어가려 했다. 그러나 벤처 투자가 아서 록의 조언을 받아들여 창업으로 선회했다. 그렇게 차린 회사가 바로 페어차일드 반도체다. 1959년부터 시작된 미국과 소련의 우주 경쟁은 이 신생 회사에는 엄청난 호재였다. 미사일과 위성에 쓰일 안정적인 반도체를 NASA에 대거 납품할 수 있었기 때문이다.

하지만 페어차일드 반도체의 대표적인 성과는 역시 집적회로다. 트랜지스터는 전하를 저장하는 커패시터, 전류를 조절하는 저

최소한의 과학 공부

항기, 정류 작용을 하는 다이오드 등 여러 부품과 연결되어 작동했다. 기술적으로 만만치 않은 과정이었다. 각 부품을 전선으로 길거나 짧게 연결하여야 했고, 이때 연결선과 연결점들에서 크고 작은 전기적 부작용이 발생했기 때문이었다. 여기에서 부품의 부피, 소비전력, 누설전류, 잡음 등의 문제점들이 다시 드러났다. 과학자와 엔지니어들은 이 문제를 해결하려는 연구에 매진했다. 그 결과 집적회로IC가 돌파구로 등장했다. 말 그대로 모아서, 쌓은 회로다. 개별 부품들을 하나의 반도체 기판 위에서 전기적으로 연결하여 일체화시켰다. 1959년 텍사스 인스트루먼트의 잭 킬비과 페어차일드 반도체의 노이스가 공동으로 개발했다. 킬비는 이 성과로 2000년 노벨물리학상을 받았다.

페어칠드런과 스타트업의 정신

회사는 잘나갔으나 경영에는 문제가 있었다. 팔로알토의 페어차일드 반도체는 뉴욕에 있는 페어차일드 카메라 앤드 인스트루먼트의 자회사였다. 그래서 주요 의사결정은 뉴욕에서 이루어졌고, 때로 뉴욕과 팔로알토 간의 의사소통이 원활하지 못했다. 게다가 페어차일드 카메라 앤드 인스트루먼트의 간부들은 반도체 산업에 무지했다. 그런 간부들이 사사건건 반도체 업무에 간섭했으니 갈등의 소지가 늘 있었다. 그러던 1967년, 회사가 적자로 전

환하자 갈등이 폭발했다. 비수익 사업을 정리하라는 이사회 결정
에 페어차일드 반도체의 간부들이 반발했다.

결국 이듬해부터 여덟 명의 배신자는 다시 회사를 떠났다. 그중
1968년 퇴사한 노이스와 무어는 새로 회사를 창업했다. 이 회사가
인텔이다. 또 1969년 퇴사한 제리 샌더스는 일곱 명의 이사와 함
께 AMD를 만들었다. 클라이너는 1972년 벤처캐피털 회사 클라
이너 퍼킨스를 설립해 수많은 벤처기업에 투자했다. 여기에는 아
마존, 구글, 트위터 등 오늘날 IT 산업을 선도하는 세계적 기업들
이 포함되었다.

이렇게 기존 회사에서 뛰쳐나가 다른 회사를 창업하는 것을 두
고 '페어칠드런Fairchildren'이라는 신조어가 생겼다. 그리고 이는 실
리콘밸리를 대표하는 문화적 상징이 되었다. 1971년 1월 11일
《일렉트로닉 뉴스》의 저널리스트 돈 호플러는 샌프란시스코만 지
역에서 급성장하는 반도체 산업에 대해 1면 특집 기사로 보도했
다. 그 제목이 "미국의 실리콘밸리"다. 실리콘밸리라는 용어는 이
때부터 널리 쓰이기 시작했다. 페어차일드 반도체로부터 여러 회
사가 스핀오프하고, 역동적으로 새로운 사업을 개척하던 바로 그
무렵이다.

최소한의 과학 공부

《일렉트로닉 뉴스》의 1971년 1월 11일자 보도. 이 기사에서는 배신자 8인을 비롯한 실리콘밸리의 반도체 산업 리더들의 이야기를 다뤘다. 실리콘밸리라는 용어는 이때부터 대중화된다.

리튬이온전지와 충전 가능한 세계
화석연료 없는 세상

2019년 7월 우리나라에 대한 일본의 수출 규제 조치가 발표되었다. 규제 대상은 폴리아미드, 포토레지스트, 에칭가스 등 반도체와 디스플레이 제조 소재였다. 반도체는 삼척동자도 아는 국가 기간산업이다. 삼성전자의 주식을 가진 국민만 600만 명이 넘는다. 그러니 그야말로 국민경제에 치명타가 될 수도 있는 조치였다. 물론 일본 정부는 무역 보복이 아닌 정책 조정이라 했으나, 그 말을 믿는 사람은 별로 없었다. 몇 년간 정치, 외교, 역사를 두고 꼬여왔던 양국 관계가 산업계로 불똥이 튀는 모양새였다.

그간 우리나라 반도체 기업들은 세계 시장을 석권해 왔다. 그러나 핵심 소재와 기술은 대부분 로열티를 내고 수입해서 쓰는 방식이었다. 여기에 한국 제조업의 구조적 취약성이 있었다. 이것을 누구보다 잘 아는 일본이 급소를 찌른 것이었다. 수출 규제 발표

최소한의 과학 공부

직후 업계는 패닉에 빠졌다. 정부는 이참에 소재, 부품, 장비 산업의 자립화를 추진하겠다고 나섰다. 하지만 과학기술의 기초 역량은 그렇게 단시간에 키워지지 않는다는 문제가 있었다. 이것이 한때 떠들썩했던 소부장, 즉 소재·부품·장비 사태다.

같은 해 10월, 노벨상 수상자들이 발표되었다. 화학상은 리튬이온전지 개발자 세 명에게 돌아갔다. 그중 한 명이 요시노 아키라라는 일본인이었다. 일본의 노벨과학상 수상이 어제오늘 일은 아니다. 그런데 하필 이때에 그것도 소부장 연구성과로 일본인이 노벨상을 또 받은 것이다. 노벨상은 명예와 자부심의 상징이다. 남들이 받는다고 해도 그저 부러운 걸로 끝이다. 하지만 기초연구, 과학기술 역량은 국가경쟁력의 현재와 미래를 규정하는 현실적인 문제다. 리튬이온전지 같은 핵심기술의 부가가치와 파급효과는 얼마나 될지 상상조차 어렵다. 그해 일본의 노벨화학상은 바로 이렇게 우리에게 현실의 고민거리를 던져주었다.

2차 전지의 유용성

리튬이온전지에는 인류가 오랫동안 유지해 온 화석연료 기반의 생산활동을 바꿀 잠재력이 있다. 만약 그렇게 된다면 또 한 번의 산업혁명이 일어나는 것이다. 산업혁명은 석탄, 석유 등 핵심 동력원의 교체를 동반해 왔다. 특히 20세기 초 2차 산업혁명은 석유와 자동차가 만나며 엄청난 시너지를 일으켰다. 리튬이온전지는 주로 IT와 스마트 산업의 진보와 공명해 왔다. 이것이 자동차, 로봇, 기계 등 전통적 제조업까지 포괄한다면, 생산 방식은 물론 인간을 괴롭혀온 환경문제에서도 상당한 진전을 이룰 것이다. 그만큼 혁신의 가능성이 무궁무진하다. 노벨상을 오히려 너무 늦게 받았다는 지적이 나올 정도다.

리튬이온전지는 2차 전지의 한 종류다. 그럼 1차 전지도 있나? 당연히 있다. 1차 전지는 한 번 쓰면 재사용이 불가능한 일회성 전지다. 가정의 시계, 리모컨, 도어록 등에 쓰는 건전지가 대표적이다. 그런데 한 번 쓰고 버리는 1차 전지는 새 전지를 만들기 위해 더 많은 자원을 소비해야 한다. 또한 방전되면 화학물질이 나와서 환경에 악영향을 준다. 반면 2차 전지는 방전이 되어도 수천 번 재충전이 가능해서 경제적이다. 2차 전지의 총아인 리튬이온전지는 카드뮴, 수은, 납 등의 중금속도 포함하지 않는다.

보통 "전기가 흐른다"라는 말은 과학적으로는 전자의 이동을 의미한다. 즉 마이너스 전하를 가진 전자가 플러스 전하를 가진 플러스 극으로 이동하면서 전기에너지가 발생한다. 전지는 화학반응을 통해 이러한 전기에너지를 만드는 장치다. 흔히 전지 안에 전기가 채워져 있다고 생각하지만, 실제로는 전기에너지를 만드는 재료들이 들어 있다. 크게 세 가지다. 전해액(전해질), 전자 수용물질(양(+)극), 전자 제공물질(음(-)극). 전지는 이 세 가지 재료를 적절히 결합하여 화학물질 사이 전자의 이동을 외부 전기에너지

최소한의 과학 공부

로 변환한다. "전기가 샘솟는 연못"이라는 뜻의 전지電池라는 번역
어는 이를 반영한 것이다. 건전지도 바로 이 화학반응에 따라 전
기에너지를 만든다. 다만 건전지는 한 번 쓰면 화학반응이 끝나므
로 일회성일 수밖에 없다.

그런데 특정 소재를 이용한 전지는 외부에서 전류를 흘려주면
화학반응이 역으로 일어난다. 즉 다시 전기를 생산할 수 있는 상
태로 되돌아간다. 이게 2차 전지의 기본원리다. 1899년 발데마르
융그너가 처음 발견했다. 그가 이 원리를 응용해 만든 니켈카드뮴
전지는 전동공구, 비디오카메라 등에 사용되었다. 다만 이 전지에
는 메모리 효과라는 단점이 있었다. 충전한 전지를 완전히 방전되
기 전에 재충전하면, 전기량이 남아 있어도 전지가 완전 방전 상
태로 기억하는 효과다. 이 때문에 사용할수록 최초의 충전 용량이
줄어들었다.

그래서 니켈수소전지가 대안으로 떠올랐다. 카드뮴을 수소흡
장합금으로 바꿔 메모리 효과를 줄였다. 최초의 양산형 하이브리
드 자동차인 토요타의 프리우스에 쓰인 전지가 이것이다. 이 전지
는 특히 저온에서 안정적이어서, 겨울에는 나중에 개발된 리튬이
온전지보다도 성능이 뛰어났다. 그러나 니켈계열 전지는 짧은 사
용시간이라는 근본적 한계를 드러냈다. 니켈수소전지를 쓴 초기
노트북은 한 시간 정도 사용할 수 있었다. 1990년대 후반부터 휴
대용 전자기기 사용은 폭발적으로 늘고 있었다. 니켈계열 전지로
는 그 수요에 대응할 수 없었다.

최초의 양산형 하이브리드차로 꼽히는 토요타의 프리우스(위쪽)와 거기에 쓰인 충전식 전지 (아래쪽). 프리우스는 토요타를 대표하는 차종으로 인식될 정도로 성공을 거두었으나, 여기에 쓰인 니켈계열 전지는 여러 한계로 인해 리튬이온전지로 대체된다.

화석연료를 대체할 에너지원

리튬을 활용한 2차 전지 연구는 1970년대부터 시도되었다. 역설적이게도 그 시작은 석유회사였다. 당시는 오일쇼크와 환경오염이 지구적 이슈로 떠오르던 때였다. 그래서 석유회사들조차 대체 에너지 개발에 관심을 가졌다. 1976년 엑손 연구개발팀의 스탠리 휘팅엄은 화석연료를 대체할 초전도체를 연구하다가 최초의 리튬이온전지를 만들었다. 니켈카드뮴전지보다 크기가 작고 에너지 밀도가 더 높다는 장점이 있었다. 그러나 고작 2V의 전압을 출력하는 데 그친 그의 전지는 전구 하나를 켜는 수준에 불과했다. 게다가 불안정해서 폭발의 위험성도 있었다. 2017년 삼성전자의 갤럭시 노트7이 여러 번 폭발한 것도 같은 이유였다. 휘팅엄은 2차 전지의 새로운 돌파구를 열었지만, 이래저래 상용화까지는 가야 할 길이 멀었다.

때마침 미국 정부도 에너지 혁신을 위한 국책 연구사업을 입안했다. 이를 총괄한 것이 MIT 링컨연구소의 존 구디너프였다. 구디너프는 갓 등장한 리튬이온전지를 화석연료의 유력한 대안으로 보았다. 이게 무려 40여 년 전이니 대단한 혜안이었던 셈이다. 그의 목표는 휘팅엄 전지의 전압을 높이는 것이었다. 이에 리튬에서 나온 전자를 받는 양극 소재로 이황화 티타늄 대신, 에너지 밀도가 높고 분자 구조가 유사한 리튬 코발트 산화물을 사용해 보았다. 그 결과 기존보다 출력이 두 배 높은 4V 전지를 만들 수 있었다. 이는 딱 휴대전화의 전원으로 쓸 수 있는 정도의 전압이었다.

그러나 리튬이온전지의 불안정성 문제는 계속 상용화의 발목을 잡았다. 1987년 캐나다의 몰리 에너지라는 회사는 몰리셀을 출시하여 처음으로 리튬이온전지의 상용화에 도전했다. 그러나 거듭된 폭발사고로 결국 파산해 버렸다. 문제는 음극으로 사용한 리튬 금속에 있었다. 리튬 금속을 음극으로 사용하면 방전 시 음극에서 전자와 리튬이온이 양극으로 빠져나가고, 충전 시 양극에 있는 전자와 리튬이온이 음극 전극판에 다시 모인다. 이때 바늘 형태의 수지상 구조를 형성한 리튬 금속이 계속 성장하다가 양극에 닿으면 폭발을 일으킨다.[16] 리튬이 가진 여러 장점에도 불구하고, 이 치명적 문제 때문에 상용화에 실패할 수밖에 없었다.

리튬이온전지의 완성

이 문제를 해결한 것이 요시노였다. 1982년 아사히카세이라는 회사의 기술연구소에서 일하던 요시노가 리튬이온전지를 접한 것은 순전히 우연이었다. 원래 그는 전기가 통하는 플라스틱, 즉 전도성 고분자를 연구하고 있었다. 이에 폴리아세틸렌으로 여러 실험을 해보았는데, 이것을 2차 전지의 음극 재료로 쓸 수 있겠다는 생각을 하게 되었다. 그런데 그와 조합할 만한 양극 재료가 없었고, 요시노의 프로젝트는 좌초 위기에 놓였다. 할 일이 없어진 그는 이런저런 논문을 읽으며 시간을 보내게 되었다. 그때 우연히 구디너프의 리튬이온전지에 대한 논문을 읽은 것이다. 요시노는 구디너프가 쓴 리튬 코발트 산화물을 양극 재료로 쓰고, 폴리아세틸렌을 음극 재료로 써보자는 아이디어를 떠올렸다.[17] 실험 결과는 성공적이었다. 요시노가 시험 삼아 만든 리튬이온전지는 기존 어떤 제품보다 가벼웠다. 그래서 곧바로 특허를 내고 본격적인 리튬이온전지 개발에 착수했다.

물론 개발 과정이 순탄치는 않았다. 일단 폴리아세틸렌은 경량화에 강점이 있지만, 소형화에는 부적합했다. 결국 요시노는 폴리

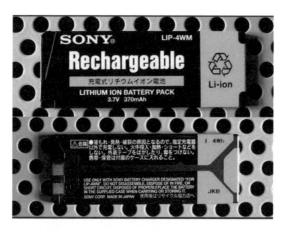

소니에서 생산한 리튬이온전지의 초창기 모델. 그때만 해도 용량이 매우 작았다.

아세틸렌을 포기하고 다른 대안을 시도했다. 4년여의 시행착오 끝에 석유 코크스라는 탄소 재료를 찾아냈다. 이건 일본에서도 쓰는 사람이 거의 없는 희귀한 재료였다. 그래서 이를 의심스럽게 여긴 경찰의 수사까지 받아야 했다. 요시노의 연구팀은 석유 코크스 실험의 와중에 몰리셀의 폭발 사고 소식을 접했다. 충격적인 뉴스였으나 오히려 성공을 확신하는 계기가 되었다고도 한다.[18] 몰리셀은 리튬 금속을 음극 재료로 썼지만, 요시노의 팀은 그와 대척점에 있는 석유 코크스를 도입했기 때문이었다. 이러한 예상은 잘 맞아떨어져서 안전성 문제는 해결되었다. 마침내 1991년, 요시노가 개발한 리튬이온전지가 소니를 통해 최초로 출시되었다.

리튬이온전지 상용화로 인간의 삶도 달라졌다. 충전해서 한 시간 남짓 쓰던 노트북은 몇 시간은 너끈히 쓸 수 있게 되었다. 여러 소형 가전기기도 충전식으로 바뀌었다. 무선 청소기가 대표적이다. 안전성을 이유로 니켈카드뮴전지를 고수하던 전기자동차 업계도 점점 리튬이온전지로 선회했다. 핸드폰은 더 말할 것도 없다. 누구나 생활필수품으로 리튬이온전지를 몇 개씩은 소유하는 세상이 되었다. 노벨재단도 이렇게 '충전 가능한 세상'을 만드는데 기여한 공로로 2019년 구디너프, 휘팅엄, 요시노에게 노벨화학상을 수여했다.

리튬이온전지라는 대세는 계속될 것으로 보인다. 리튬만 한 고효율 소재를 찾기도 어렵기 때문이다. 리튬 수요량은 2017년 25만톤에서 2025년까지 71만 톤으로 약 세 배 급증할 전망이다. 물론차세대 전지 연구는 꾸준히 진행되고 있으나, 대부분 리튬을 기본으로 한 변주들에 가깝다. 그런 만큼 리튬의 확보량과 가공능력이 국가경쟁력의 핵심이 되는, 리튬 전쟁의 시대가 도래할 가능성도 커지고 있다. 이 점에서 일본은 우리보다 몇 발자국은 앞서 나가고 있는 셈이다.

연구하기 좋은 환경

일본은 1949년 첫 노벨과학상(물리학)을 받았다. 현재까지 수상자 수는 총 스물다섯 명이다. 그 추이를 보면 특이한 점이 두 가지 발견된다. 첫째는 초반에는 수상자가 띄엄띄엄 나오다가, 2000년 이후로 급증한다는 점이다. 스물다섯 명 중에 2000년 이후 수상 자만 스무 명이다. 둘째로 초창기에는 물리와 화학 분야의 이론적 업적이 두드러지다가, 역시 2000년 이후에는 기술 개발이나 제품 발명 같은 실용적 성과들의 비중이 높아진다는 점이다. 이는 일본의 R&D 투자와 노벨상 수상까지의 시간차를 반영한 결과다.

노벨상은 보통 20~30년 전의 연구성과에 수여된다. 2023년 노벨생리의학상을 받은 코로나19 백신처럼 특별한 경우가 아니라면 말이다. 수상 대상은 인류의 삶을 근본적으로 바꾼 지식의 최초 발견자가 된다. 그런데 첫 발견에서 사람들의 일상생활을 실제로 변화시키기까지는 시간이 걸리기 마련이다. 리튬이온전지의 경우 1976년 첫 개발에서 1991년 상용화를 거쳐 그 효과와 영향력이 입증되기까지 20년이 넘게 걸렸다. 노벨상을 받는 다른 성과들도 이와 크게 다르지 않다.

따라서 2000년 이후 일본 노벨상 수상의 급증 이유는 1980년 대에서 원인을 찾을 수 있다. 1980년대는 일본의 성장이 최정점에 이른 거품경제 시대였다. 이때 일본 기업들은 미국을 턱밑까지 추격하며 엄청난 돈을 벌어들였다. 그리고 상당 부분을 R&D에 과감히 쏟아부었다. 이때의 대규모 투자가 20~30년 뒤 노벨상을 받을 만한 성과로 나타난 것이다. 전통적으로 일본의 과학기술에서 기업들의 역할은 중요했다. 이미 1960년대 초부터 기업 연구소 설립이 유행처럼 번져나갔다. 정부도 통산성 산하에 공업기술원(현재의 산업기술총합연구소)을 두어 기업 R&D를 재정적, 기술적으로 지원했다. 이러한 양상이 거품경제 시대를 맞으면서 시너지가 극대화한 것이다.

　당시 일본 기업들은 연구하기 좋은 환경으로 유명했다. 충분한 연구비를 주면서 원하는 연구에 대한 자유를 보장해 주었기 때문이다. 이공계 박사학위 취득자들은 보통 대학교수가 되기를 원한다. 그런데 이때 일본만큼은 예외였다. 유능한 인재들이 기업행을 택했고, 별의별 특이한 연구에 도전했다. 요시노도 바로 이때 기존 프로젝트의 실패를 딛고 리튬이온전지라는 고위험 고수익 연구에 재도전했다. 그리고 아사히카세이는 무려 10년 가까이 걸린 이 연구를 참을성 있게 지원해서 끝내 결실을 보았다. 이외에도 생체 고분자의 질량 분석기법을 개발한 다나카 고이치(2002년 노벨화학상), 청색 LED를 개발한 나카무라 슈지(2014년 노벨물리학상) 등 비슷한 사례는 많다. 일본이 리튬이온전지라는 유망 분야를 선점하고, 소부장에서 절대 강세를 보이는 이유다. 우리나라가 소부장 사태와 같은 상황에 다시 놓이지 않으려면, 심각하게 받아들여야 할 문제이기도 하다.

청색 LED와 빛의 혁명 3부작
장인 정신이 만든 빛

영화에 트릴로지라는 작품 형식이 있다. 세 개 작품을 시리즈로 연결해서 제작하는 방식, 즉 3부작이다. 한 편으로 담기 어려운 크고 복잡한 이야기를 세 개로 나누면 짜임새가 좋아진다. 또한 전편의 흥행 성적을 속편들로 이어갈 수도 있다. 이런 이유에서 〈대부〉, 〈백 투 더 퓨처〉, 〈다크 나이트〉, 〈반지의 제왕〉 등이 트릴로지로 제작되어 대히트했다. 이 작품들은 서사의 폭과 주제의식의 깊이에 있어서 대서사시 같은 느낌을 준다. 한 편씩 봐도 물론 뛰어나지만, 세 편을 하나의 완결된 체계로 보아야 비로소 진가를 맛볼 수 있다.

인류가 빛을 사용해 온 역사도 마치 장대한 트릴로지 영화 같다. 인류는 더 밝은 빛을 만들어내고 상용화하기 위한 세 단계를 거쳐왔다. 그리고 이 빛의 인공화 역사가 곧 문명의 발전과도 공명한다. 문명文明이라는 단어 자체가 글文과 빛明의 조합이다. 일상을 밝히는 전등은 물론 스마트폰, 컴퓨터, TV, 자동차 등이 모두 빛을 통해 작동한다. 그만큼 빛은 모든 인간 생활과 문명의 기본적인 전제다. 성경의 첫 문장이 "빛이 있으라"인 것도 우연이 아니다. 어두컴컴한 세상에서 일단 불부터 켜야 무슨 일이든 할 것이 아닌가.

약 40만 년 전 인류는 불을 발견했다. 인류 역사에서 불의 발견이 갖는 의미를 새삼 강조할 필요는 없을 것이다. 일단 생존의 최대 적이었던 추위에 맞서 몸을 따뜻하게 유지할 수 있게 되었다. 또한 밤을 밝혀 활동 시간을 연장했으며, 음식을 익혀 먹어 수명을 늘릴 수 있었고 토기와 같은 생활 도구들도 만들어냈다. 다만 불의 원시적 사용, 즉 모닥불, 횃불, 등잔불 등의 밝기는 극히 제한적이었고 오래가지도 못했다. 이 상태가 무려 몇만 년 동안 이어졌다.

세 번째 빛의 혁명

1879년 마침내 첫 번째 빛의 혁명이 일어났다. 에디슨이 필라멘트 백열전구를 발명한 것이다. 전구 안의 필라멘트가 고온의 백열 상태가 되어 빛을 내는 원리다. 이것은 자연의 신비였던 빛을 인간의 통제 범위로 속하게 했다는 점에서 문명사적 전환이었다. 덕분에 인류는 원하는 시간과 장소에서 자유자재로 빛을 사용할 수 있게 되었다. 다만 백열전구도 뭔가를 태워서 빛을 얻는 열 방사 방식이라는 점에서는 원시적 불과 다르지 않았다. 대부분 에너지가 열로 빠져나가고 빛으로 전환되는 비율이 달랑 5퍼센트였다. 뜨거운 열로 인한 화재 사고의 위험도 있었다.

두 번째 혁명은 1940년대 초반의 형광등이다. 형광등은 열을 동반하지 않고 빛을 내는 원리를 이용했다. 이걸 루미네선스라고 한다. 형광등은 특히 방사 루미네선스라는 방식을 채택했다. 유리관 안에서 수은 가스를 방전시키면 자외선이 나온다. 이를 형광 물질이 다시 가시광선으로 바꿔주는 원리다. 이는 백열전구의 열 방사보다 에너지 손실이 훨씬 적어서 효율이 10퍼센트에 이르렀다. 수명도 길고 화재 위험도 없었다. 다만 형광등에 함유된 수은이 유해 중금속이라는 문제가 있었다. 수은은 인체에 신경계 손상을 일으킬 수 있고, 물과 토양에 흘러 들어가면 환경오염을 유발했다. 그래서 폐형광등의 관리 비용이 꽤 필요했다.

세 번째 혁명이자 완결편이 1990년대 초반의 LED^{light emitting diode}(발광 다이오드)다. LED는 일단 발광 효율과 수명에 있어서 백열 전구와 형광등을 압도한다. 밝기 단위인 루멘^{lumen}을 적용해 보자. 1와트당 백열전구는 16루멘, 형광등은 70루멘이지만 LED는 무려 300루멘이다. 백열전구는 약 1000시간, 형광등은 약 8000시간 쓸 수 있다. 하지만 LED의 수명은 무려 3만 시간이다. 화재 위험도, 환경오염의 우려도 없다. 결국 혁명적 기술로 화려하게 등장했던 백열전구와 형광등은 역사의 뒤안길로 밀려나게 되었다.

LED는 팔방미인이다. 이걸 안 쓰는 곳을 찾기가 어렵다. 스마트폰, TV, 컴퓨터 등은 물론 가로등, 옥외광고판, 신호등, 자동차에도 쓰인다. 미적 효과도 뛰어나다. 하늘을 찌를 듯한 마천루가 20세기 자본주의의 야망을 대변했다면, 밤을 수놓는 LED의 향연은 21세기 기술문명의 찬란함을 상징한다. 여러 분야에 파급 효과도 일으킨다. LED 기술로 브라운관 TV는 사라지고 벽걸이 TV의 시대가 열렸다. 또 자동차의 전조등, 후미등, 방향지시등도 LED로 교체되면서 디자인의 제약이 확 줄었다. 요즘 자동차들의 날렵하고 파격적인 외관은 LED 덕분이기도 하다. 이뿐만 아니다. 살균과 소독 효과도 뛰어나고, 우울증 치료에도 활용된다.

하지만 LED는 인류에게 어느 날 갑자기 뚝 떨어진 선물이 아니다. 그것은 모두가 불가능하다고 여겼던 세기의 난제였다. 아이디어는 일찍 알려졌지만, 실용화가 쉽지 않았다. 기술의 진보는 쉬운 것에서 어려운 것으로 향한다. LED의 경우 색깔이 가장 어려웠다. 적색과 녹색에서 시작해 청색이 완성되기까지 수십 년이 걸렸다. 적Red, 녹Green, 청Blue이 모두 필요했던 이유는 삼원색RGB이 모여야만 조명으로 쓸 수 있는 백색을 만들 수 있었기 때문이다. 이건 인간의 눈과 연관되는 문제다. 망막에서 색상을 담당하는 원추세포가 적색, 녹색, 청색이다. 인간이 느끼는 빛의 색은 곧 이 원추세포들에 인식된 빛의 세기다. RGB만 가지고도 인간이 인식하는 빛깔을 상당 부분(약 8백만 가지) 재현할 수 있다. 삼원색의 마지막 단계였던 청색 LED는 과학자들의 끈질긴 노력 끝에 수십 년 만에

최소한의 과학 공부

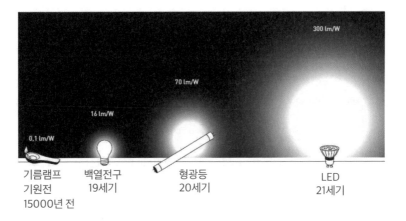

인류가 사용해 온 빛은 크게 세 번의 대도약(백열등, 형광등, LED)을 거쳐왔다. (출처: 노벨재단)

겨우 완성될 수 있었다. 그런데 의문이 생긴다. 같은 제품을 색깔만 다르게 만드는 게 그렇게 어려운 일이었을까?

청색이 어려웠던 이유

전자기파로서 빛은 고유의 파장대를 가지고 있다. 길이에 따라 나누면 전파, 마이크로파, 적외선, 가시광선(빨주노초파남보), 자외선, X선, 감마선이 된다. 즉 전파에서 감마선으로 갈수록 파장은 짧아지고 방출하는 에너지는 커진다. 이 중 시각적으로 인지할 수 있는 파장대가 가시광선이다. 가시광선에서는 적외선에 가까운 빨간색의 파장이 길고, 자외선에 가까운 보라색으로 갈수록 파장이 짧고 에너지가 커진다.

LED는 전기 루미네선스, 즉 전류를 흐르게 해서 빛을 내는 원리를 이용한다. LED라는 이름도 이 원리를 반영한 것이다. 반도체인 두 개의 전극 사이에 전류를 흐르게 하면, 전기에너지가 발광light emitting한다. 두 개의 전극은 양의 성질을 가진 p형 반도체와 음의 성질을 가진 n형 반도체를 붙여서 만든다. 이를 pn 접합이라고 한다. 여기에 전류를 흘러주면 마이너스 전하를 운반하는 전자가 이동하여 플러스 전하를 운반하는 정공과 결합한다. 그러면서 나오는 전기에너지가 빛의 형태로 발광하는 것이다. 이때 반도체에 사용하는 원소를 다르게 하면 방출되는 에너지의 양도 달라진다. 바로 이 에너지 크기의 차이에 따라 빛의 파장 길이가 결정되고 다른 색을 낼 수 있게 된다.

파장이 길고 에너지 차이가 작은 빛은 만들기 어렵지 않다. 그래서 적외선 LED는 아주 빨리 개발되었다. 1961년 텍사스 인스트루먼트의 제임스 비어드James Biard와 개리 피트먼Gary Pittman이 갈륨비소를 써서 만들었다. 적외선 LED는 인간이 인지할 수 없지만, TV 리모컨, 카메라 자동초점, 자동개찰기 등에 유용하게 쓰였다. 1962년에는 제너럴 일렉트릭의 닉 홀로니악이 갈륨·비소·인으로 적색 LED를 만들었다. 눈에 잘 띄는 색이라 아폴로 계획의 새턴 로켓에 표시등으로 사용되었다. 다만 이때까지 LED의 빛은 그리 밝지 못했다. 1958년 녹색 LED를 발명했으나 적색보다 훨씬 어두웠다. 그나마 녹색에 대한 인간의 시감도가 적색의 열 배 이상이어서 겉으로 보는 밝기는 비슷했다.

다음은 청색 LED 차례였다. 그러나 파장이 짧고 에너지 차이가 큰 청색은 만들기가 가장 어려웠다. pn 접합 구조에서 전자를 높은 곳까지 끌어올려 더 큰 에너지를 얻어야 했기 때문이다. 물리학적 계산을 통해 가능성 있는 재료 후보들이 제안되었다. 탄화실리콘, 셀렌화아연, 질화갈륨의 세 가지였다.[19] 이에 1970년대부터 독일의 지멘스, 미국의 3M과 크리, 일본의 도시바와 토요타 등 유수의 기업들이 치열한 경쟁을 펼쳤다. 그러나 큰 성과는 없었다. 1991년 크리가 최초로 사업화한 청색 LED는 밝기가 10밀리칸델라mcd에 그쳤다. 실내용으로 겨우 쓸 수 있는, 파랗다기보다 푸르스름한 빛이었다. 크리를 비롯한 많은 기업이 상대적으로 만들기 쉬운 탄화실리콘과 셀렌화아연으로 시도했다. 그러나 어둡다는 한계를 극복하지 못했다.

질화갈륨이라는 대안

반면 질화갈륨에 주목한 이들은 거의 없었다. 질화갈륨으로는 고품질의 단결정 박막을 만들기 어려웠기 때문이다. 반도체 재료는 결정격자가 깨끗한 구조로 이루어져야 전자와 정공이 잘 결합한다. 만약 전자와 정공이 제대로 결합하지 못하면, 빛이 나오지 않고 열로 바뀌고 만다. 질화갈륨 결정은 갈륨과 암모니아를 1100도의 고온에서 반응시켜 얻는다. 하지만 안정성이 떨어져 결정을 망가뜨리는 변수들이 생기기 일쑤였다. 이런 이유로 지멘스 연구진은 질화갈륨으로는 pn 접합을 만들 수 없다고 호언장담하기도 했다.

그런데 1989년 나고야대학교의 아카사키 이사무와 아마노 히로시 연구 팀이 세계 최초로 질화갈륨 p형 반도체를 만들었다. 질화갈륨은 안 된다는 오랜 고정관념을 깬, 새로운 돌파구를 연 성과였다. 연구팀은 1991년 새로운 질화갈륨 p형 반도체로 청색 LED를 만들어보았다. 밝기는 70밀리칸델라였다. 기존보다 진일보한 결과였으나, 상업적으로 판매할 정도는 아니었다. 게다가 정공 역할로 주입한 마그네슘도 문제였다. 저효율 고비용에 품질도 좋지 않았기 때문이다.[20] 상용화까지는 아직 가야 할 길이 멀었다.

1993년 니치아화학공업의 나카무라 슈지가 이 문제를 해결했다. 밝기 1칸델라에 이르는 청색 LED를 출시한 것이다. 2년 전 나온 크리의 제품보다 무려 100배나 밝은, 눈부실 정도의 파란 빛이었다. 당연히 여기에는 여러 기술적 난제들이 있었다. 그러나 직접 실험기기를 만들 정도로 타고난 엔지니어였던 나카무라는 맨땅에 헤딩하는 식으로 이를 해결했다.

가장 큰 문제는 질화갈륨 결정을 만들기 위해 기판 위에 암모니아 가스를 흐르게 하면, 너무 고온이라 열대류가 생겨 결정을 방해했다는 점이었다. 나카무라는 이 문제의 해결에만 1년여를 매달렸다. 그래서 완충 역할을 하는 다른 가스를 위에서 뿌려서 열대류를 억누른다는 해법을 찾아냈다. 다음 해에는 질화갈륨 p형 반도체의 대량생산에 성공했다. 아카사키 팀이 채택했던, 전자빔을 쏘아서 반도체를 만드는 방식은 많은 시간이 걸린다는 문제가 있었다. 나카무라는 800도로 열처리하는 방식을 고안해서 고품질의 반도체를 단시간에 완성했다. 이 두 가지 문제를 해결하자 비로소 시작품을 만들 수 있었다. 하지만 빛은 흐릿했다. 이제는 밝기를 높여야 하는 과제와 마주한 것이었다.

나카무라는 과감하게 pn 접합을 버리고 이중 이종접합이라는 새로운 기법을 도입했다. 두 종류의 반도체막을 조합해 성능을 현저히 높이는 획기적 방식이었다. 발명자인 허버트 크뢰머는 이 업적으로 2000년 노벨물리학상을 받게 된다. 다만 청색 LED에 이 방법을 쓰려면 질화인듐갈륨 결정막을 만들어야 했다. 다른 사람이라면 몰라도 나카무라에게는 큰 문제가 아니었다. 이미 그의 시그니처가 된 고품질의 질화갈륨 결정막 제작 기법을 응용하면 되었기 때문이다.[21] 이렇듯 나카무라는 마주하는 난제들을 하나씩 해결해 나감으로써 고휘도 청색 LED라는 전인미답의 경지에 도달할 수 있었다. 개발에 착수한 후 2년 넘게 아무런 사적인 약속도 잡지 않고, 하루 100차례가 넘는 실험을 거듭한 결과였다.

장인정신으로 극복한 난제

지난했던 청색 LED 개발을 관통하는 키워드는 장인정신일 것이다. 청색 LED가 엄청난 부를 가져다줄 것임은 일찍부터 예견되었다. 그래서 1970년대부터 자본력과 기술력을 갖춘 글로벌 기업들이 앞다투어 뛰어들었다. 하지만 최종 승자는 예상 밖의 인물들이었다. 아카사키, 아마노, 나카무라는 유명한 과학자들이 아니었다. 그나마 아카사키는 명문대 교수였지만, 아마노는 대학원생, 나카무라는 샐러리맨이었다.

세 사람에게는 남들이 꺼리는 분야에서 한 우물만 팠다는 공통점이 있다. 아카사키는 질화갈륨으로는 p형 반도체를 만들 수 없다는 학계의 고정관념에 맞섰다. "마치 황야를 혼자서 걷는 기분이었다"라고 술회할 정도로 고독한 연구였다. 아마노는 그런 아카사키의 진정성에 매료되어 제자가 되었다. 둘은 똑같은 실험을 1500회 넘게 반복한 끝에야 유의미한 결과를 얻을 수 있었다.[22] 나카무라는 반도체와 무관한 지방 중소기업의 개발과장이었다. 이름만 개발과였지 인력, 인프라, 예산 등 모든 자원이 부족했다. 동료들은 그가 돈이 안 되는 일, 엉뚱한 일에만 정신이 팔려 있다고 손가락질했다. 하지만 나카무라는 개의치 않았다. 오히려 "독창적 아이디어란 원래 비상식적이고 엉뚱하기 마련"이라며 주관대로 연구를 밀고 나갔다.

2014년 아카사키, 아마노, 나카무라는 청색 LED 개발 공로로 노벨물리학상을 수상했다. 본래 노벨물리학상은 자연의 원리를 밝힌 순수과학적 성과에 주로 주어졌다. 하지만 노벨재단은 "백열등에 비해 소비전력은 10분의 1이지만 수명은 100배 이상 지속되어 새로운 빛의 시대를 열었다"며 청색 LED에 시상을 결정했다. 특히 이 새로운 기술이 전력 부족을 겪는 15억 명의 개도국 국민에게 큰 혜택을 줄 것임을 높이 샀다. 이 수상을 두고 미국의 과학 저널은 우연한 발견이라고 평했다. 결과만 놓고 보면 그럴지도 모른다. 그러나 세 명의 과학자가 수년에 걸쳐 반복해 온 실험의 과정을 함께 본다면, 우연으로만 치부할 수는 없다. 아카사키의 말 속에 답이 있다. "모든 것이 우연이다. 그러나 모든 것이 필연이다."

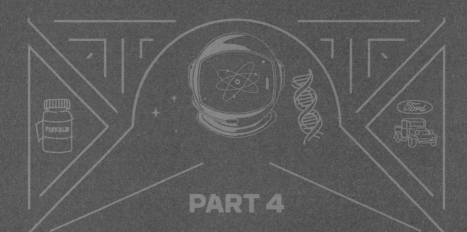

PART 4

철학

과학적 사유의
시작과 끝을 보다

지동설과 세계관의 전환
우주의 변방으로 밀려난 인간

과학은 언제, 어떻게 시작되었을까? 한마디로 정의하기는 어렵다. 고대 이래 세계 곳곳에서 다양한 형태로 과학이 존재했기 때문이다. 특히 과거 중국과 이슬람의 과학은 지금 봐도 놀라운 수준이었다. 다만 이를 오늘날의 과학과 직접 연결 짓기는 어렵다. 우리가 누리는 현대 과학기술문명의 기원은 16~17세기 유럽이라고 할 수 있다. 이때부터 인류는 모든 것을 신 중심으로 해석하는 중세적 사고에서 벗어나 경험적 지식과 합리적 이성을 핵심으로 하는 과학적 사유체계를 확립했다. 과학사가들은 이를 과학혁명scientific revolution이라고 한다.

과학혁명은 세계관의 전환에서 비롯되었다. 이 시기의 인류는 기존과 전혀 다른 관점에서 세계를 바라보고 해석했다. 그것은 사기객관화 과정이기도 했다. 사람은 태어나고 유년기를 지나면서 나와 내 것이라는 1차원적 관점에서 탈피한다. 그리고 타인과의 관계 속에서 3차원적으로 자신을 인식한다. 자기를 객관화하는 능력을 갖추는 것이다. 이러한 능력이 뛰어날수록 사람은 철이 들고 성숙해진다. 인류도 마찬가지였다. 자신을 객관적으로 인식하면서 세계관도 바뀌고 지적으로 발전하기 시작했다.

결정적 계기는 1543년에 있었다. 이 해 나온 책 한 권이 인류의 세계관에 균열을 일으켰다. 바로 니콜라우스 코페르니쿠스의 《천구[1]의 회전에 관하여De Revolutionibus Orbium Coelestium》다. 이 책은 기존의 천동설(지구중심설)에 맞서 지동설(태양중심설)을 제기한 것으로 유명하다. 당시의 보편적 관념을 정면으로 부정하는 주장이었기에 당연히 논쟁이 벌어졌다. 천문학에서 시작된 논쟁은 중세 사회 곳곳으로 일파만파 퍼져나갔다. 책 제목부터 상징적이다. 라틴어 Revolutionibus에 대응하는 영어는 Revolution이다. Revolution은 동사 Revolve에서 나왔다. 즉 회전을 의미한다. 이 책이 베스트셀러가 된 이후로는 여기에 혁명의 뜻이 추가되었다.

코페르니쿠스의 본업은 폴란드의 성당 참사원이었다. 요즘으로 말하면 미사 일정을 챙기고 교회 건물을 돌보는 관리직이다. 딱 봐도 업무가 많지 않을 것 같다. 그래서 코페르니쿠스는 남는 시간에 취미로 천문학을 연구했다. 그러다 기존의 세계관을 무너뜨리는 엄청난 일을 해낸 것이다. 어떻게 이런 일이 가능했을까?

아리스토텔레스와 프톨레마이오스의 우주

우선 중세인들이 우주를 어떻게 생각했는지부터 보자. 고등학교 세계사 시간에 배웠던 "철학은 신학의 시녀다"라는 문장을 기억할 것이다. 이것은 신 중심의 세계관, 신학이 학문의 최고봉이었던 중세의 특징을 보여주는 표현이다. 그런데 철학뿐만 아니라 천문학도 시녀였다. 중세에는 우주를 관측이 아닌 신학적 사고의 틀 안에서 인식했다. 이를 대변한 두 학자가 아리스토텔레스와 프톨레마이오스였다.

아리스토텔레스는 달을 경계로 우주를 천상계와 지상계로 나눴다. 우리가 사는 지상계는 물, 불, 흙, 공기의 4원소로 이루어진다. 그러나 천상계에는 에테르라는 영구불변하는 제5원소만 있다. 에테르로 인해 천체들(태양, 달, 행성 등)은 천구에 매달려 지구를 중심으로 등속원운동을 한다. 여기서 천체들이 그리는 '원' 모양이 중요하다. 이것은 관측 결과라기보다는 세계관의 반영이었다. 고대인들은 원이 기하학적으로 완벽하고 아름다운 도형이라고 여겼기 때문이다. 따라서 원은 천상계를 상징한다. 이러한 아리스토텔레스의 체계는 가톨릭 교리와도 잘 어울렸다. 가톨릭 세계관에서 신은 우주의 중심에 지구라는 천지를 창조한 존재다. 유한한 지상계 밖에는 영원불멸의 천상계가 있다. 지상계에서 삶을 다한 인간은 신이 다스리는 천상계로 들어간다. 톱니바퀴가 맞물리듯 논리가 딱딱 맞는다.

다만 아리스토텔레스의 우주론은 어디까지나 철학적 사유의 결과였다. 그래서 실제 관측 결과와는 어긋나는 부분들이 있었다. 대표적인 예가 화성이 지구와 반대로 움직이는 것으로 보이는, 이른바 역행 운동이었다. 오늘날에는 이것이 태양을 중심으로 도는 지구와 화성의 궤도 속도 차이로 인한 착시임을 안다. 하지만 지구를 중심으로 별들이 등속원운동을 한다는 천동설 관념에서는 있을 수 없는 일이었다.

이 문제를 해결한 이가 프톨레마이오스다. 그는 수학의 천재였다. 그래서 아리스토텔레스 체계에 가상의 원운동을 여러 개 추가해서 모순을 없앴다. 이 체계에 따르면 각 행성은 주전원이라는 가상의 원을 돈다. 그 주전원의 중심이 다시 지구 주위를 돌면서 이심원이라는 궤적을 그린다. 그런데 지구는 이심원의 중심과 일치하지 않으며 조금 더 벗어나 있다. 따라서 지구를 도는 행성의 궤도는 무한대 기호 모양(∞)으로 나타난다. 그래서 행성 운동이 일정하지 않고, 때로 지구와 멀어지는 것처럼 보인다.

프톨레마이오스는 복잡한 수학적 기법을 잔뜩 동원해 이 체계를 완성했다. 이 보정 작업에 사용된 천구만 80여 개에 이른다. 너무도 복잡해서 ∞모양으로 도는 행성 궤도들 때문에 눈이 어지러울 지경이었다. 하지만 이는 관측 결과와 부합했으며, 무엇보다 천체의 움직임을 잘 예측했다. 프톨레마이오스가 1500년 넘게 천문학의 왕으로 군림할 수 있었던 이유다. 그러니까 중세가 암흑시대라서, 중세인들이 무지해서 천동설이 강력히 지지받은 것만은

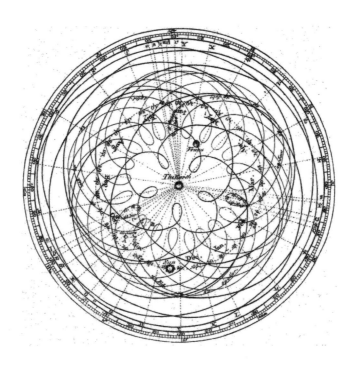

프톨레마이오스가 완성한 천동설 체계. 아리스토텔레스의 우주론을 뒷받침하기 위해 여러 보조원을 삽입한 결과, 대단히 복잡한 모양의 우주가 만들어졌다. 하지만 수학적으로는 정확했고, 이것이 프톨레마이오스가 중세 내내 천문학을 지배할 수 있었던 배경이었다.

아니었다. 천동설만큼 논리적으로 천체 운동을 설명한 이론이 그때까지 없었던 것이다. 이렇듯 천동설은 아리스토텔레스의 철학적 사유와 프톨레마이오스의 수학적 모델링이 합쳐지고, 교회의 신학적 권위까지 더해지면서 지배적 세계관으로 자리 잡았다.

철학적, 심미적 직관으로서의 지동설

코페르니쿠스도 본래는 프톨레마이오스주의자였다. 그러나 그 복잡성 때문에 결국 스승에게 반기를 들었다. 이것이 어떤 과학적 근거가 있어서는 아니었다. 코페르니쿠스는 프톨레마이오스 체계를 철학적, 심미적 직관에 따라 문제 삼았다. 신이 창조한 우주는 간단명료해야 했다. 이는 당시 유행하던 신플라톤주의 철학의 영향을 받은 것이다. 신플라톤주의에 따르면 우주는 신비한 힘으로 충만하고 수학적 조화를 이룬다. 이것은 철학적으로 타당할 뿐만 아니라 미적으로도 아름답다. 따라서 코페르니쿠스는 80여 개의 원이 난무하는 프톨레마이오스 체계를 이렇게 받아들였을 것이다. "나의 신이 만든 우주는 이렇게 너저분하지 않아!"

코페르니쿠스 필생의 목표는 이 체계를 조화롭게 단순화하는 것이었다. 그리고 어느 순간 지구와 태양의 위치를 맞바꾸면 많은 문제가 해결됨을 깨달았다. 태양이 우주의 중심이라는 발상은 분명 상식에서 벗어났다. 그러나 완전히 새로운 생각도 아니었다. 이미 기원전 3세기에 아리스타르코스가 이와 같은 주장을 했기 때문이다. 즉 역사 최초의 지동설 제창자는 코페르니쿠스가 아니라 아리스타르코스다. 하지만 철저한 비주류 견해였고, 프톨레마이오스가 천문학을 평정하면서부터는 완전히 잊혔다. 그로부터 1700년이 지나서 코페르니쿠스가 묻혀 있던 이 학설을 꺼내어 복원한 것이다. 이런 의미에서 코페르니쿠스의 지동설은 새로운 '발

견'보다는 '선택'에 더 가까웠다.[2]

《천구의 회전에 관하여》는 훨씬 간결하고 우아해진 지동설 체계를 선보였다. 이로써 태양계는 각 행성이 조화를 이루며 질서정연하게 궤도를 돌게 되었다. 흔히 말하는 오컴의 면도날, 즉 경제성 원칙에 근거한 논리적 추론의 전형이다. 코페르니쿠스는 책머리에 교황 바오로 3세에 대한 헌사를 썼다. 다음의 문장이 유명하다.

> 이는 한 화가가 각각 다른 모델로부터 잘 그려진 손, 발, 머리 등을 모아 자신의 그림을 완성하나, 그것이 한 사람으로 보이지 않는 것과 같으며, 조각들은 서로 전혀 어울리지 않으므로 그 결과물은 사람이라기보다는 괴물이 될 것입니다.[3]

통렬하면서 패기 넘치는 비판이다. 여기서 말하는 괴물은 당연히 프톨레마이오스 체계다. 코페르니쿠스는 어떻게든 이 괴물을 무찌르고 싶었다. 그러려면 기존에 없었던 충격적인 무기가 필요했다. 그것은 1700년 동안 아무도 생각해 본 적 없는, 지구와 태양의 위치를 바꾼다는 발상의 전환이었다. 《천구의 회전에 관하여》는 이러한 대담한 사고를 정밀한 논리로 뒷받침한, 코페르니쿠스 필생의 역작이었다.

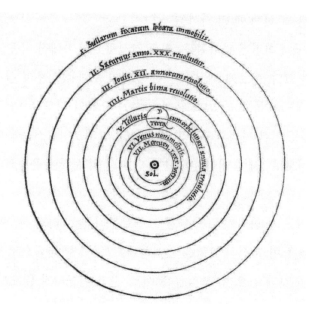

코페르니쿠스가 제시한 지동설 체계. 프톨레마이오스 체계보다 훨씬 간결하고 조화롭다. 이는 코페르니쿠스가 견지했던 신플라톤주의 세계관을 반영하는 것이기도 했다. 이러한 철학적, 심미적 이유가 지동설을 주창한 중요한 배경이 되었다.

하지만 한계도 있었다. 코페르니쿠스가 계산한 지동설 체계와 실제 행성 운동 사이에는 오차가 존재했다. 겉보기에 복잡해도 수학적으로 완벽했던 프톨레마이오스 체계와는 대비되었다. 사실 코페르니쿠스도 죽을 때까지 이 문제를 고심했으나 이유를 끝내 알아내지 못했다. 오차가 누적되자 결국 편법을 쓸 수밖에 없었다. 코페르니쿠스도 프톨레마이오스의 궤도 보정 장치(주전원, 이심원)를 똑같이 가져다 썼다. 그 결과 천동설과 지동설은 태양과 지구의 위치라는 근본 발상만 다를 뿐, 세부 논리와 방법론은 서로 비슷해

최소한의 과학 공부

졌다.

오차는 행성들이 등속원운동을 한다는 잘못된 전제 때문에 발생했다. 코페르니쿠스도 원이 완벽한 도형이라는 과거의 관념을 그대로 받아들였던 것이다. 코페르니쿠스가 발상의 전환을 통해 혁신적 아이디어를 제기한 것은 분명하다. 그러나 아직 '학문으로서의 과학'은 존재하지 않았다. 실험 방법론도 정립되지 않았고, 관측에 필요한 망원경도 발명되기 전이었다. 요컨대 천문학이 과학보다는 철학에 훨씬 가까웠던 시대였다. 그래서 이 책에는 과학연구서로 보기 힘든 요소들이 눈에 띈다. 예컨대 다음과 같은 부분이다.

모든 것의 중심은 태양이다. 이 가장 아름다운 신전에서 사방을 비출 수 있는 이곳 말고 대체 어디에 눈부시게 빛나는 이 불빛을 둘 수 있겠는가? … 그래서 태양은 왕좌에 앉아 그 주위를 돌고 있는 그의 가족, 즉 행성들을 지배한다.[4]

마치 고대의 서사시 같다. 코페르니쿠스가 고대의 세계관을 완전히 벗어나지 못했음을 보여주는 문장이기도 하다. 코페르니쿠스의 한계는 그로부터 시작된 과학혁명의 후배들이 극복했다. 요하네스 케플러는 행성들의 궤도가 원이 아니라 타원이라는 사실을 밝혀냈다. 갈릴레오 갈릴레이는 망원경을 이용해 지동설의 경험적 증거를 관측했다. 아이작 뉴턴은 행성 운동의 법칙을 수학으

폴란드 수도 바르샤바의 사회과학아카데미 앞에 있는 코페르니쿠스 동상. 코페르니쿠스가 출생한 토룬은 과거 폴란드와 독일이 번갈아 가면서 지배했다. 그래서 한때는 그가 독일인이라는 주장도 있었다. 지금은 프레데리크 쇼팽과 함께 폴란드가 세계에 자랑하는 역사적 인물이다.

로 정립했다.

이렇듯 코페르니쿠스는 '경계'를 상징하는 학자였다. 중세와 근대, 철학과 과학, 프톨레마이오스와 뉴턴의 경계에 그가 서 있었다. 천동설에서 지동설로의 전환은 역사에 이런 복합적인 경계들을 함께 만들어냈다. 과학철학자 토머스 쿤이 그를 '최초의 근대 천문학자이자 최후의 프톨레마이오스 천문학자'로 규정한 이유이기도 하다.[5]

중세의 연쇄적 균열

흔히 《천구의 회전에 관하여》는 성경에 반하는 내용 때문에 교회의 탄압을 받았다고 알려져 있다. 이 문제는 그리 간단하지 않다. 교회가 이 책을 금서로 지정한 것은 출간 73년 뒤인 1616년이다. 즉 교회는 꽤 오랫동안 이 책을 심각하게 여기지 않았다. 이미 교회는 출간 훨씬 전부터 지동설을 인지하고 있었다. 1533년 지동설 강의를 들은 교황 클레멘스 7세와 추기경들이 코페르니쿠스에게 출간을 재촉할 정도였다. 코페르니쿠스는 평생 가톨릭에 봉직한 사제로서 《천구의 회전에 관하여》를 교황에게 헌정했다.

그런데 나중에 보니 《천구의 회전에 관하여》는 중세 사상체계의 급소를 겨냥하고 있었다.[6] 이것은 중세의 천문학이 신학, 물리학, 화학, 의학 등과 구분이 어려울 만큼 통합되어 있었다는 사실에서 기인한다. 일례로 천상계는 신학의 성경과 곧바로 연결되었다. 또한 점성술 및 의학에서는 행성이 인간의 기질에 영향을 미친다고 이해되었다. 행성은 지상의 금속과 관련이 있었고, 인체는 소규모의 우주로 여겨졌다. 코페르니쿠스도 천문학자인 동시에 점성술사였으며 신학자이자 또 의사였다. 그래서 천문학이 한 번 뒤집히자, 사상의 전 체계가 연쇄적으로 균열을 일으키기 시작했다. 천장지제궤자의혈千丈之堤 潰自蟻穴, 작은 개미구멍으로 인해 높은 둑이 무너지는 모양새였다.

코페르니쿠스는 지구와 태양의 위치가 뒤바뀌었다는 세계관의 전환을 상징한다. 지구는 천지창조의 중심에서 우주의 변방으로 밀려났다. 신이 만든 세계에서 보살핌을 받는다고 믿었던 인간들은 강제로 홀로서기를 당했다. 그리고 각성했다. 우리는 특별한 존재가 아니라, 우주를 구성하는 수많은 물질 중 일부일 뿐이라고. 이로써 인간은 중세를 지배한 종교적 믿음에서 벗어나 자신을 객관화할 수 있었다. 근대를 만든 새로운 세계관, 과학적 사유는 바로 그 지점에서 싹트기 시작했다.

기계론과 인간-자연 관계의 변화
자연을 기계처럼 다루기

우리는 매일 자연을 극복하면서 산다. 현대 과학기술문명은 자연이라는 자원을 통제하고 가공함으로써 성립한다. 나는 도시에 사니까 자연과 거리가 멀다고? 당장 씻고 마시는 데 쓰이는 엄청난 양의 물을 생각해 보라. 어디 물뿐인가. 매일 먹는 곡식, 고기, 생선, 과일 등 식량도 자연에서 온 것이다. 인간이 물과 식량을 자유롭게 쓸 수 있게 된 것은 그리 오래되지 않았다. 물은 19세기 상하수도의 발명과 20세기 대형 댐의 건설을 통해 비로소 '물 쓰듯' 이용할 수 있게 되었다. 식량도 마찬가지다. 20세기 암모니아를 인위적으로 합성해 비료 생산에 크게 이바지한 하버-보슈법 등장 전까지 기아는 인류의 가장 큰 적이었다. 그걸로도 부족해 최근에는 유전자 변형 식품까지 시도되고 있다. 이렇게 몇 문장으로 적으니 그랬나 보다 싶지만, 여기에는 자연을 극복하기 위한 험난했던 역사가 있었다. 현대인에게 필수인 이동수단, 전자제품, 주거시설 등도 모두 비슷한 과정을 거쳐 물리법칙을 극복한 결과다. 우리는 이러한 문명의 이기 덕분에 손쉽게 자연을 극복해 가면서 살고 있다.

그렇다면 질문이 생긴다. 인간은 어쩌다 자연을 극복하겠다는 생각을 하게 되었나? 즉 인간을 자연에 도전하게 만든 철학적 근거는 무엇이었나? 물론 고대 이래로 오랫동안 인간은 자연을 이용하면서 살아왔다. 그러나 자연보다 우위에 서서 적극적으로 통제할 수 있게 된 것은 근대과학이 발전하면서부터다. 이는 자연을 바라보는 관점이 근본적으로 변화하면서 가능할 수 있었다. 이전까지 자연은 신비와 두려움의 대상이었다. 하지만 어느 시점에선가 인류는 자연을 이해와 조작이 가능한 대상으로 규정했다. 근대의 정신적 기초를 이룬 과학적 사유가 그렇게 시작되었다.

자연은 헛된 일을 하지 않는다

자연에 대한 탐구는 본래 철학의 몫이었다. 자연의 본질을 규명하는 철학 분과인 자연철학이 그 역할을 했다. 근대 초기만 해도 현미경과 미적분 같은 과학 연구의 기초 도구조차 없었다. 그래서 자연의 탐구가 철학적 사유의 성격을 띠었다.

중세까지 자연철학의 최고 권위자는 아리스토텔레스였다. 그는 독창적인 물질론, 운동론, 우주론을 창안했고, 더 나아가 이를 하나의 체계로 통합했다. 아리스토텔레스 자연철학의 핵심 명제는 "자연은 헛된 일을 하지 않는다"였다. 아리스토텔레스에 의하면 자연은 뚜렷한 목적에 따라 운동하는 하나의 유기체다. 이를 목적론이라고 한다. 목적론은 자연철학이 신학과 연결되는 매개가 된다. 한번 생각해 보자. 유기체로서 자연이 움직이는 목적을 과연 누가 정할 수 있을까? 신 말고는 불가능하다. 이렇듯 아리스토텔레스 철학은 자연을 논리적 탐구 대상으로 삼으면서도, 가장 근원에 신이라는 불멸의 절대자가 존재함으로써 (적어도 중세인이 보기에) 완벽해질 수 있었다.

하지만 17세기 들어 아리스토텔레스 철학은 강력한 도전에 부딪혔다. 하필 17세기인 것은 우연이 아니다. 유럽 역사에서 17세기는 단절과 전복의 시기다. 종교갈등으로 촉발된 30년 전쟁(1618~1648)이 전통적 질서를 해체하고 새로운 가치를 구축했다. 전쟁의 결과 신성로마제국을 중심으로 한 가톨릭의 권위는 크게 실추되었다. 대신 프랑스, 스웨덴, 네덜란드, 스위스 등의 근대국가들이 부상했다. 귀족들은 대거 소멸하고, 부르주아지가 권력을 쟁취하였다. 사상과 학문도 예외일 수 없었다. 전쟁은 국가의 흥망뿐만 아니라 인간의 사유에도 지대한 변화를 일으키기 마련이다.

새로운 학문의 기수들은 자연을 전혀 다르게 정의하며 아리스토텔레스에 반기를 들었다. 우선 이들은 자연현상에 목적 따위는 없다고 보았다. 이들이 생각한 자연이란 그저 물질들의 조합에 불과했다. 따라서 자연에 '왜'라는 질문은 별 의미가 없다. 자연이 운

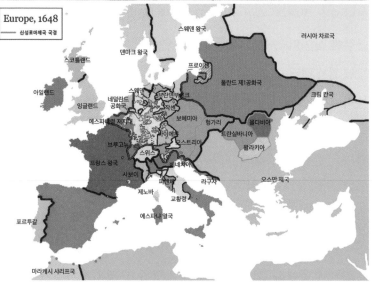

프랑스 화가 자크 칼로가 1632년 그린 30년 전쟁의 참상(위쪽). 처형한 시체들을 나무에 매달아 놓고 있다. 30년 전쟁이 끝나고 1648년 베스트팔렌 조약이 체결되면서, 유럽은 근대 국가체제로 이행하게 된다(아래쪽). 경험주의와 합리주의는 이러한 격동기가 낳은 지적 혼란을 바로 잡고, 과학적 지식을 확립하기 위해 탐구되었다.

동하는 이유는 (마치 기계가 그러하듯) 원래 그렇게 프로그래밍되어 있어서다. 왜 그런지는 알 수도 없고 알 필요도 없다. 더 중요한 질문은 '어떻게'다. 즉 자연이 운동하는 목적이 아니라, 메커니즘을 밝혀야 한다. 이러한 인식의 전환은 인간과 자연의 관계를 근본적으로 변화시켰다. 목적론에 따르면 자연은 신의 뜻에 따라 움직인다. 인간의 의지를 벗어나는 일이다. 그런데 자연이 물질들의 객관적 구성이라면? 인간은 관찰과 분석을 통해 그 법칙을 이해할 수 있다. 자연을 통제하고 인간에 유리하게 활용하는 것도 가능하다. 이러한 철학적 입장을 기계론mechanism이라고 한다. 이름 그대로 자연을 기계처럼, 인간이 다룰 수 있는 대상으로 인식하는 것이다. 그렇다면 어떤 방법으로 자연을 이해하고 조작할 것인가? 기계론은 이를 두고 크게 경험주의empiricism와 합리주의rationalism로 나뉘었다.

아는 것이 힘이다

경험주의의 요체는 감각의 경험을 통해 자연법칙을 이해할 수 있다는 것이다. 그러니까 일종의 현실론이다. 현실과의 상호작용을 적극적으로 받아들이고 해석하여 유용한 지식을 얻겠다는 전략이다. 이 같은 관점에서 보면, 아리스토텔레스 철학은 절대적으로 올바른 제1원리로부터 모든 문제가 논증된다는 닫힌 체계였다.[7] 이러한 연역법은 논증의 전제들이 참일 때만 올바른 결론에 이른다. 그런데 각 전제의 진위 판별에는 무력하다. 그래서 많은 사람이 피상적 관찰로부터 일반화시킨 법칙을 무비판적으로 받아들이게 된다. 설사 이렇게 얻은 결론이 타당한들, 그 논증 안에서만 유의미할 뿐이다. 새로운 지식으로의 확장에는 별로 기여하지 못한다.

영국의 프랜시스 베이컨은 경험주의를 학문으로 체계화했다. 그는 지식을 얻는 방법으로 귀납법을 사용했다. 귀납법은 수많은 사실을 체계적으로 분류·정리하여 일반화 수준을 높임으로써 진리에 도달한다. 따라서 경험주의를 실천하려면 우선 방대한 데이터를 모아야 한다. 그리고 그 속에서 가치 있는 것을 가려내 분석·종합해 내야 한다. 그래야만 사실의 일반화가 가능하다. 이렇게 일반화한 지식은 수집된 사실의 단순 합을 넘어서는 범위를 포괄할 수 있다. 이를 통해 처음에는 없었던 새로운 사실도 예측할 수 있다.

베이컨에게 학문이란 사변적 이해가 아닌 실질적 기술을 의미했다. 그래서 당시만 해도 생소했던 진보advancement와 진전progression의 개념을 학문에 도입했다.[8] 지식이란 그냥 앎에서 끝나는 것이 아니라, 인간 삶의 개선에 쓰여야 한다는 것이다. 이것은 인간이 오랫동안 유지해 온 삶의 태도를 바꾸는 것을 의미한다. 자연을 바라만 보는 관조적 삶에서 벗어나, 자연에 직접 개입하는 실천적 삶을 살아야 한다는 것이다. 이 실천을 가능케 하는 학문이 경

베이컨과 그의 대표작 《학문의 진보》 표지. 그는 학문에 진보와 진전의 개념을 최초로 도입했다. 베이컨에 의하면, 학문은 자연을 조작해서 인간에 유용한 지식과 기술을 얻기 위한 행위다. 그것이 곧 진보다. 책의 표지도 이러한 의미를 상징한다. 커다란 배가 지브롤터 해협 어귀의 헤라클레스 기둥을 지나 먼 바다로 나가고 있다. 지브롤터 해협은 유럽에서 대서양으로 나가는 관문이다. 베이컨은 자신의 학문적 기획을 신세계의 문을 연 대항해에 비유한 것이다.

험적 지식에 근거한 과학이다. 유명한 "아는 것이 힘이다scientia potentia est"라는 테제는 이 맥락에서 이해된다. 흔히 생각하듯 아는 것이 많아야 출세도 하고 권력도 누릴 수 있다는 뜻이 아니다. 주어인 '아는 것', 즉 라틴어 scientia는 과학science을 의미한다. 서술어의 '힘'은 자연을 변화시키는, 강하게 표현하면 자연을 지배하는 기술이라고 할 수 있다. 요컨대 이 문장은 인간과 자연의 역사적 관계를 재규정하려 한 베이컨의 큰 그림을 반영한다.

나는 생각한다, 고로 존재한다

유럽 대륙에서는 영국 경험주의와는 다른 형태의 기계론이 대두되었다. 바로 합리주의다. 합리주의의 목표는 어떤 상황에서도 불변하는 절대적인 지식을 확립하는 것이었다. 이는 17세기 유럽의 상황을 반영하는 것이기도 했다. 중세적 세계관은 해체되고, 교회의 권위에 기댔던 학문의 정당성이 무너졌다. 하지만 새로운 지적 대안은 나타나지 않았다. 혼란을 틈타 극단적 회의론이 득세했다. 17세기 초반을 풍미한 고대 그리스의 피론 철학은 확고한 진리란 없고, 있다 해도 그 기준이 불분명하다고 주장했다. 무엇을 믿어야 할지, 무엇을 기준으로 판단해야 할지, 누구도 확실히 말해 주지 않는 시대였다.

합리주의를 정초한 르네 데카르트의 이론적 출발이 이 지점이었다. 그는 절대 진리를 무기로 삼아 회의론으로 대표되는 지식의 위기를 정면 돌파하려 했다. 그 방법이 독특했다. 데카르트는 회의론의 논리적 힘을 받아들여야만 그들을 논파할 수 있다고 보았다. 따라서 데카르트 철학에서도 회의는 핵심 개념이 된다. 다만 회의 자체를 진리로 받아들인 피론과 달리, 데카르트의 회의는 수단일 뿐이었다. 이를 '방법적 회의'라고 한다.

데카르트는 방법적 회의를 극한까지 몰고 갔다. 그에 따르면 진리란 전혀 의심의 가능성조차 없는, 100퍼센트 확실한 사실이다. 단 0.1퍼센트라도 의심의 여지가 있다면 진리의 후보에서 가차 없

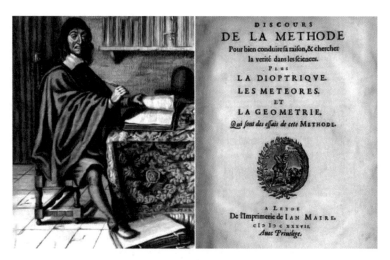

데카르트와 그의 대표작 《방법서설》 표지. 왼쪽 그림에서 데카르트가 밟고 있는 것은 아리스토텔레스의 저서다. 그는 방법적 회의를 통해 어떤 상황에서도 100퍼센트 확실한 지식을 갖추려고 했고, 이를 토대로 합리주의 철학을 구성했다.

이 탈락한다. 한 가지 예를 들어보자. "올해는 2024년이다"라는 명제는 진리인가? 길 가는 사람을 붙잡고 물어보면 대부분 그렇다고 할 것이다. 그러나 데카르트적으로 의심해 보면 그렇지 않다. 2024년은 서기력을 기준으로 산정한 것인데, 어떤 이유로 역법이 바뀌었고 그 정보를 나는 아직 모를 가능성이 있기 때문이다. 이렇듯 어떤 가능성도 남기지 않고 부정에 부정을 거듭해 최후까지 남는 지식이 진리라는 것이 데카르트의 주장이었다.

합리주의 관점에서 보면 세상은 진리를 방해하는 요소로 가득하다. 인간이라면 으레 가진 편습, 경험, 선입견 등이 그렇다. 특히 데카르트는 베이컨과 달리 감각에 의한 경험은 진리가 될 수 없다고 못 박았다. 인간의 감각 능력은 다 제각각이다. 실제로 같은 현상을 사람마다 달리 해석하는 경우를 자주 볼 수 있다. 몇 년 전 인터넷에서 하나의 원피스를 두고 어떤 사람들은 파검(파란 바탕에 검정 줄무늬)이라 하고, 또 어떤 사람들은 흰금(흰 바탕에 금색 줄무늬)이라 했었다. 이는 사람은 자신이 볼 수 있는 만큼만 본다는 것을 시사한다(심한 경우 보고 싶은 것만 보는 사람들도 있다).

경험주의가 현실론이라면 합리주의는 당위론이다. 합리주의자들은 사람에게는 진리에 이를 수 있는 이성의 능력이 있다고 본다. 수학적 지식이 대표적이다. 삼각형의 꼭짓점이 세 개라든지, 두 점을 최단 거리로 이으면 직선이 된다는 것 말이다. 데카르트는 의심의 화신답게 이성이 진리를 얻을 수 있는지 스스로 검증했다. 우선 자신의 사유가 사실은 악마가 조작한 것이라는, 아주 극단적인 가정을 했다. 이때 아무리 악마가 방해해도 참일 수밖에 없는 명제가 있을까? 절대 의심할 수 없는 것이 한 가지 있었다. "나는 의심하고 있다"라는 사실이다. 의심은 곧 생각의 발로다. 여기서 "나는 생각한다, 고로 존재한다cogito, ergo sum"라는 명제가 도출된다. 데카르트는 이 명제를 제1원리로 삼아 절대적 지식의 체계를 쌓아 올렸다.

자연철학에서 과학으로

경험주의와 합리주의는 진리에 이르는 방법에 대해 화해할 수

최소한의 과학 공부

없는 차이를 보였다. 그래서 툭하면 논쟁이 붙었다. 경험주의자들은 인간에게 타고나는 이성적 능력이란 없다고 비판했다. 합리주의자들이 금과옥조처럼 삼는 수학도 마찬가지다. 그렇다면 수를 모르는 백치나 특정 수 이상의 개념이 없는 민족은 어떻게 설명할 수 있는가? 경험주의자들은 인간이란 하얀 도화지와 같다고 한다. 여기에 경험이라는 물감으로 지식이라는 그림을 그려나가는 것이다. 합리주의자들의 반론은 이러했다. 인간 이성이 창조될 때, 미래에 생각하게 될 모든 관념이 잠재적으로라도 내포된다. 따라서 이성은 점점 고도의 판단을 할 수 있도록 완성되는 것이다.

하지만 경험주의와 합리주의는 공통점이 더 많았다. 여러 이견과 논점 차이에도 불구하고, 두 사조는 다음과 같은 기반을 공유했다.

첫째로 지식의 주체로서 인간을 자연보다 우위에 두었다. 아리스토텔레스의 자연철학에서 인간은 자연을 상대로 할 수 있는 일이 별로 없었다. 하지만 경험주의와 합리주의의 시대에 이르러 인간은 지식을 사용해 자연에 개입할 수 있는 주체가 되었다. 베이컨은 인간이 자연을 마음먹은 대로 이용할 수 있는 지식의 증대가 곧 학문의 진보라고 했다. 데카르트도 철학의 목적은 인간의 복리를 도모함에 있다고 했다. 데카르트가 그렇게 수학에 집착한 것도 이런 이유에서였다. 자연이라는 거대하고 복잡한 존재를 좀 더 수월하게 통제하고 싶었던 것이다. 이렇듯 경험주의자와 합리주의자 모두 자연을 일정한 법칙에 따라 돌아가는 기계로 인식했다.

그들의 철학이란 이 기계를 써먹기 위한 매뉴얼과도 같았다.

둘째로 고유의 방법론을 확립해 과학을 철학으로부터 독립시켰다. 당시 초보적이라도 과학으로 분류되는 경향은 계속 늘어나고 있었다. 하지만 결정적으로 관념의 틀을 벗어나지 못했다. 과학을 철학과 구별하는 독자적 방법론이 부족해서였다. 경험주의와 합리주의는 자연을 조작 가능한 대상으로 규정함으로써 과학적 방법론을 발전시켰다. 경험주의는 실험의 중요성을 일깨웠다. 본래 학문은 고귀한 정신적 활동이었고, 손과 기구를 써서 자연을 직접 주무르는 것은 비천한 일로 여겨졌다. 경험주의는 이러한 관념을 반전시켜 무엇이 진리인지 학자가 직접 확인해 보아야 한다는 방법론을 확립했다. 합리주의는 수학의 발전을 이끌었다. 철학, 문학, 예술 등은 하나의 주제에 대해서도 수백 가지 해석이 존재한다. 하지만 수학에서는 모든 것이 계산 가능하며 확실한 정답을 도출할 수 있다. 그래서 수학과 이성은 찰떡궁합이다. 이렇듯 경험주의와 합리주의는 아직 미성숙했던 과학에 실험과 수학이라는 강력한 무기를 전해 주었고 이로써 과학이 독자적 학문으로 성장할 수 있었다. 오늘날에도 실험과 수학이 없는 과학은 상상할 수도 없다.

최소한의 과학 공부

뉴턴역학과 결정론의 확립
수학으로 기술하는 우주

수학은 왜 배워야 할까? 문과생이라면 특히 강하게 품었을 질문이다. 많은 학생이 수학에 대한 공포 때문에 문과를 선택한다(나도 그랬다). 문과 수학이 이과보다는 쉽기야 하다. 하지만 문과생의 대다수가 잠재적 수포자인 마당에 그 차이란 오십보백보다. 요즘은 어떤지 모르겠으나 예전에는 문과 수학도 만만치 않았다. 집합에서 시작해 방정식, 함수, 미적분을 거쳐 확률과 통계로 이어졌다. 문과생에게는 복마전 같은 이름들이다. 게다가 우리나라 수학 교육은 지겹도록 반복적이다. 개념을 익히고 공식을 외우고 문제를 푼다. 그러니 질문이 생긴다. 대체 이 짓을 왜 해야 하지? 안 그래도 어려운데, 왜 해야 하는지 설명은 해줘야 하잖아?

그 많은 수학 선생님 중에 이 의문을 해소해 주는 분은 드물다. 물론 수학에 대한 동기 부여의 말씀이야 늘 해주신다. 백이면 백,

"수학 못 하면 명문대 못 간다"라는 협박으로 수렴되어서 그렇지. 이런 협박은 수학에 대한 반감만 더 키운다. 솔직히 인정하자. 수학 시간에 배운 공식은 일상에서 쓸 일이 거의 없다. 사칙연산만 할 줄 알면 그냥 사는 데는 아무 문제 없다.

수학의 필요성은 실용보다는 가치에 있다. 수학은 세상을 보는 안목을 높여준다. 정연한 논리와 날카로운 통찰을 갖추어 준다. 수학으로 훈련된 사람의 사유는 장삼이사에 비할 수 없다. 문과식으로 말하면 이렇다. 칸트철학이나 근대유럽사를 아는 사람은 그렇지 않은 사람과 교양의 차원이 다르다. 원래 아는 만큼 보이는 법이다. 그리고 보이는 만큼 삶은 풍요로워진다. 수학도 다르지 않다.

F=ma가 위대한 이유

아이작 뉴턴을 보면 수학이 얼마나 위대할 수 있는지 알 수 있다. 흔히 뉴턴은 물리학자로 알려졌다. 그러나 17세기 당시 물리학은 아직 학문으로서 존재하지 않았다. 뉴턴은 자신을 수학자로 여겼다. 그의 직함은 케임브리지대학교 수학 석좌교수였다. 그리고 불멸의 명저 《자연철학의 수학적 원리philosophiae naturalis principia mathematica》를 썼다. 이 긴 제목을 줄여서 보통 《프린키피아》라고 한다. 라틴어로 '원리'라는 뜻이다. 그러니까 뉴턴의 책은 원리 그 자체로 통한다.

《프린키피아》에서 뉴턴은 자연의 운동을 세 가지 법칙으로 정식화했다. 고등학교 물리 시간에 배우는 그 법칙 맞다. 관성의 법칙, 힘과 가속도의 법칙, 작용과 반작용의 법칙. 설령 물리 시간에 졸았다고 해도 F=ma(힘=질량×가속도) 공식은 기억할 것이다. 자연의 가장 본질적 요소인 힘과 속도의 관계를 나타낸 것이다. 그대로 해석하면 힘이 존재해서 물체의 운동에 변화, 즉 가속도가 생긴다는 뜻이 된다. 짧은 공식이지만 여기에는 역사적, 철학적 함의가 있다. 오랫동안 인간에게 자연은 두려움의 대상이었다. 그 원리는 신의 뜻, 마법, 우연 등으로 이해되었다. 그러나 뉴턴은 인간의 이성으로 자연의 인과적 체계를 파악할 수 있음을 증명했다. F=ma는 그 최초의 사례다.

《프린키피아》의 하이라이트는 역시 만유인력이다. 만유인력은 모든 물체에 존재하는 끌어당기는 힘을 말한다. universal gravitation을 일본에서 萬有引力이라고 번역한 것을 우리도 그대로 쓰고 있다. 그래서 보편중력이 맞는 번역이라는 주장도 있다. 여기서 중요한 것은 중력의 의미다. 이를 '지구가 당기는 힘'으로 인식하는 경우가 꽤 있다. 뉴턴이 떨어지는 사과를 보고 영감을 얻었다는 일화 때문에 더 그렇다. 그러나 중력과 만유인력은 같은 개념이다. 지구만 사과를 끌어당기지 않는다. 사과도 지구를 끌어당긴다. 지구는 달과 태양도 끌어당긴다. 태양도 마찬가지여서 지구, 달 그리고 사과를 끌어당긴다. 그 작은 사과조차도 지구, 태양, 달을 끌어당긴다. 이렇듯 모든 것이 모든 것을 끌어당기는 힘이 만유인력이고 중력이다. 그것도 무한히 멀리까지. 물론 멀어질수록 끌어당기는 힘은 약해진다. 뉴턴은 물체 간 끌어당기는 힘의 크기는 거리의 제곱에 반비례한다고 했다. 이른바 역제곱 법칙이다. 뉴턴의 설명이다.

만약 실험과 천문 관측으로 지구 주위의 모든 물체가 질량에 비례해 지구에 의해 중력을 받는다는 것, 달도 마찬가지로 질량에 비례하여 지구에 의해 중력을 받는다는 것, 한편으로 바다도 달에 의해 중력을 받는다는 것, 그리고 모든 행성이 서로 중력을 받는다는 것, 혜성도 태양에 의해 중력을 받는다는 것이 보편적으로 드러난다면, 이 법칙의 결과로 우리는 모든 물체가 그것이 무엇이든 상호 중력의 원리를 갖고 있음을 보편적으로 허용해야 한다.[9]

뉴턴의 위대함은 이 '보편성'의 확립에 있다. 보편성은 예외란 없다는 뜻이다. 뉴턴은 서로 무관해 보이는 사물들 속에서 예외 없이 관철되는 법칙을 찾아냈다. 나무에 달린 사과, 지구의 바다, 하늘에 뜬 태양과 달, 우주를 지나는 혜성에게는 모두 만유인력이라는 법칙이 작용한다. 이 법칙은 우주의 탄생부터 모든 물체에 적용되었고 앞으로도 그럴 것이다. 이렇듯 뉴턴은 수학을 이용하여 자연의 근원에 존재하는 보편의 원리를 인간이 이해할 수 있는 법칙으로 만들었다. 이것은 과학이라는 학문의 본질이자 정체성이기도 하다.

《프린키피아》의 첫 페이지(위쪽)와 본문 일부(아래쪽). 근대과학의 토대를 확립한, 인류 역사상 가장 중요한 책 중 한 권이다. 뉴턴은 어중이떠중이들이 이 책에 시비를 거는 것을 막기 위해서, 기하학과 라틴어를 동원해 일부러 어렵게 썼다.

수학의 보편성과 객관성

뉴턴은 중세와 근대가 겹치는 시대를 살았다. 30년 전쟁으로 교회의 권위는 무너졌지만 신 중심의 사유와 관념이 사라진 것은 아니었다. 여전히 사람들은 우주가 천상계와 지상계로 나뉜다고 믿었다. 신이 통지하는 무한한 천상계와 사람늘이 살아가는 유한한 지상계는 전혀 다르게 운영된다고 생각했다. 하지만 뉴턴은 하늘과 땅, 우주와 지구를 지배하는 단일한 원리를 증명했다. 지구 상의 사과부터 저 멀리 태양과 혜성에 이르기까지 어떤 것도 예외는 없다. 수천 년 동안 인류를 지배해 온 이원론적 세계관을 하나로 종합해 버린 것이다.

뉴턴의 종합을 가능케 한 것이 수학이다. 수학이야말로 뉴턴이 확립한 보편 법칙의 기술에 유용한 도구다. 수학은 누가 어디서 어떻게 계산하든 모두 같은 결론에 이른다. 그야말로 보편과 객관의 학문이다. 데카르트를 비롯한 합리주의자들이 수학으로 세상의 모든 이치를 설명하려고 한 이유이기도 하다. 따라서 데카르트의 로망이었던 보편수학의 원대한 비전은 뉴턴에 의해 실현되었다고도 할 수 있다.

특히 뉴턴이 발명한 미적분이 지대한 역할을 했다(미적분으로 고생하는 학생들은 뉴턴을 원망해도 된다). 미적분은 동적인 변화를 다루는 수학이다. 그래서 운동의 계산에 적합하다. 운동을 계산한다는 것은 시간에 따라 빠르게 또는 느리게 움직이는 물체의 위치를 알아낸다는 의미다. 미분은 시간을 아주 잘게 쪼갬으로써 순간순간 달라지는 변화의 비율을 계산(적분은 그 반대다)해 낸다. 그러니까 시간에 따른 위치변화율이 속도고, 속도변화율이 가속도다. 따라서 물체의 위치와 속도라는 초기 조건을 알면, 가속도를 계산해 그 운동을 예측할 수 있다. 뉴턴이 태양계 행성들의 운동을 한 방에 설명할 수 있었던 비결이 이것이었다. 행성의 공전주기에 따른 위치 변화로 거리, 시간, 속도, 가속도를 구할 수 있다. 그리고 행성을 궤도에 묶어놓는 힘인 만유인력을 태양과 행성들 사이의 거리로 나타낸 것이다.[10] 만유인력이라는 눈에 보이지 않는 현상의 기술은 이렇듯 수학으로 가능했다. 미적분을 만유인력, 광학 연구와 함께 뉴턴의 대표적 업적으로 꼽는 이유다.

결정론적 세계관

뉴턴에 의한 보편 법칙의 확립은 새로운 세계관을 만들어냈다. 이른바 결정론이다. 결정론은 말 그대로 세상 모든 것이 결정되어 있다고 생각하는 사상이다. 얼핏 들으면 무슨 운명론이나 숙명론 같다. 그러나 근대과학에서의 의미는 좀 다르다. 근대과학에서 결정론은 원인을 알면 결과도 예측할 수 있음을 함의한다. 수학의 공리에서 출발해 행성을 포함한 모든 물체의 운동을 설명해 내는 뉴턴역학은 결정론의 전형을 보여준다. 뉴턴의 기획이 수학을 넘어 철학과도 연결되는 이유다.

같은 자연의 결과에 대해서는 가능한 한 같은 원인을 배정해야 한다. 인간과 동물의 호흡, 유럽과 미국에서 떨어지는 돌, 주방과 태양의 불빛, 지구와 행성에서의 빛 반사처럼.[11]

결정론은 과학적 사유의 철학적 토대가 된다. '과학적'이라는 규정은 원인과 결과의 논리적 연계를 의미한다. 뉴턴은 자연과 우주를 인과관계로 구성했다. 이것은 물체의 현재 조건을 알면 과거와 미래까지 알 수 있음을 내포한다. 철학적으로 바꿔 말하면 이렇다. 모든 일은 원인에서 발생한 결과다. 원인 없이는 아무것도 생기지 않는다. 우주에서 일어나는 모든 일은 어떤 신비나 우연에 좌우되지 않고, 오직 인과관계에 따라 결정된다.

뉴턴 이후 수많은 과학자가 이 패러다임을 따랐다. 18세기 과학은 조금 과장해서 말하면 뉴턴의 법칙을 현실과 맞춰보는 과정이었다. 대표적인 예가 핼리 혜성이다. 1682년 에드먼드 핼리는 혜성을 목격했다. 그런데 역사책을 뒤져보니 이것이 1456, 1531, 1607년에 관측된 혜성의 궤도와 흡사했다. 핼리는 때마침 나온 《프린키피아》를 참조해 이 혜성의 공전주기가 75~76년임을 계산해 냈다. 이에 1759년 3월 혜성이 다시 나타날 것이라고 내다봤다. 핼리는 그때까지 살지 못했으나 예측은 적중했다.

피에르 시몽 라플라스는 '프랑스의 뉴턴'으로 불렸던 이다. 그는 태양계 행성 운동이 보이는 불규칙성에 주목했다. 그리고 복잡한 계산을 동원하여 이것이 만유인력 법칙을 유지하면서 나타나는 주기적 불규칙성임을 입증했다. 뉴턴역학의 불충분함을 보완해 정확도를 높인 것이다. 더 나아가 뉴턴역학을 모든 과학에 적용하려는 원대한 계획도 추진했다. '라플라스 프로그램'으로 불린 이 계획은 열, 빛, 전기와 자기, 모세관 현상 등의 다양한 주제들을 수학화하고자 했다. 특히 프랑스의 과학적 우수성을 과시하려 했

최소한의 과학 공부

던 나폴레옹 보나파르트의 전폭적인 지원을 받았다. 다만 라플라스 프로그램은 나폴레옹 실각과 함께 지원이 급감했고, 뉴턴역학 자체의 한계를 드러내며 비판도 받았다. 그래도 10년 넘게 진행된 이 계획 덕분에 뉴턴역학은 절정에 올랐다.

뉴턴역학에도 위기는 있었다. 1781년 천문학자 윌리엄 허셜이 천왕성을 발견했다. 그런데 몇 년을 관측해 보니 그 궤도가 뉴턴역학의 계산과 맞지 않았다. 과학자들은 당황했다. 뉴턴이 틀릴리가 없는데, 왜 이렇지? 수학자 위르뱅 르 베리에가 기막힌 아이디어를 냈다. 만약 천왕성 너머에 미지의 행성이 더 있다면, 그 사이에서 발생하는 인력 때문에 천왕성의 궤도가 틀어질 수 있다는 가설이었다. 이 가설이 맞다고 가정하면, 미지의 행성이 움직이는 궤도를 뉴턴역학으로 역추론할 수 있다. 1846년 르 베리에는 이 계산 결과를 베를린 천문대의 요한 고트프리트 갈레에게 보냈다. 갈레는 편지를 받자마자 관측해 보았다. 정말 미지의 행성이 그 자리에 있었다. 이것이 해왕성이다. 뉴턴역학은 위기조차 새로운 기회로 바꿔버릴 정도로 강력했다.

뉴턴역학의 일반화

뉴턴역학은 17세기 기계론의 완결판이다. 지구와 우주가 운동하는 보편 법칙을 확립해 우리가 접하는 자연현상을 대부분 설명

1689년 뉴턴(당시 46세)의 초상화. 대중적으로 가장 많이 알려진 뉴턴의 이미지이기도 하다. 그는 과학자로서도 최고의 지위에 올랐지만, 말년에 왕립학회장, 국회의원, 조폐국장 등 고위급 직책도 두루 맡았다. 그리고 84세까지 장수하다가 영국의 왕족과 위인들이 안치된 웨스트민스터 사원에 묻혔다. 장례도 국장으로 치러졌다. 그를 역사상 최고의 영예를 누린 과학자로 꼽아도 될 것이다.

할 수 있게 되었다. 이는 기계론이 목표했던 '인과관계로서의 자연'을 완벽히 구현한 것이다. 이로써 자연에 이성으로 받아들일 수 없는 신비나 미신적인 요소가 끼어들 가능성은 없어졌다. 무신론자인 라플라스는 아예 뉴턴역학을 기반으로 신이 개입할 여지가 없는 우주론을 체계화했다. 나폴레옹이 농담조로 이를 지적하자, 라플라스가 "신이 존재한다는 가설은 이제 더 이상 필요 없다"

최소한의 과학 공부

라고 답한 일화는 유명하다.

　뉴턴역학에 열광한 것은 과학자뿐만이 아니었다. 철학자들도 지대한 관심을 표했다. 당시 절대왕정과 교회의 지배에 맞서 계몽주의가 퍼지고 있었다. 부르주아 계급을 대변한 계몽주의자들은 사회계약론과 무신론을 받아들였다. 그럼으로써 오직 이성에 의해서만 운영되는 사회를 꿈꿨다. 당연히 왕권신수설과 같은 신 중심 세계관과는 대립했다. 계몽주의자들은 구체제를 무너뜨릴 이론적 무기를 뉴턴역학에서 발견했다. 어떠한 신비나 권위도 인정하지 않고, 이성으로 모든 문제를 해결한다는 점에서 뉴턴역학과 계몽주의는 궤를 같이했다.

　이는 뉴턴역학의 일반화 과정이라고 할 만했다. 뉴턴의 후예들에는 이과생뿐만 아니라 문과생도 있었다. 라플라스와 르 베리에 같은 이과 후예들은 뉴턴역학을 정교하게 다듬어 과학 전반으로 확장했다. 반면 볼테르Voltaire, 존 로크John Locke 등의 문과 후예들은 뉴턴역학의 원리를 적용하여 새로운 사회를 설계했다. 이러한 시도들은 기존의 가치와 지식 체계를 무너뜨리는 과정을 동반했다는 점에서 혁명적이었다. 중세의 인류는 이 혁명을 거치면서 근대로 나아가게 되었다.

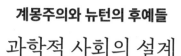

계몽주의와 뉴턴의 후예들

과학적 사회의 설계

　이탈리아의 커피 전통은 유서가 깊다. 전 세계를 석권한 스타벅스도 이탈리아에서만큼은 힘을 못 쓴다. 1990년대부터 세계에 진출한 스타벅스지만 이탈리아에는 2018년에야 첫 매장을 냈다. 그것도 이탈리아의 '커피 부심'을 존중하는 겸손한 전략 덕분이었다. 이슬람에서 즐기던 커피를 1615년 처음 유럽에 들여온 것이 이탈리아 상인이었다. 1884년 토리노엑스포에서는 최초의 에스프레소 머신이 등장했다. 오늘날에도 이탈리아인들의 에스프레소 사랑은 대단하다. 거의 국민 음료다. 이탈리아인들은 에스프레소에 물을 넣은 아메리카노는 커피가 아니라며 기겁한다. 우리나라로 치면 매운 신라면에 물을 잔뜩 부은 '한강라면'과 비슷할 것이다.

　수입 초기 커피는 이교도의 음료라는 인식이 강했다. 그런데 교황 클레멘스 8세가 커피 맛에 매료되어 "커피야말로 가톨릭의 음

17세기 런던 커피하우스의 모습. 이곳에 모인 지식인들은 당시의 신흥 학문(철학, 과학, 법학 등)을 주제로 토론했고, 이것이 유럽의 학문 발전을 이끈 지식 네트워크로 성장했다.

료다!"라고 선언해 버렸다. 유럽 상류층은 너도나도 커피를 마시기 시작했다. 원래 사교 모임에서는 와인과 맥주를 주로 마셨다. 그러니 모임을 하다 보면 다들 취해 있었다. 반면 커피는 정신을 일깨우는 각성 효과가 있어서 지식인들에게 인기가 있었다. 자연스레 유럽 곳곳에 커피를 파는 곳들이 폭발적으로 늘어났다.

편지 공화국, 프린키피아, 계몽주의

영국의 커피하우스coffee house, 프랑스의 살롱salon과 카페cafe는 지식인, 예술가, 작가들이 모여들면서 사교의 장으로 거듭났다. 똑

똑한 사람들이 모이니 토론이 활발했으며 자연법, 역학, 재산권 등 당시 핫했던 주제들이 커피와 함께 소비되었다. 토론은 한 번으로 끝나지 않았다. 집으로 돌아가서도 편지를 주고받으며 교류를 계속했다. 이렇게 형성된 지식인 네트워크를 '편지 공화국Republic of Letters'이라고 했다.

이 가상의 공화국은 거대한 학문 커뮤니티를 형성했다. 교통수단이 발달하지 못한 시대에 편지만큼 지식 교류에 유용한 도구도 없었을 것이다. 편지를 매개로 한 토론은 학술지journal로 발전했다. 학술지 제목에 자주 쓰는 'letters'의 기원도 여기에 있다. 예컨대 미국 물리학회가 발간하는 《피지컬 리뷰 레터스》는 물리학의 가장 권위 있는 학술지다. 커피 회합은 과학단체 결성으로도 이어졌다. 1660년 커피하우스에서 자주 만나던 로버트 보일, 존 윌킨스 등은 함께 실험하고 논문도 쓰는 연구 모임을 만들었다. 이 모임은 2년 뒤 '자연 지식 진흥을 위한 런던 왕립학회(이하 왕립학회)'가 되었다. 과학 애호가였던 찰스 2세가 직접 학회를 인가하고 회원이 되었다. 갓 창립한 왕립학회의 명성을 높인 대스타가 바로 뉴턴이다. 뉴턴은 왕립학회를 통해 과학자로 데뷔했다. 1687년에는 왕립학회 명의로 《프린키피아》를 출간했으며 결국 학회장까지 지냈다.

《프린키피아》는 편지 공화국에 센세이션을 일으켰다. 교양인이라면 반드시 알아야 할 필수 과목으로 여겨졌다. 모르면 커피하우스나 카페의 토론에 끼지도 못했다. 뉴턴이 라틴어와 기하학을 동원해 극도로 어렵게 썼는데도 그랬다. 이 책을 이해하려고 과외교사를 고용하는 사람도 있었다. 우후죽순처럼 나온 해설서와 참고서도 잘 팔렸다. 《프린키피아》가 이렇게 인기가 많았던 이유는 이성의 무한한 가능성을 보여주었기 때문이었다. 이 책의 교훈은 우주의 운동법칙을 알려주는 데만 있지 않았다. 인간 이성으로 뭐든 할 수 있다는 자신감도 심어주었다.

자신감을 얻은 이들 중에는 새로운 사회를 꿈꿨던 반체제 세력도 있었다. 이들은 절대왕정과 교회의 지배 체제가 불합리하다고 여겼다. 그래서 바꾸고 싶었다. 그런데 뭘 어떻게 해야 할지 잘 몰랐다. 여기에 비전을 제시해 준 책이 《프린키피아》다. 《프린키피아》가 기술하는 세계 속에는 합당한 원인 없는 결과란 없었다. 즉 어떤 결과가 존재하려면 그에 부합하는 원인이 있어야 한다. 그런데 교회의 권위와 왕권신수설에는 그런 원인을 찾아볼 수 없었다. 신이 그렇다고 하셨으니 정당하다는 설명은 제대로 된 원인이 아니다. 그것은 미신이나 주술과 다르지 않았다. 그렇다면 원인으로 받아들일 것이 아니라, 부수고 혁파해야 했다.

17~18세기 이러한 생각을 공유했던 이들을 계몽주의자라고 한다. 계몽주의는 한자로 啓蒙主義, 영어로 enlightenment, 프랑스어로 lumières다. 언어는 다르지만 모두 '빛'이라는 개념이 들어 있다. 무지와 인습의 어둠을 이성의 빛으로 깨어나게 한다는 의미다. 계몽주의자들은 이성의 힘과 진보의 필연성을 시대정신으로 받아들였다. 형이상학보나는 성험과 과학을 중시했고, 권위와 특권보다는 자유와 평등을 앞세웠다.

뉴턴을 추종한 볼테르

볼테르는 가장 대표적인 계몽주의자다. "나는 당신의 주장에 동의하지 않는다. 그러나 당신이 그 주장 때문에 박해받는다면 당신을 위해 싸우겠다"라는 그의 명언[12]을 한번쯤 들어봤을 것이다. 실제로 볼테르는 권력과 종교의 독선에 평생 맞서 싸웠다. 재미있는 사실은 볼테르가 프랑스인이었지만 영국, 특히 뉴턴을 동경했다는 점이다. 이는 젊은 시절 정치적 이유로 영국에 망명했던 경험과 연관된다. 젊은 볼테르의 눈에 비친 영국은 자유, 관용, 정의가 꽃을 피운 이성의 나라였다. 왕의 목을 친 국민의 대표들이 통치하고, 국민은 그들에 대한 비판을 서슴지 않았으며, 종교나 사상을 이유로 박해받지도 않았다.

영국에서는 어떻게 이런 일이 가능했을까? 볼테르가 주목한 것은 뉴턴역학이었다. 물론 그는 《프린키피아》를 다 이해할 수 없었다. 하지만 그 저변에 흐르는 강력한 시대정신은 감지했다. 뉴턴역학의 핵심은 우주가 하나의 원리로 연결되어 있다는 것이다. 볼테르는 이것이 정치와 사회에도 적용된다고 생각했다. 그가 보기에 영국에서 뉴턴역학, 종교의 자유, 입헌정치, 자유주의는 서로 연결된 체계로 공존했다.[13] 따라서 어느 하나를 떼어놓고 생각할 수는 없었다.

프랑스로 돌아온 볼테르는 뉴턴을 열심히 알렸다. 특히 뉴턴의 만유인력 법칙을 근거로 데카르트의 소용돌이 이론을 정면으로

볼테르와 에밀리 뒤 샤틀레가 함께 쓴 《뉴턴철학의 요소들》의 첫 페이지. 볼테르는 뉴턴역학에 감명받아 그 원리를 적용한 사회를 꿈꿨다. 샤틀레는 볼테르의 연인으로서 당시로는 보기 드문 여성 물리학자였다. 그녀는 물리학을 잘 몰랐던 볼테르를 도와 이 책을 공동집필했다. 삽화의 내용이 의미심장하다. 뉴턴으로부터 쏟아지는 빛을 샤틀레가 거울로 볼테르에게 비춰주고 있다.

비판했다.[14] 데카르트는 우주에 가득한 에테르라는 신비한 물질이 거대한 소용돌이를 일으켜서 행성이 회전한다고 했다. 이 이론으로는 행성과 혜성의 운동을 동시에 설명할 수는 없었다. 하지만 프랑스를 평정한 데카르트의 학문적 권위는 대단했다. 볼테르는 영국인 뉴턴의 편에 서서 프랑스인 데카르트를 통렬히 비판했다.

데카르트의 체계는 이후 설명이 추가되면서 바뀌어 이 현상에 그럴 만한 이유가 있는 듯 인식되었다. 누구나 그 이유를 알 수 있을 만큼 간단했기에 더 진실처럼 보인 것이다. 하지만 철학에서는 이해되지 않는 것뿐 아니라 너무 쉽게 이해되는 것에 대해서도 경계해야 한다.[15]

그는 요즘 말로 하면 오지라퍼였다. 아마 그 시절 SNS가 있었다면 엄청난 팔로워 수를 자랑하는 인플루언서였을 것이다. 이른바 계몽주의자 중에 그와 연결되지 않는 사람이 없었다. 볼테르는 파리 국립극장 앞 카페 프로코프Le Procope에서 하루에 40~50잔의 커피를 마시면서(그러고도 84세까지 살았다) 후일 프랑스대혁명의 아이콘이 되는 인사들과 교류했다. 그러면서 반체제적 메시지를 담은 무신론, 관용론, 사회계약론을 퍼뜨렸다. 프랑스 왕실이 봤을 때는 볼테르야말로 혁명을 배후에서 조종한 최종 보스 중 하나였던 셈이다.

최소한의 과학 공부

영국과 미국의 시민혁명

뉴턴의 고향 영국은 계몽주의의 메카이기도 했다. 계몽주의는 영국 시민혁명의 완성이라 할 수 있는 명예혁명과 이후의 개혁에 이론적 근거를 제공했다. 로크는 경험주의 철학의 대가이자 뉴턴보다 열 살 많은 왕립학회의 선배였지만 뉴턴을 수학으로 새로운 진보를 이끈 비교 불가한 석학으로 치켜세웠다.[16] 로크는 국가 권력의 원천에는 개인들이 맺은 계약이 존재한다는 사회계약론을 주창했다. 이는 사회의 문제를 올바로 판단하는 이성적 개인이 없다면 성립할 수 없다. 이성에 기초한 사회계약을 통해 국가는 개인에게 자유를 보장하고, 개인은 국가의 보호를 받는다. 이것이 오늘날 자유주의 국가의 원형이 된다.

제러미 벤담도 공리주의를 체계화해 자유주의의 한 축을 쌓아올렸다. 그의 공리주의는 흔히 '최대 다수의 최대 행복' 원칙으로 요약된다. 그런데 공리라는 한자어를 공공의 이익公利으로 오인하면서, 이 원칙을 집단주의적으로 잘못 해석하기도 한다. 공리주의는 오히려 개인주의를 극대화한다. 공리功利가 개인의 효용utility을 뜻하기 때문이다. 뉴턴주의자였던 벤담은 철학에도《프린키피아》의 보편 법칙을 적용하고자 했다. 철학에서 보편적인 법칙은 고통과 쾌락이다. 우주에 만유인력이 작용하듯 인간은 쾌락을 원하고 고통을 피하려 한다. 따라서 개인 행복의 종합을 극대화하도록 국가를 운영해야 한다. 벤담에 의하면 이 행복의 총량 산출에는 신분의 차이가 없다. 귀족이든 평민이든 가리지 말고 행복 지수가 더 높아지도록 정책을 결정해야 한다. 이 지점에서 벤담의 공리주의는 민주주의와 통한다. 벤담은 철학계의 뉴턴답게 행복의 정도를 수학으로 산출하는 계산법까지 만들었다. 물론 인간의 행복을 그렇게 수식으로 단순화할 수 있는가는 논란이 되었다. 그러나 종교의 권위가 여전히 높았던 당시에 개인의 효용을 중시하는 학문적 시도는 파격적이었다. 그때까지도 개인은 지고의 가치를 위해 욕심을 억눌러야 한다는 도덕 관념이 지배적이었기 때문이다. 벤담은 이렇게 비판했다.

수많은 인간들의 감정을 줄곧 금욕주의 원칙으로 물들인 학설은 위의 두 원천에서 흘러나왔다 … 철학적 차원에서 흘러나온 학설은 교양 있는 사람들의 고상한 감정에 더욱 적합했다 … 이에 반해 미신적 원천에서 흘러나온 학설은 지식을 넓히지 못하여 지성이 한정되고 끊임없이 공포에 시달리는 비참한 상태의 우매한 사람들에게 더욱 적합했다.[17]

요컨대 금욕주의는 철학적 위선이거나 종교적 미신이라는 것이다. 벤담은 인간 본연의 쾌락과 행복을 철학의 핵심 문제로 다루었다. 그때까지 철학은 인간의 본능을 사유로써 통제하는 것에만 집중했다. 반면 공리주의자들은 개인의 행복과 효용을 긍정하고, 나아가 사회 발전의 동력으로 파악했다. 이 점에서 이기심을 문명

1776년 발표된 미국 독립선언서의 논리 전개는 《프린키피아》와 유사하다. 증명이 필요 없는 공리로부터 연역적으로 결론을 이끌어내는 방식이다. 독립선언서의 기초자들은 이로써 독립의 당위성을 과학의 법칙처럼 보이게 하려 했다.

사회의 정당한 요소로 본 애덤 스미스의 자유방임주의와도 궤를 같이했다. 이러한 공명은 자본주의 발선의 철학적 기초를 놓았다.

바다 건너 미국에서도 뉴턴을 계승한 계몽주의는 맹위를 떨쳤다. 1776년 미국 독립혁명의 시작을 알린 독립선언서에는 그때까지 나온 계몽주의의 성과들이 총망라되었다. 토머스 제퍼슨은 이 문서를 기초한 핵심 인물이다. 본업은 변호사였지만 수학에도 일가견이 있었다. 윌리엄 앤 메리 대학교 재학 시절에는 특히《프린키피아》를 비롯한 뉴턴의 저작들에 심취했다. 이러한 배경에서 독립선언서 기술에 《프린키피아》를 참조했다. 《프린키피아》는 세 개의 법칙을 공리axiom로 제시해 자연의 운동을 연역적으로 설명해 낸다. 공리는 증명하지 않아도 참으로 인정되는 명제다. 독립선언서의 두 번째 단락, 즉 "우리는 다음과 같은 사실을 자명한 진리로 받아들인다"로 시작하는 부분이 이와 같은 논리 구조로 진행된다. 이로써 제퍼슨은 식민지의 독립이라는 급진적 결론이 수학의 연역법처럼 불가피한 귀결로 보이고자 했다.

과학적 사유의 방법

과학혁명, 편지 공화국, 계몽주의, 시민혁명은 뉴턴에서 촉발된 하나의 역사적 흐름으로 이해할 필요가 있다. 이는 과학과 철학이 분리되지 않은 시대 상황을 반영한다. 뉴턴의 후예를 자처한 로크, 볼테르, 벤담, 제퍼슨은 요즘으로 치면 문과생이었다. 그러나 이들에게 과학과 철학은 다른 학문이 아니었다. 과학도 자기 전공의 일부로 여겨 공부하고 연구했다. 물론 이들의 과학 지식이 그렇게 뛰어나다고 할 수는 없었다. 볼테르는 15년 동안 뉴턴을 공부하고 번역했지만 《프린키피아》에 대한 이해는 피상적이었다.

다만 자연보다는 인간, 과학의 결과보다는 과정을 더 중시했다. 계몽주의자들이 과학에 열광한 이유는 어떠한 권위나 독단 없이 합리적으로 진리에 이르는 그 '방법'에 있었다. 이러한 과학적 방법, 과학적 사유는 그들이 설계했던 사회에 꼭 필요한 핵심 원리였다. 근대세계를 만든 청사진에는 이렇게 과학의 지분을 무시할 수 없다. 하지만 오늘날 이에 대한 이해는 문과와 이과처럼 완벽히 분리되어 있다. 계몽주의는 문과의 세계사에, 뉴턴은 이과의 물리학에 갇혀서 서로 다른 지식으로 기능한다. 어디서 접근하든 반쪽짜리 이해에 머무른다. 인문학과 과학의 통섭을 지식의 확장보다는 시원으로의 회귀로 받아들여야 할 이유다.

진화론과 경계를 넘는 과학
모든 곳에 존재하는 진화

현대 야구에서 4할 타율은 신의 영역이다. 미국 메이저리그는 1941년 보스턴 레드삭스의 테드 윌리엄스, 우리나라 KBO리그는 1982년 MBC 청룡의 백인천이 마지막이다. 일본 NPB 리그는 아예 없다. 열 번 나와서 네 번 안타를 치는 게 그렇게 어렵나? 야구가 투수보다 타자의 기술적 난도가 훨씬 높은 스포츠라서 그렇다. 그래도 예전에는 4할에 근접하는 타자가 아예 없지는 않았다. 그런데 최근에는 마치 공룡이 멸종하듯 사라져 버렸다. 왜 그럴까? 야구계의 가설은 세 가지다. 첫째, 요즘 선수들의 정신력이 해이해졌다. 둘째, 장거리 이동과 야간 경기 비중이 높아지는 등 환경이 바뀌었다. 셋째, 투수, 수비, 구단 스태프의 능력은 일취월장했으나 타격 기술은 뒤처졌다.

미국의 고생물학자이자 열혈 야구팬인 스티븐 제이 굴드는

최소한의 과학 공부

이 가설들이 죄다 틀렸다고 한다. 첫째는 전형적인 "라떼는 말이야…"식의 과거 미화일 뿐이다. 둘째는 환경변화는 타자뿐 아니라 투수와 수비수에게도 공평하다. 게다가 선수 연봉 상승, 인프라 개선 등 긍정적 변화도 있었다. 셋째는 야구의 발전 추세 속에서 오직 타격만 뒤처질 이유가 없다. 실제로 지난 100년 동안 메이저리그의 평균 타율은 2할 6푼 내외를 유지했다.

진화 관점에서 보는 4할 타자의 멸종

굴드는 4할 타자의 멸종을 진화의 관점에서 해석했다.[18] 우선 두 가지 전제를 세웠다. 첫째로 야구는 최고의 선수들이 오랜 시간 같은 규칙으로 경기해 왔다. 초창기에는 경기 방식과 전략이 정립되지 않아, 압도적 선수들이 튀어나오는 경우가 있었다. 그러나 시행착오가 쌓이며 리그 수준이 올라간 뒤에는 그럴 여지가 매우 적어졌다. 둘째로 선수 기량이 아무리 향상되어도 인간의 물리적 한계를 넘어설 수는 없다. 예컨대 시속 200킬로미터짜리 공을 던지는 투수나, 바운드 볼을 홈런으로 만드는 타자는 있을 수 없다. 두 전제를 종합하면, 지난 100년간 리그 수준이 높아져 최근에는 인간 한계의 턱밑까지 왔다고 볼 수 있다. 이것이 4할 타자의 멸종을 추적하는 기본 배경이 된다.

리그 초창기에는 타자의 수준이 당연히 낮았다. 이를 정규분포

그래프로 그려보면, 오른쪽 끝(인간의 한계)보다 훨씬 먼 지점을 중심으로 좌우로 넓은 종 모양을 이룬다. 이때도 리그 평균 타율은 2할 6푼이었다. 그러나 각 선수의 타율은 평균에서 떨어져 넓게 분포한다. 따라서 특히 멀리 떨어진 아웃라이어(튀는 존재), 즉 4할 타자가 간혹 출현할 수도 있었다. 그러나 시간이 흐를수록 타자들의 기량은 향상된다. 그러면 그래프는 오른쪽으로 이동하면서 평균을 중심으로 더욱 조밀하게 몰리는 형태로 바뀐다. 바로 오른쪽에는 인간의 한계가 벽처럼 막고 있다. 그만큼 변이의 등장 가능성은 훨씬 줄어들었다. 물론 이 상황에서도 평균 타율은 일정하다. 그 이유는 주최 측의 농간, 아니 조정 때문이다. 야구는 투수와 타자의 밸런스 게임이다. 어느 한쪽으로 기울면 재미가 없어진다. 이를 막으려고 메이저리그 사무국은 여러 요인을 조정해 평균 타율을 유지한다. 마운드 높이, 스트라이크존 폭, 공인구 반발력 등이 대표적이다.

굴드의 결론은 이렇다. 리그 출범 후 약 100년간 타자들의 역량은 인간의 한계 직전에 이를 정도로 상향 평준화했다. 여기에 더해 리그 사무국이 흥행을 위해 평균 타율을 2할 6푼 선으로 꾸준히 맞추었다. 그 결과 변이, 즉 4할 타자라는 아웃라이어가 튀어나올 가능성은 극단적으로 줄어들었다. 굴드의 이러한 해석에는 진화론의 기본 논리가 투영되어 있다. 이렇듯 진화론의 효용은 과학에만 머무르지 않는다. 어디든 시간과 생명이라는 두 가지 요소가 존재한다면, 거기에는 진화도 있다.

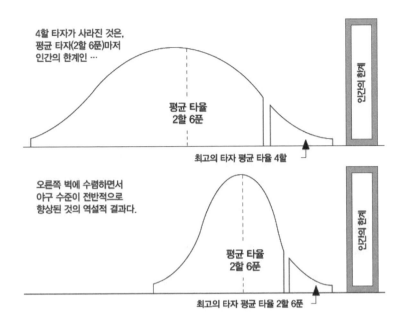

4할 타자가 사라진 것은,
평균 타자(2할 6푼)마저
인간의 한계인 …

인간의 한계

평균 타율
2할 6푼

최고의 타자 평균 타율 4할

오른쪽 벽에 수렴하면서
야구 수준이 전반적으로
향상된 것의 역설적 결과다.

인간의 한계

평균 타율
2할 6푼

최고의 타자 평균 타율 2할 6푼

굴드는 현대 야구에서 4할 타자가 사라진 이유를 타자들의 상향 평준화, 리그 사무국의 평균 타율(2할 6푼) 유지 노력이 작용한 결과로 본다. 즉 평균을 압도적으로 뛰어넘는 아웃라이어가 등장할 가능성이 크게 줄었다는 의미다. (출처: 스티븐 제이 굴드)

자연선택의 과학적 논리

진화론의 발견자는 모두가 알듯 영국의 찰스 다윈이다. 1831년 갓 대학교를 졸업한 다윈이 해군함 비글호에 타면서 대장정이 시작되었다. 당시 영국은 식민지 개척을 위해 먼 오지에도 군함을 보내 조사 활동을 벌였다. 비글호는 측량 임무 중 선상이 외로움을 견디지 못해 자살하는 일이 있었다. 그래서 후임 로버트 피츠로이 대령은 재출항을 앞두고 말벗이 될 젊은 박물학자를 동승시켰다. 그가 바로 다윈이다.

5년이나 걸린 이 항해의 하이라이트는 역시 1835년 9월의 갈라파고스 제도였다. 이곳에는 핀치라는 새가 섬마다 각양각색의 종으로 존재했다. 본래 다윈은 이것들이 각기 다른 새라고 생각해 동물학자 존 굴드에게 조사를 의뢰했다. 그런데 놀라운 결과가 나왔다. 다윈이 의뢰한 13종의 표본은 모두 핀치였다. 이들은 같은 종이라고 보기 어려울 정도로 신체 특징, 특히 부리 모양이 제각각이었다. 갈라파고스의 핀치는 1000여 킬로미터 떨어진 남미대륙의 종과도 유사했다. 남미대륙이 바다에 의해 갈라지면서 생물종도 변화했다고 가정하면 이를 설명할 수 있었다. 핀치는 갈라파고스라는 새 환경에 적응하기 위해 변화를 겪었음이 분명했다. 개체 수 증가로 먹이 쟁탈전이 격화되었을 것이고, 다양한 먹이를 섭취하면서 부리를 비롯한 신체 특징이 달라졌을 것이다. 이 차이가 심해져 아예 서로 교배가 안 되는, 다른 종으로 분리되었을 것이다. 변이가 새로운 종까지 만들어낸 셈이다. 다윈은 다음과 같이 썼다.

이렇게 작지만 밀접하게 연관된 새들의 그룹에서 나타나는 구조의 점진적인 변화와 다양성을 볼 때, 어쩌면 이 제도에 있던 소수 토착종 새들 중에서 하나의 종이 선택되어 여러 가지 다른 목적에 맞게 변종되었을지도 모른다는 상상을 할 수 있다.[19]

최소한의 과학 공부

다윈이 자연선택론을 정립하는 데 결정적 계기가 된 갈라파고스섬의 핀치들. 다윈은 이들이 본래 하나의 종이었지만, 환경변화에 적응하는 과정에서 다른 종으로 분화했다고 생각했다.

다윈의 상상은 곧 과학으로 발전했다. 다윈은 동물 사육사들이 좋은 품종을 골라 교배시키는 과정을 주의 깊게 관찰했다. 그리고 이러한 현상이 자연에서도 일어난다는 대담한 발상을 했다. 다윈의 시그니처인 자연선택은 이렇게 인위선택에 대한 유비 개념으로 고안되었다. 사육사가 원하는 품종을 인위적으로 개량하듯, 자연도 특정 종을 골라냄으로써 진화가 일어난다는 것이다.

그렇다면 자연은 왜 그런 선택을 하는가? 즉 자연선택은 무엇을 계기로 일어나는가? 다윈을 가장 괴롭힌 질문이 이것이었다. 그런데 뜻밖에도 경제학이 힌트를 주었다. 다윈은 토머스 맬서스의 《인구론》에서 중요한 영감을 얻었다. 이 책의 요지는 이렇다.

식량은 산술급수적으로 증가하나 인구는 기하급수적으로 증가한다. 따라서 식량 생산은 성욕본능에 따른 인구압력을 감당하지 못한다. 그 결과 인류에게 기근과 질병은 필연적이다. 그런데 역설적으로 이러한 기근과 질병이 인구를 적정 수준으로 조절하여 인류는 유지될 수 있다.

다윈은 이 냉혹한 메커니즘이 자연에도 적용된다고 보았다. 특히 그가 주목한 부분은 인구와 식량 간 불균형으로 인한 생존투쟁의 필연성이었다. 생존투쟁에 적응하여 살아남은 종들은 자신의 특성을 후대로 전달할 수 있다. 하지만 그렇지 못한 종들은 도태된다. 이러한 변화가 긴 시간 누적되면서 진화가 일어난다.

다윈의 진화론은 기나긴 숙고와 검증을 거쳐 완성되었다. 1837년의 연구 노트에서 한 종이 새로운 종으로 가지치기해 나가는 계통도가 처음 등장한다. 하지만 이 아이디어는 22년 뒤에야 발표되었다. 이렇게 오래 걸린 데에는 두 가지 이유가 있었다. 첫째로 다윈의 신중함이다. 그는 자신의 이론이 어떤 충격을 일으킬지 잘 알고 있었다. 그래서 논란의 여지가 없도록 완벽하게 근거를 갖추어 내놓아야 한다고 생각했다. 둘째로 다윈의 급작스러운 일탈이다. 그는 1846년 따개비에 꽂혀서 8년간 그것만 연구했다. 왜 하필 진화론을 완성해 가는 중요한 시기에 그랬을까? 많은 사람이 궁금해했으나 명확히 알려진 이유는 없다. 다만 따개비 연구가 가벼운 부업이 아니었음은 확실하다. 두 권의 따개비 연구서는 1000페이지가 넘는다.

최소한의 과학 공부

1858년 다윈은 앨프리드 러셀 월리스에게 최근 쓴 논문의 논평을 부탁받았다. 그리고 경악했다. 논문에는 지난 20년 동안 벼려온 자연선택론이 그대로 담겨 있었기 때문이다. 발표를 미루는 사이에 후배에게 선수를 뺏긴 것이다. 아마 그 순간 다윈은 따개비에게 바친 8년의 세월을 후회했을 것이다. 다윈은 쓰던 책을 급히 요약본으로 바꾸어 탈고를 서둘렀다. 그리고 자연선택에 대한 논문을 월리스와 공동 저자로 발표했다. 월리스는 뒤늦게 이 사실을 알았다. 그러나 평소 다윈을 존경했기에 오히려 영광이라고 생각했다.

논란과 파장

1859년 드디어 《자연선택에 의한 종의 기원, 즉 생존투쟁에서 유리한 종족의 존속On the Origin of Species by Means of Natural Selection, or the Preservation of Favoured Races in the Struggle for Life(이하 《종의 기원》)이 출간되었다. 초판 1250부가 첫날 다 팔렸다. 그리고 엄청난 관심과 논란이 뒤따랐다. 슈퍼스타가 되려면 열성팬과 안티팬이 모두 있어야 한다는 속설이 있다. 그런 의미에서 다윈은 슈퍼스타였다. 안티팬의 선봉은 종교인들이었다. 출간 직후 다윈은 기사 작위 후보로 추천되나, 종교인들의 강력한 반대로 부산되었다. 안티팬 중에는 전 비글호 선장 피츠로이도 있었다. 과학자이자 종교인이었던 그는 다윈을 등용해《종의 기원》에 일조했다는 죄책감에 시달렸다. 게다가 재정난까지 겪다가 결국 자살했다. 비글호 선장의 비극은 그렇게 한 번 더 반복되었다. 반면 열성팬도 적지 않았다. 다윈은 평생 수천 명의 과학자와 1만 통이 넘는 편지를 교환했다. 그중 토마스 헉슬리가 있었다. 헉슬리는 창조론 일변도의 세계관에 반발해 진화 개념을 지지했다. 다윈이 보낸《종의 기원》초고를 읽은 그의 반응은 이러했다. "이런 걸 진작 생각하지 못했다니 바보 같군!" 헉슬리에게 다윈의 자연선택은 콜럼버스의 달걀이었던 셈이다. 헉슬리는 요즘으로 치면 '키보드 워리어' 기질이 다분했다. 그래서 나서는 것을 좋아하지 않았던 다윈을 대신해 온갖 논쟁에 참전했다. 한 번 물면 놓지 않는 그에게 '다윈의 불독'이라는 별명은 썩 잘 어울렸다.

《종의 기원》으로 다윈은 진화론의 대명사가 되었다. 그러나 다윈을 진화론과 동일시하는 관념은 다른 각도에서도 볼 필요가 있다. 첫째로 진화가 다윈만의 발명품이 아니라는 점이다. 이전에도 생물이 진화한다는 관념은 막연하게나마 존재했다. 고대 그리스에도 시간에 따른 생물의 변화라는 발상이 있었고, 중세 이슬람에서는 동물이 생존투쟁을 거치며 변형된다는 이론도 등장했다.《종의 기원》출간 즈음에는 이미 많은 사람이 진화를 연구하고 있었다. 다윈의 공로는 진화를 자연선택이라는 논리적 설명을 통해 과학으로 정립한 것이다. 둘째로 다윈은 진화 개념의 사용에 매우 신중했다는 점이다. 많은 사람의 오해와 달리 다윈은《종의 기원》

초판에서 evolution(진화)이라는 명사를 쓴 적이 없다. evolved(진화했다)라는 동사를 마지막 문장에서 단 한 번 썼을 뿐이다. 《종의 기원》에서 가장 유명한 문장이기도 하다.

처음에 몇몇 또는 하나의 형태로 숨결이 불어 넣어진 생명이 불변의 중력 법칙에 따라 이 행성이 회전하는 동안 여러 가지 힘을 통해 그토록 단순한 시작에서부터 가장 아름답고 경이로우며 한계가 없는 형태로 전개되어 왔고 지금도 전개되고 있다는, 생명에 대한 이러한 시각에는 장엄함이 깃들어 있다.[20]

1859년 초판에 대한 서울대 장대익 교수의 번역이다. 여기서 '전개'로 번역한 원문의 단어가 'evolved'다. 기존 역자들은 '진화'라고 번역했다. 그런데 다윈은 1872년 6판부터 진화라는 명사를 썼다. 이전까지 다윈이 썼던 표현은 "변이를 수반한 계승descent with modification"이었다. 진화라는 간단한 명사를 두고 이렇게 여러 단어를 조합한 데에는 분명한 의도가 있었다. 진화가 '더 나은 상태로의 진전'이라는 목적론적 함의를 가졌기 때문이다. 즉 진화는 진보와 구별되지 않는다. 하지만 다윈이 정의한 자연선택은 어떤 목적이나 진전, 개선을 전제하지 않았다. 자연선택은 특정 종이 우월해서가 아닌, 우연히 그 환경에 적합해서 이루어진다. 장대익 교수의 번역은 이러한 문제의식을 반영한 것이다.

과학을 넘어선 과학

《종의 기원》의 논지는 명료하고 직관적이었다. 다만 19세기에 그대로 받아들이기에는 너무 거대한 이야기였고 실증적인 확인도 어려웠다. 이 문제는 20세기 들어 유전학, 세포학, 식물학, 고생물학, 생태학 등이 발달하면서 점차 해결되었다. 이 분야들이 진화라는 공통의 테마를 중심으로 재구성되고, 수학과 통계학도 동원되면서 다윈이 제기한 논점들의 근거가 확인되었기 때문이다. 그 결과 진화론은 현대과학을 떠받치는 근간으로 자리매김했다.

진화론은 사회과학의 발전에도 영향을 미쳤다. 19세기 사회과학의 개척자들은 자신의 연구가 과학으로 인정받기를 원했다. 그래서 자연과학의 실험적, 실증적 방법론을 벤치마킹했다. 진화론도 마찬가지였다. 긴 시간에 걸친 생물 종의 변화를 추적하는 진화론은 역사와 사회를 탐구하는 이들에게도 매력적일 수밖에 없었다.

사회학의 창시자 중 한 명인 허버트 스펜서는 다윈보다도 먼저 진화 개념을 사용했다. 그 핵심 메커니즘은 적자생존으로 요약된다. 적자생존을 다윈의 용어로 아는 사람이 많지만, 사실은 스펜서가 고안한 것이다. 잘 알려졌듯 무한 경쟁에서 적응한 자, 강한 자만이 살아남는다는 의미다. 이렇듯 스펜서의 진화 개념은 다윈과 달리 진보와 진전의 의미를 분명히 드러냈다. 스펜서는 적자생존을 통한 진화의 원리가 자연뿐만 아니라 사회에도 적용된다고

최소한의 과학 공부

다윈은 부유한 집안에서 자라 의학과 신학을 전공했지만, 둘 다 중도에 포기했다. 대신 취미 삼아 연구했던 박물학이 새로운 업이 되었고, 결국 역사에 길이 남을 명저 《종의 기원》을 저술했다. 사후에는 뉴턴이 묻힌 웨스터민스터 사원에 안치되었다.

보았다. 이를 사회다윈주의, 또는 사회진화론이라고 한다. 사회진화론은 사회의 발전 법칙을 최초로 체계화했고 이것이 사회학의 기원 중 하나가 되었다. 특히 제국주의 시대가 도래하자 이를 정당화하는 논리로 자본가와 정치가들에게 환영받았다. 이로써 다윈의 의도와는 달리 '진화 = 적자생존'이라는 인식이 널리 퍼졌다. 스펜서에게 부정적이었던 다윈도 나중에는 이 개념의 직관성과 편의성을 인정할 수밖에 없었다.

맬서스와 다윈의 관계에서 보듯 진화론과 경제학은 원래 가까웠다. 소스타인 베블런은 아예 경제학에 진화론을 섞어 진화경제학을 창안했다. 정통 경제학은 인간의 합리성을 불변의 법칙으로 전제하고 연역적으로 논의를 전개한다. 시장의 수학적 모델링도 그래서 가능하다. 그러나 베블런은 경제학을 인과 과정에 의한 변화와 연쇄의 학문이라고 봤다. 시장도 정태적 수학 모형이 아닌 역동적 사회 제도로 파악했다. 이 제도 형성에 인간의 본능과 습관이 영향을 미친다. 본능과 습관은 논리만으로는 이해하기 어렵다. 그러므로 경제분석에는 경제학뿐만 아니라 심리학, 인류학, 생물학 등의 다양한 도구들이 필요하다. 베블런에 의하면 인간의 경제생활 자체가 생존투쟁이며, 자연선택을 통한 적응의 과정이다. 그의 시그니처인 유한계급도 이 맥락에서 이해된다. 합리성과 무관한 과시적, 낭비적 소비를 일삼는 유한계급은 정통 경제학으로 설명할 수 없다. 베블런은 이것이 부의 획득 경쟁에서 발생한 인간의 자존심과 약탈적 습관이 반영된 결과라고 설명한다.

현대에도 진화론은 학문 사이에 존재하는 경계들을 넘나든다. 앞서 살펴본 4할 타자의 멸종도 야구와 진화론의 흥미로운 크로스오버다. 몇 년 전 베스트셀러가 되었던 재레드 다이아몬드의《총, 균, 쇠》도 진화론과 지리학의 접점에 있다. 왜 유럽이나 북미는 풍요로운데 아프리카는 그렇지 못한가? 이러한 불평등은 유전적 차이 때문인가? 이 책은 환경적 조건이 결정적이었다고 답한다. 그리고 각 민족이 그러한 환경에 처하게 된 것은 순전한 우연이었다며 인종차별적 설명을 배격한다. 다윈이 자연선택을 특정 종이 우연히 그 환경에 적합했던 결과로 설명하는 것과 같은 논리다.

논어에 나오는 일화다. 공자는 제자인 자공에게 앎의 본질에 대해 말한다. 자신은 많이 아는 것이 아니라, 하나로써 모든 것을 꿰뚫었을 뿐이라고. 이른바 일이관지一以貫之다. 공자의 이 가르침은 시공간의 커다란 간격을 넘어 진화론과 맞닿는다. 생물학에서 시작된 다윈의 대담한 발상은 현대 문명의 다양한 요소를 하나로 꿰뚫었다.

진보사관과 역사의 과학화
역사가 발전하는 논리

1851년의 런던 엑스포는 오늘날 세계박람회의 기원이 된 대회다. 하이드파크에 건설된 주 전시장 수정궁Crystal Palace이 크고 아름다운 자태를 드러냈다. 너비 564미터에 달하는 초대형 건물을 벽돌 하나 안 쓰고 철제와 유리로만 지었다. 이름 그대로 환상 속의 유리 궁전처럼 보였다. 영국의 첨단 기술로 지은 세계 최초의 철골 건축물이었다. 이걸 본 라이벌 프랑스도 가만히 있지 않았다. "야, 우리는 걔들보다 더 크고 높게 지어!" 1889년 파리 엑스포 개막에 맞춰 마르스 광장에 높이 300미터짜리 철골 탑이 위용을 드러냈다. 당시 세계에서 가장 높은 건축물이었다. 파리의 랜드마크 에펠탑도 그렇게 국력 과시용으로 만들어졌다.

수정궁과 에펠탑은 19세기의 시대정신과 맞닿는다. 과학기술과 자본주의가 이룬 번영과 발전을 상징한다. 어떻게 그런 시대가

에펠탑은 1889년 파리 엑스포에서 그 위용을 드러냈다. 당시 세계에서 가장 높은 건축물이었다. 이걸 지은 배경에는 과학기술과 자본주의가 발전하던 벨 에포크 시대의 자신감이 있었다.

가능했을까? 1815년 나폴레옹 전쟁이 끝나자 유럽에 100년 평화가 찾아왔다. 각국은 경쟁적으로 산업을 육성하고 과학 연구를 지원했으며 기술자도 양성했다. 다양한 분야에서 기술혁신이 일어나 인류의 생활양식을 크게 바꾸었다. 철도, 여객선, 자동차, 전화, 비행기 그리고 수세식 변기까지. 현대인이 누리는 삶의 원형이 이때 만들어졌다. 기술혁신은 거대한 부를 창출했고, 자유무역을 매개로 다시 유럽 전역으로 뻗어나갔다. 평화, 산업, 기술, 무역이 만들어낸 부의 선순환이었던 셈이다. 통계로도 확인된다. 서유럽의

1인당 GDP는 1820년 1243달러에서 1900년 3076달러로 두 배 이상 늘었다.[21] 이 시대를 벨 에포크belle époque라고 부른다. 프랑스어로 아름다운 시절이라는 의미다. 정치적 안정, 경제적 번영, 사회적 낙관, 문화적 여유가 절정에 올랐던 시대였다.

역사 발전과 진화론

역사가 끊임없이 발전한다는 믿음이 이 시대에 깔려 있었다. 이를 진보사관이라고 한다. 이전까지 역사란 그저 흘러간 시간, 과거로 끝난 일일 뿐이었다. 사람들은 그것이 현재와 미래로 연결된다고 생각하지 않았다. 그런데 과학혁명을 계기로 인식이 바뀌었다. 과학적 지식은 인간이 자연을 통제하여 미래를 설계할 수 있음을 입증했다. 베이컨의 "아는 것이 힘"이라는 언명, 데카르트의 보편수학 기획은 인간이 자연보다 우위에 서겠다는 자신감의 표현이었다. 뉴턴이 우주와 지구의 이치를 종합함으로써 자신감은 현실이 되었다. 뉴턴의 세례를 받은 계몽주의자들은 이성의 힘을 앞세워 진보의 실천에 앞장섰다. 마침내 시민혁명과 산업혁명이라는 역사의 전환점을 만들어냈다. 이성과 과학으로 무장한 인류에게 불가능은 없어 보였다. 역사의 진보는 누구나 받아들이는 시대정신이 되었다.

그리고 다윈과 《종의 기원》이 등장했다. 사람들은 이 책을 생물학 서적으로만 받아들이지 않았다. 자연선택에 의한 진화는 사회에도 적용되는 보편 법칙이라고 이해되었다. 책이 나온 1859년은 2차 산업혁명이 폭발하던 영국 최대의 번영기였다. 게다가 영국은 경제학의 발상지이기도 했다. 토머스 맬서스, 애덤 스미스, 데이비드 리카도 등 경제학의 창시자들은 사람들이 서로 경쟁하도록 놔두면 국부는 알아서 늘어난다고 했다. 영국은 이걸 국가정책으로 받아들여 큰 부를 쌓았다. 이 시대에 경쟁은 곧 진보의 다른 이름이었다.

하지만 이면에는 빈부격차도 심각했다. 무한경쟁을 장려하면서 나타난 사회적 부작용이었다. 그런데도 영국 정부는 되려 빈민 지원을 대폭 축소했다. 1834년 제정된 신빈민법이 그랬다. 이 법은 빈민층에 최소한의 호흡기 역할을 하던 최저임금 보조체계를 폐지했다. 그럼으로써 빈민들이 열악한 조건의 노동이라도 마다하지 않도록 유도했다. 이 정책의 저변에 깔린 논리는 이러했다. 빈민들은 태생적으로 게을러서 빈민이 되었다. 그러니 인구 균형을 위해서라도 이들이 도태되도록 두어야 한다. 맬서스가 《인구론》에서 제시한 처방을 그대로 정책화한 것이었다. 당시 런던 빈민들의 처참한 생활상은 찰스 디킨스가 1837년에 쓴 소설 《올리버 트위스트》에 사실적으로 묘사되어 있다.

스펜서는 적자생존이라는 개념을 처음 사용한 학자. 그의 역사 발전 논리는 자유방임과 적자생존에 의한 자유주의 진보사관으로 요약된다. 다윈은 스펜서가 적자생존을 자연선택과 동의어로 사용하는 것에 부정적이었지만, 결국 이 개념의 직관성과 편의성을 받아들인다.

스펜서와 자유주의 진보사관

스펜서는 벨 에포크 시대의 자유방임 사회철학을 대표한다. 그는 《종의 기원》 출간 전에 이미 진화 원리에 기초한 사회연구의 비전을 제시했다. 스펜서의 주장이다.

이와 같이 연속된 분화를 통해 간단한 것에서 복잡한 것으로 가는 '진화'는 지구의 발전에서 생명의 발전, 혹은 사회, 정부, 공업, 상업, 언어, 문학, 과학, 예술의 발전에 이르기까지 모두 동일하게 적용된다.[22]

스펜서에 의하면 사회적 행위에 개입하는 원인은 너무 복잡하고 결과 예측도 어렵다. 따라서 모든 일은 스스로 이루어지게 놓아두어야 한다. 그러면 적자생존 원리에 의해 열등한 자들은 도태되고 우수한 자들만 살아남으면서 사회가 알아서 발전한다. 사회를 개혁해 보겠다고 간섭해 봐야 전혀 엉뚱한 결과만 나올 것이다. 《올리버 트위스트》의 현실은 사회의 진화에서 발생하는 필요악일 뿐 그 자체로 문제는 아니다. 이러한 입론에 다윈은 더없이 좋은 과학적 근거였다. 다윈은 스펜서가 자연선택의 의미를 적자생존으로 치환하는 것에 부정적이었다. 자연이 반드시 적자나 강자만을 선택하지 않으며, 선택된 변이가 꼭 개체에 유리하다고 할 수 없다는 이유에서였다. 하지만 스펜서는 적자생존이나 자연선택이나 같은 개념이라고 맞받아쳤다.

결국 스펜서가 다윈에 판정승을 거뒀다. 원래 다윈은 《종의 기원》 초판에서 신중하고 방어적인 논조를 견지했다. '진화'라는 명사를 한 번도 쓰지 않았다는 것이 그 예다. 그러다 엉뚱하게도 사회학자인 스펜서가 적자생존과 진화의 개념을 유행시켰다. 다윈은 스펜서의 용법이 학문적으로는 맞지 않지만, 자신의 의도를 좀 더 단순명료하게 전달함을 인정했다. 이에《종의 기원》5판부터는 다윈도 자연선택과 적자생존을 모두 사용했다. 의도적으로 배제했던 진화라는 명사도 쓰기 시작했다. 이 무렵부터 다윈의 이론이 진화론으로 불렸다. 다윈의 논지가 바뀌면서 사람들은 진화를 진보, 또는 발전과 연계되는 과학적 개념으로 받아들였다. 스펜서의 사회진화론은 이렇게 다윈의 동조에 힘입어 후대에 강력한 영향력을 발휘할 수 있었다.

마르크스와 사회주의 진보사관

진화론의 사회적 적용에서 또 하나 빼놓을 수 없는 학자가 카를 마르크스다. 의외로 마르크스와 다윈은 접점이 꽤 있었다. 둘은 동시대 영국에서 연구했으며, 사는 곳도 불과 32킬로미터 거리였다. 《종의 기원》을 읽은 마르크스가 다윈에 대해 호평하기도 했다. 이 때문인지 마르크스가 주저《자본Capital》을 다윈에게 헌정하려 했다는 주장도 있었다. 이러한 '헌정설'은 1930년대 소련에서 제기되어 정설로 받아들여졌다. 하지만 전후 맥락을 잘 살펴보면 그렇지 않다. 헌정설은 다윈이 남긴 편지를 잘못 해석한 서지학적 오류, 또는 마르크스와 다윈을 무리하게 끼워 맞추려는 시도에 불과했다.[23]

다만 다윈과 마르크스가 서로 연결될 만한 개연성은 있었다. 마르크스의 계급투쟁과 혁명의 도식은 다윈의 생존투쟁을 통한 진

마르크스는 역사란 피억압 계급의 사회적 실천, 즉 계급투쟁을 통해 발전한다고 주장했다. 그는 다윈의 진화론이 이러한 생각에 과학적 근거를 제시해 준다고 보았고, 그래서 여러 한계에도 불구하고 긍정적으로 평가했다.

화 논리와 친화적이었기 때문이다. 게다가 마르크스 필생의 과업은 사회주의를 과학으로 끌어올리는 것이었다. 이에 기존의 낭만적 사회주의 경향들을 배격하면서 자신의 이론을 '과학적 사회주의'라고 했다. 마르크스도 과학을 신뢰한 진보사관의 소유자라는 점에서 자유주의자들과 다르지 않았다. 실제로 그는 역사상 최고의 생산력 발전을 이룬 자본주의와 과학기술의 성과에 경탄했다. 다만 이러한 성과조차도 역사의 한 단계에 불과하므로, 사회주의라는 또 다른 진화가 필요하다고 보았을 뿐이다. 마르크스는 벨 에포크의 화려함과 동전의 양면을 이루는 《올리버 트위스트》의 현실을 철학의 핵심 과제로 둔 것이다. 이러한 입론은 세 가지 점에서 기존 진보사관과 차이가 있었다.

첫째는 유물론이다. 유물론은 세상만사를 결정하는 근본 원리는 물질에 있다고 보는 철학적 입장이다. 마르크스는 물질적 이해관계가 이념과 사상, 더 나아가 정치와 제도까지 지배한다고 보았다. 따라서 역사는 이성이나 정신 같은 추상의 관념이 아니라, 물질이라는 실체를 둘러싼 갈등과 투쟁에 따라 발전한다.

둘째는 계급이다. 근대철학에서 사회의 기본단위는 개인으로 상정된다. 스펜서의 사회진화론은 이러한 개인주의를 극단까지 몰고 간 경우다. 그러나 마르크스는 파편화된 개인은 역사에 아무 영향을 미치지 못한다고 본다. 마르크스는 '계급'이라는 물질적 이해를 공유하는 집단을 역사의 주역으로 제시했다. 역사는 유한한 물질자원에 대해 발생하는 계급 간 착취 관계를 중심으로 전개된다. 예컨대 자본주의는 자본가의 노동자에 대한 착취가 규정하는 시대고, 사회주의는 이러한 자본주의적 착취 관계가 해소되는 단계다. 그래서 역사 발전의 최종점이 된다.

셋째는 실천이다. 마르크스는 역사 발전의 이론화에만 그치지 않았다. 강력한 실천적 당위성도 부여했다. 마르크스에게 이론과

　　　　　　　　　　　　최소한의 과학 공부

실천은 분리되지 않는다. 이론은 실천을 전제로 존재하며, 실천은 이론에 과학적 정당성을 부여한다. 즉 역사는 공짜로 발전하지 않는다. 인간이 직접 역사에 개입해 모순을 극복해야 한다. 마르크스는 다음과 같이 설명했다.

인간은 자신의 역사를 만들어가지만, 그들이 바라는 꼭 그대로 역사를 형성해 가는 것은 아니다. 다시 말해서, 그들 스스로 선택한 환경 아래에서가 아니라 과거로부터 곧바로 맞닥뜨리게 되거나 그로부터 조건 지어지고 넘겨받은 환경하에서 역사를 만들어 가는 것이다. 모든 죽은 세대의 전통은 악몽과도 같이 살아 있는 세대의 머리를 짓누르고 있다.[24]

다윈, 스펜서, 마르크스의 후예들

다윈, 스펜서, 마르크스에게 역사란 그저 시간의 흐름이 아니었다. 어떤 법칙에 따라 자연과 사회의 기저에서 거대한 변화가 일어나는 과정이었다. 세 사람은 그 법칙을 나름의 과학으로 규명했다. 진보사관은 이러한 과학에 대한 믿음이 철학과 역사학으로 투영된 결과였다. 특히 스펜서와 마르크스의 사회과학은 20세기를 양분하는 사상운동으로 발전했다.

사회진화론은 독점자본가와 제국정치가의 지지를 받았다. 19세기는 자본주의적 경쟁이 극에 달했던 시기다. 서로 경쟁하던 다수의 자본은 몇몇 독점자본으로 통합되었다. 이는 다시 국가와 결탁하는 국가독점자본주의, 해외 식민지를 개척하는 제국주의로 변모해 갔다. 이 과정을 독점자본가와 제국정치가가 주도했다. 사회진화론은 부의 축적을 정당화해 주는 과학적 근거가 되었다. 이에 따르면 독점자본가들은 자본주의 경쟁에서 성공할 수 있는 적합성을 입증한 사람들이다. 이들의 성공은 자연 및 과학의 법칙과 일치하며 사회에도 이로운 일이 된다. 일례로 미국의 록펠러는 대기업의 성장은 자연의 법칙이 작용한 결과라고까지 역설했다. 이는 정부를 비롯한 누구도 경쟁에 개입하거나 그 결과를 왜곡하면 안 된다는 극단적 자유방임주의와 공명했다. 강대국이 약소국을 식민지로 삼는 제국주의도 같은 논리로 정당화되었다. 그 또한 역사 발전의 자연스러운 과정이라는 것이다. 이렇듯 적자생존이 약육강식으로 바뀌는 데에는 많은 논리적 단계가 필요치 않았다.

비단 유럽 제국주의자들만 사회진화론을 떠받든 것은 아니었다. 그들이 침략 대상으로 삼았던 아시아에서도 사회진화론은 유행했다. 조선의 유길준, 중국의 량치차오, 일본의 가토 히로유키와 후쿠자와 유키치 같은 지식인들은 19세기 국제정세를 냉정하고 현실적으로 바라봤다. 그리고 유럽이 가진 힘의 근원을 파악해 그들을 그대로 따라 해야 한다는 논리를 폈다. 물론 모두가 성공하지는 못했다. 일본만이 메이지유신이라는 성공을 거둘 수 있었다. 그럼으로써 아시아 유일의 제국주의 국가로 탈바꿈했다.

최소한의 과학 공부

사회진화론의 반대자들은 마르크스주의 깃발 아래로 모였다. 1917년 러시아 혁명으로 최초의 마르크스주의 국가 소련이 탄생했다. 본래 마르크스는 자본주의가 고도로 발전한 영국을 사회주의 혁명의 유력 후보로 생각했다. 그런데 엉뚱하게도 자본주의에 이르지도 못한 러시아가 혁명을 성공시켰다. 소련은 비슷한 처지의 저발전 국가들에 혁명의 비법을 전수해 주었다. 그 결과 20세기 지구상의 절반 정도 되는 국가가 소련의 노선을 따르게 되었다. 사회진화론이 그랬듯 이 과정도 그리 평화롭지는 않았다. 마르크스주의자들은 역사 발전에 역행하는 자본가와 지식인 등의 반동분자를 타도하면서 혁명을 완성해 나갔다. 그리고 소련이 연합국 일원으로 참전한 2차 세계대전은 어떤 면에서는 사회진화론과 마르크스주의 간의 전쟁이기도 했다. 2차 세계대전이 끝난 뒤에는 냉전이 시작되면서 비슷한 전쟁이 형태만 달리해 계속되었다. 냉전은 1991년 소련이 해체되고 사회주의가 연쇄적으로 무너지면서 비로소 끝났다.

과학은 자연을 이해하는 수준을 넘어 사회를 개조하는 수단으로까지 발전했다. 이를 통해 인류는 역사의 진보를 확신할 수 있었다. 19세기 진보사관은 인류의 이러한 인식체계를 반영했다. 자유주의와 사회주의라는 진보사관을 따른 이들은 각자의 방법대로 역사 발전을 이루려 했다. 제국주의, 혁명, 세계대전, 냉전 등 20세기 세계사의 격동은 그 필연적 결과였다.

상대성이론과 아인슈타인의 20세기
시간과 공간에 대한 재정의

"이제 발견할 것은 다 발견했다. 물리학은 끝났다." 19세기 물리학자들의 선언이었다. 대단한 호연지기다. 과학사에서 19세기는 고전물리학의 완성기다. 고전물리학이란 뉴턴의 역학과 맥스웰의 전자기학을 의미한다. 이 두 체계가 완성되면서 운동, 전기와 자기 현상, 빛에 대한 종합적 이해가 가능해졌다. 물리학자들은 이로써 자연을 완벽히 설명해 냈다고 생각한 것이다. 실제로 그때까지 물리학의 성취는 대단했다. 학자들이 "우리는 이제 뭘 하나?"라고 걱정할 만도 했다. 적어도 1905년, 스위스 특허청의 스물여섯 살짜리 공무원이 논문을 발표하기 전까지는.

그의 이름은 알베르트 아인슈타인이었다. 이 해 그는 세 편의 논문으로 200년 넘게 굳건하던 고전물리학의 권위를 무너뜨렸다. 일과 중에는 특허 심사 업무를 하고 퇴근 후에 연구해서 이룬 결

최소한의 과학 공부

과였다. 성당 관리자였던 코페르니쿠스가 지동설을 고안하고, 백수였던 다윈이 진화론을 발견한 만큼이나 충격적이었다. 이 논문들은 그대로 뉴턴 이후의 물리학, 현대물리학이 성립하는 기초가 되었다. 그중 가장 대표적인 것이 상대성이론이었다.

맥스웰과 갈릴레이의 상충

발단은 10년 전 소년 아인슈타인이 던진 질문이었다. "물체가 빛과 같은 속도로 달리면 어떻게 될까요?" 물리 선생님은 "그럼 빛은 멈춘 것으로 보일 것"이라고 답했다. 그 옛날 갈릴레이가 물체의 속도는 다른 물체와의 상대적 관계를 통해 결정된다고 한 것과 같은 맥락이다. 지하철에서 건너편 열차와 동시에 출발하면 속도가 느껴지지 않거나, 지구의 자전을 인지할 수 없는 것도 이 때문이다. 속도의 상대성은 시간과 공간의 절대성을 전제한다. 누가 어디서 측정하든 1초는 1초이고, 1미터는 1미터다. 이를 기준으로 관측자의 운동상태에 따라 속도가 달라진다. 이는 인간의 직관적 경험과도 잘 들어맞는다. 고전물리학의 기본전제이기도 하다.

문제는 맥스웰의 전자기학과는 맞지 않았다는 것이다. 맥스웰 방정식을 계산해 보면 좌표계와 무관하게 빛의 속도 c는 항상 같아야 한다. 이렇듯 빛의 속도라는 중요한 물리적 문제에 대해 두 대가가 상충했다. 하지만 이내 맥스웰을 지지하는 실험 결과들이 나왔다. 1887년 미국의 앨버트 마이컬슨과 에드워드 몰리가 빛의 속도는 초속 30만 킬로미터에서 변하지 않음을 보였다. 많은 후속 실험이 있었으나 결과는 같았다. 맥스웰 방정식에는 오류가 없었던 것이다. 네덜란드의 물리학자 헨드릭 로런츠는 맥스웰에 대한 갈릴레이의 모순을 해결하는 변환식을 만들었다. 다만 이것은 말 그대로 모순 해결을 위한 수학적 기술에 가까웠을 뿐이다. 로런츠는 새로운 물리학 이론까지는 나아가지 않았다.

새로운 이론의 개척은 아인슈타인의 몫이었다. 특수상대성이론이 제기된 배경이다. 이것은 한마디로 시간과 공간에 대한 재정의다. 고전물리학에서 사용해 온 시간과 공간 개념이 타당하지 않으니 새롭게 일반화하자는 이론적 시도였다. 우선 아인슈타인은 맥스웰 방정식에 따라 빛의 불변 원리가 가장 근본적인 물리법칙이라고 정의했다. 여기에는 어떤 예외도 없다. 10년 전 물리 선생님이 말한 '빛이 멈춘 상태'란 없는 것이다. 그렇다면 시간과 공간 개념이 상대화되어야 했다. 아인슈타인의 설명이다.

물론 오늘날 모두가 아는 것처럼, 시간의 절대성, 즉 동시성에 대한 공리가 무의식 속에 고정되어 있는 한, 이 역설을 만족스럽게 해명하려는 모든 시도는 오랫동안 실패로 판정되어 왔다.[25]

빛의 속도 불변의 원칙

특수상대성이론의 핵심에는 빛의 속도라는 물리상수가 존재한다. 아인슈타인에게 빛의 속도는 전자기학의 법칙을 따르는 아주 독특한 존재다. 이것은 우주의 본질을 담지한 '우주 본연의 언어'다. 반면 시간과 공간은 인간의 편의를 위해 만들어낸, '인간의 언어'일 뿐이다.[26] 인간이 우주의 중심이어야 할 이유는 없다. 이미 16세기에 코페르니쿠스가 인간을 우주의 변방으로 추방하지 않았던가. 특수상대성이론도 결국 같은 맥락이었다.

> 빛의 모든 광선은, 정지된 좌표에서, 그것이 정지해 있는 또는 운동하는 물체 중 어디에서 방출되었는지와 상관없이 항상 일정한 속도 c를 유지하며 전파된다.[27]

빛의 속도가 불변하려면 시간과 공간이 변할 수밖에 없다. 그리고 둘은 어떤 방식으로든 얽혀야 한다. 고전물리학에서 시간은 공간과 관계없이 절대적이었다. 하지만 특수상대성이론에서는 시간(1차원)과 공간(3차원)이 시공간(4차원)으로 합쳐진다. 이렇게 얽힌 시공간에서는 공간을 빠르게 이동하면 시간이 느려지고, 반대로 느리게 이동하면 시간이 빨라지는 일이 벌어진다. 이런 황당한 일이 어떻게 가능할까? 1971년 조지프 하펠과 리처드 키빙이 실험으로 검증했다. 이들은 여덟 개의 세슘 원자시계를 준비했다. 그

아인슈타인이 E=mc²를 설명하는 모습을 촬영한 유일한 사진(1932년 미국).

중 네 개는 지상에 두고 네 개는 제트기에 태워 지구를 빠르게 돌았다. 비행이 끝난 후 비교해 보았다. 제트기에 태웠던 시계가 지상의 것보다 10억 분의 59초 더 느렸다.

아인슈타인의 천재성을 상징하는 E=mc²(E: 에너지, m: 질량, c: 빛의 속도)도 특수상대성이론에서 도출된 것이다. 흔히 엠씨스퀘어로 알려진 이 공식(한때 집중력 향상 기계 이름으로도 유명했다)은 '질량-에너지 등가 원리'로 불린다. 즉 에너지와 질량은 같은 본질의 다른 형태이며 서로 변환될 수 있다. 이때 에너지와 질량을 이어주는 것이 바로 빛의 속도를 제곱한 c²(초속 30만 킬로미터의 제곱)다. 이는 아주 작은 질량일지라도 c²를 곱하면 대단히 큰 에너지가 될 수 있음을 함의한다.[28] 물론 어디까지나 가능성일 뿐 그 방법은 아인슈타인도 몰랐다. 하지만 이 가능성이 현실이 되는 데에는 오랜 시간이 걸리지 않았다. 1938년 화학자 오토 한과 프리츠 슈트라스만이 우라늄 원자핵의 분열에 성공했다. 이때 분열된 원자핵은 $E=mc^2$ 공식대로 줄어든 질량을 엄청난 에너지로 변환했다. 인간이 원자폭탄과 원자력을 사용할 수 있게 된 것이다.

휘어지는 시공간

특수상대성이론은 등속운동의 경우에만 적용되었다. 아인슈타인은 10년의 노력 끝에 이를 가속운동에까지 확대했다. 특수상대성이론을 일반화한 일반상대성이론을 확립한 것이다. 일반상대성이론의 가장 중요한 의의는 뉴턴의 중력 이론을 재해석했다는 데있다. 그 발단이 된 아이디어는 우리가 흔히 느끼는 관성력을 중력의 효과로 해석하는 것이다. 아인슈타인은 관성력이 가속운동 때문에 생기며 이는 본질적으로 중력과 같다고 보았다. 그런데 특수상대성이론에서는 움직이는 좌표계에서 시간과 공간이 변화한다. 만약 가속운동을 한다면 변화 폭은 더욱 커진다. 그러면 4차원의 시공간에 굴곡이 생겨서 결국 휘어질 것이다. 이로써 중력의 본질은 시공간의 휘어짐이라는 결론에 도달한다.

시공간이 변한다는 특수상대성이론도 잘 적응이 안 되는데, 일반상대성이론에서는 아예 휘어지기까지 한다고? 이 놀라운 이야기도 실험으로 입증되었다. 영국의 아서 에딩턴Arthur Eddington 탐사대가 아프리카 프린시페섬에서 찍은 별의 사진이 증거가 되었다. 탐사대가 실험에 착수한 1919년 5월 29일에는 개기일식이 있었다. 햇빛이 가려져야만 태양 뒤편에 있는 붙박이별을 볼 수 있어서 이날을 디데이로 골랐다. 탐사대는 해의 옆에 나타난 별을 촬영하여 위치를 계산해 보았다. 결과는 놀라웠다. 별의 진짜 위치와 관측된 지점이 미세하게 달랐기 때문이다. 원래는 태양에 가려서 보이지 않아야 할 별빛이었다. 그런데 이것이 태양의 중력에 이끌려 진행 방향이 꺾이면서 지구에 다다른 것이었다. 별빛은 중력이 강한 태양 부근을 지나면서 휜다는 일반상대성이론의 설명이 들어맞는 순간이었다. 이 실험 결과는 아인슈타인을 대중적으로도 유명하게 만들었다. 1919년 11월 7일 영국의 일간지 《타임스》는 "과학의 혁명, 우주의 새 이론, 뉴턴의 생각이 뒤집히다"라고 대서특필했다.

1921년에는 (당연하게도) 노벨물리학상도 받았다. 보통 아인슈타인이 상대성이론으로 노벨물리학상을 받았다고 알려졌지만, 정확한 수상 근거는 이렇다. "이론물리학에의 공헌, 특히 광전효과 법칙의 발견." 즉 광전효과 규명이 더 명확한 수상 이유다. 아마 노벨재단은 '이론물리학에의 공헌'이라는 두루뭉술한 표현으로 상대성이론 업적을 퉁친 것 같다. 그만큼 상대성이론은 혁명적이었고 과학자들이 수용을 주저하는 분위기가 있었다. 다만 아인슈타인은 수상 소감의 대부분을 광전효과가 아닌 상대성이론에 할애했다.

최소한의 과학 공부

미국 시사주간지《타임》이 선정한 20세기의 인물, 아인슈타인.

20세기의 인물

미국의 시사주간지《타임》은 1999년 12월 송년호에서 지난 1000년간 각 세기의 인물을 선정했다. 칭기즈칸(13세기), 구텐베르크(15세기), 뉴턴(17세기) 등 역사책의 몇 챕터쯤은 너끈히 쓸 만한 인물들이 이름을 올렸다. 20세기의 인물로는 아인슈타인이 선정되었다. 20세기는 제국주의, 세계대전, 자본주의 황금기, 냉전, 신자유주의 등 굵직한 사건들로 점철된 격동기였다. 그런데도 정치가, 기업가, 군인이 아닌 아인슈타인이 뽑혔다. 그만한 이유가 있다.

흔히 아인슈타인을 고전물리학의 시대(~19세기)가 끝나고 현대 물리학(20세기~)이 시작되는 기점으로 본다. 아인슈타인이 수백 년간 고전물리학이 작동해 온 기본전제를 바꾸어 버렸기 때문이다. 이제부터는 뉴턴역학이나 전자기학이 아닌, 상대성이론과 양자역학이 물리학의 헤게모니를 쥐게 된다. 아인슈타인은 상대성이론을 창조했고 양자역학의 계기를 마련했다.

이것은 인류의 세계관까지 변화시켰다. 고전물리학을 떠받치는 세계관은 결정론이다. 원인을 알면 결과도 예측할 수 있다. 과학의 강력한 지적 권위는 결정론에서 기인했다. 결정론 덕분에 주술과 미신의 영역이었던 미래 예측이 이성의 영역으로 들어올 수 있었다. 근대 과학혁명은 곧 결정론적 세계관이 인류의 사고체계를 지배해 가는 과정이었다. 아인슈타인도 결정론자라는 점에서 이전 세대와 다르지 않았다. 사실 특수상대성이론도 맥스웰의 물리법칙을 정교화하려는 의도에서 시작되었다. 하지만 아인슈타인의 연구는 역설적으로 결정론적 세계관에 타격을 입히는 결과로 이어졌다. 시간과 공간의 절대성을 부정한 것이 뇌관을 건드렸다. 이렇게 핵심 전제가 무너지자 고전물리학의 권위는 추락할 수밖에 없었다.

아인슈타인은 정치적으로도 20세기의 격동과 맞닿는다. 그는 사회주의자였다. 1949년 미국의 좌파 잡지《먼슬리 리뷰》창간호에 기고한 〈왜 사회주의인가?〉라는 글이 유명하다. 냉전의 위협과 매카시즘의 광풍이 본격화되던 시기였다. 그렇기에 인류사 최

최소한의 과학 공부

고의 천재 자리를 다투는 아인슈타인의 사회주의 선언은 충격적이었다. 《먼슬리 리뷰》는 1998년과 2009년의 창간 기념호에도 이 글을 게재했다. FBI는 그를 정치적 위험 인물로 지목해 감시했다. 아인슈타인이 FBI의 의심처럼 소련과 내통하는 마르크스주의자는 아니었다. 그는 혁명보다는 윤리의 관점에서 사회주의를 지지했다. 세계평화를 실천할 세계정부의 설립을 주장한 것이 대표적이다. 그리고 1955년 사망 직전 영국 철학자 버트런드 러셀과 '러셀-아인슈타인 선언'도 발표했다. 핵전쟁 위험을 경고한 이 선언은 2년 후 핵무기를 반대하는 과학자 모임인 퍼그워시 회의로 이어진다. 그는 1939년 미국의 프랭클린 루스벨트 대통령에게 보낸 편지에서 핵무기 개발을 촉구했었다. 그러나 핵무기의 위력을 목격한 뒤에는 이를 후회했고, 반성의 취지에서 반핵과 평화주의 활동을 했다. 또한 유대인으로서 시오니즘 운동을 지지했는데, 이 때문에 이스라엘로부터 대통령이 되어달라는 요청까지 받았다.

아인슈타인은 예술에도 영감을 주었다. 1931년 살바도르 달리의 대표작 〈기억의 지속〉은 해변에서 녹아내리는 듯한 시계들의 이미지가 유명하다. 녹아내린 시계 속에서 정지한 시간은 상대성이론에서 느려지는 시간과 닮았다. 판화가 마우리츠 코르넬리스 에셔의 1953년 판화는 제목부터 아예 〈상대성〉이다. 공간 안에 그려진 계단들은 어디가 위고 어디가 아래인지 불분명하다. 보는 관점에 따라 달라진다. 이렇듯 20세기 예술에서 상대성이론은 주체의 위치와 관점에 따라 사물의 실제를 다르게 볼 수 있음을 함의

에셔의 1953년 판화 작품, <상대성>.

했다. 파블로 피카소의 큐비즘과도 상통한다. 최초의 큐비즘 작품으로 통하는 〈아비뇽의 처녀들〉은 고정된 한 시점이 아닌 여러 시점에서 보이는 것을 종합해서 그렸다. 피카소는 이렇듯 여러 군데에서 사물을 들여다봐야 본질을 알 수 있다고 생각했다. 물론 이 시대 화가들이 물리학을 공부한 것은 아니다. 그러나 아인슈타인과 상대성이론이 대중적으로 알려지면서, 그 이론적 발상이 예술 작법에도 영감을 주었다고 해석할 수 있다.

최소한의 과학 공부

처음의 문장으로 되돌아 가보자. 물리학이 끝났다는 19세기의 선언은 대단한 착각이었다. "발견할 게 더 없다"던 완성론자도, "이제 뭘 해야 하냐"던 비관론자도, 아인슈타인의 참교육 앞에서 오류를 반성해야 했다. 물리학은 여전히 계속되었다. 오히려 새로운 시대를 준비하고 있었다. 그것은 아인슈타인조차도 난감해했던, 양자역학의 혁명이었다.

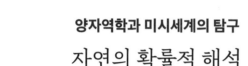

양자역학과 미시세계의 탐구

자연의 확률적 해석

인터넷에 돌아다니는 유명한 짤방(이미지)이 있다. 네티즌들은 '인류 역사의 레전드 정모.jpg', '지구 최강의 정모.jpg' 등으로 부른다. 짤방의 정체는 1927년 10월에 열린 제5차 솔베이 회의의 단체 사진이다. 솔베이 회의는 1911년부터 개최된 물리학과 화학의 국제학술대회다. 이 사진이 유명한 이유는 참석자들의 화려한 면면 때문이다. 알베르트 아인슈타인을 필두로 헨드릭 로런츠, 마리 퀴리, 막스 플랑크, 아서 콤프턴, 에르빈 슈뢰딩거, 닐스 보어, 베르너 하이젠베르크 등 천재들이 모였다. 29명 중 17명이 노벨상 수상자다. 학회 참석자가 아니라 현대물리학 교과서 공동 집필진이라고 해도 될 정도다.

사진만 봐서는 다들 사이가 좋은 것 같다. 그러나 이 대회에서는 격렬한 논쟁이 있었다. 주제는 '전자와 광자'였다. 양자역학이라는 새로운 패러다임을 두고 첨예한 전선이 생겼다. 주로 사진 앞줄에 앉은 선배 석학들은 양자역학에 부정적이었다. 반면 뒷줄에 분포한 젊은 후학들은 옹호했다. 학회란 본디 점잖은 행사다. 질문과 토론을 해도 상대방 기분이 상하지 않게 예를 갖춘다. 하지만 이때는 그런 거 없었다. 존경받는 석학들이 서로 얼굴을 붉히며 집요하게 비판하고 지적했다. 양자역학을 어떻게 받아들일 것인가는 그만큼 중요하고 민감한 문제였다.

고전물리학의 모순

양자역학은 원자 이하 미시세계(약 1000만 분의 1밀리미터 이하)의 운동을 기술한다. 고전물리학은 우리가 감지할 수 있는 거시세계의 설명에는 이보다 더 완벽할 수 없었다. 나무에 매달린 사과부터 우주를 지나는 혜성까지, 수만 가지 물체의 운동을 정확하게 해석하고 예측했다. 그런데 오감으로 확인할 수 없는 미시세계에 대해서는 그렇지 못했다. 뉴턴과 맥스웰 선생께서 삼라만상을 다 설명해 놓으셨건만, 이상하게도 원자 내부로만 가져가면 어긋났다. 학자들은 영화 〈신세계〉의 명대사를 떠올렸다. "이러면 완전 나가리인데…." 특히 전자, 원자핵, 양성자, 중성자, 핵력의 발견으로 원자에 대한 이해가 급신전하면서 모순은 걷잡을 수 없게 되었다.

발단은 1900년의 양자가설이었다. 이런 문제였다. 물질을 뜨겁게 하면 빛이 나온다. 용암이나 뜨겁게 달아오른 쇠를 생각해 보면 된다. 물질의 에너지가 높아지면서 빛 에너지를 방출하는 것이다. 그런데 이를 고전물리학으로 계산해 보면 짧은 파장대에서 빛의 에너지가 무한히 커지는 황당한 결과가 나왔다. 실제 실험에 따르면 짧은 파장에서는 빛 에너지가 정점을 찍고 급감해야 했다. 왜 이런 모순이 생길까? 이때 플랑크가 아주 대담한 가정을 도입했다. 빛 에너지가 불연속적인 작은 알갱이들이라고 하면 이 문제가 해결된다는 것이다. 이 띄엄띄엄 덩어리진 에너지를 지칭하는 개념이 바로 양자quantum다. 그러니까 플랑크의 양자가설은 실험 결과에 이론을 끼워 맞춘 미봉책이었다. 고전물리학에서 빛 에너지란 곧 연속체였다. 하지만 플랑크는 빛 에너지가 기본 단위의 정수배로서만 존재한다고 보았다. 비유컨대 빛 에너지를 고전물리학에서는 끊김 없이 연속적인 경사면으로 여긴다면, 플랑크는 분절적인 계단으로 본 것이다. 한 계단에서 다른 계단으로 움직일 뿐, 그 중간 어딘가에 머무를 수 없다.

1905년 아인슈타인은 이를 광양자가설로 발전시켜 광전효과를 설명할 수 있었다. 광전효과가 중요했던 이유는 빛의 본질에 대한 새로운 지평을 열었기 때문이다. 빛이 입자인가, 파동인가는 과학사를 관통하는 대논쟁이다. 17세기 크리스티안 하위헌스가 파동설을 확립했지만, 곧바로 뉴턴의 입자설이 역전했다. 19세기에는 파동설이 다시 주류가 되었다. 물리학자 토머스 영은 이중슬릿 실험으로 빛의 파동성을 뒷받침하는 간섭무늬를 확인했다.

맥스웰도 빛이 전자기파, 즉 전기와 자기에 의한 파동이라고 했다. 이것으로 논쟁은 종결된 것으로 보였다. 하지만 아인슈타인은 둘 다 맞으면서 또 틀렸다고 했다. 빛이 전파될 때는 파동이었다가, 물질과 상호작용할 때는 입자의 성질을 보인다는 것이다.

괴이한 논리였다. 조그만 알갱이가 물결이기도 하다니 얼마나 황당한가? 입자는 형태가 있고 불연속적이다. 파동은 형태가 없고 연속적이다. 광양자가설은 이렇게 고전물리학의 기본 개념틀을 깨버려 엄청난 논란을 낳았다. 그러나 1923년 콤프턴이 빛의 입자성을 실험으로 보여 아인슈타인이 옳았음이 입증되었다. 물론 그렇다고 입자설이 다시 파동설에 승리를 거뒀다고 할 수는 없었다. 빛의 회절과 간섭 현상은 그 본질이 파동임을 분명히 보여준다. 따라서 결론은 이렇다. "빛은 입자와 파동의 성질을 모두 갖는다. 상황에 따라 어느 한 가지 성질이 나타난다."

그래서 1924년, 대학원생이었던 루이 드 브로이가 재미있는 아이디어를 냈다. 파동인 줄 알았던 빛이 입자이기도 하다고? 그럼 입자인 전자, 중성자, 양성자 등도 파동의 성질을 가질 수 있겠네? 물리학자들은 자연을 대칭으로 받아들이는 사람들이다. 그러니 이러한 역발상은 그럴듯했다. 지도교수는 드 브로이의 가설에 황당해했지만, 아인슈타인은 그렇지 않았다. 아인슈타인의 조교 슈뢰딩거는 이 가설에 착안, 파동방정식으로도 알려진 슈뢰딩거 방정식을 완성했다. 미세한 입자의 상태를 파동함수로 기술한 이 방정식은 후일 양자역학의 기본이론이 된다. 드 브로이의 가설은 실험으로도 입증

1927년 열린 제5차 솔베이 회의의 참석자 단체 사진. 이 회의에서는 양자역학을 둘러싼 학자들의 대격돌이 있었다. 주로 아인슈타인이 양자역학의 문제점을 지적하면, 보어가 방어하는 형식으로 토론이 이루어졌다.

되었다. 1927년 클린턴 데이비슨과 레스터 저머는 전자도 빛과 마찬가지로 회절하며, 영의 이중슬릿 실험에 전자를 써도 간섭무늬가 나타남을 보였다. 이로써 입자-파동 이중성이 확립되었다. 이제 양자역학이 태동할 기본 바탕은 거의 마련된 셈이었다.

상보성의 개념

플랑크, 아인슈타인, 드 브로이, 슈뢰딩거의 혁신은 어디까지나

최소한의 과학 공부

고전물리학 내에서 제기된 논점에 고전물리학적으로 대응한 것이었다. 따라서 기존 체계를 허물고 새 패러다임을 도입하려는 의도가 전혀 없었다. 실제로 이들 모두는 후일 양자역학에 부정적이었다. 이들의 연구가 양자역학에 중요한 계기를 제공했다는 점을 생각해 보면 역설적이다.

양자역학이라는 뉴웨이브의 선두에는 보어가 있었다. 보어는 원자핵을 발견한 어니스트 러더퍼드의 원자 모델이 가진 오류를 해결해 노벨물리학상을 받았다. 이것은 전자의 궤도나 에너지가 정수로 떨어지고 불연속적이라는 양자적 가설을 도입해 가능했다. 보어는 연구도 잘했지만 리더십도 뛰어났다. 코펜하겐대학교에 이론물리학연구소를 세우고 많은 학자를 초청했다. 양자역학은 그들의 협업으로 탄생한, 일종의 집단연구 성과였다. 이들이 공유한 양자역학의 표준적 해석을 '코펜하겐 해석'이라고 한다. 과학에 해석이란 단어는 좀 낯설다. 이는 양자역학의 독특한 성립 과정을 반영한다. 뉴턴역학이나 상대성이론은 기본이 되는 공리를 토대로 세워졌다. 한 명의 천재가 처음부터 끝까지 다 만들어서 완결성도 높다. 반면 양자역학은 그렇지 않다. 양자가설이나 광양자가설에서 보듯 기묘한 현상을 이리저리 해석하면서 결과가 짜 맞춰졌다. 완결성이 부족할 수밖에 없었다. 그래서 가장 권위 있고 표준적인 해석이 필요했다. 그걸 체계화한 이들이 보어와 그 무리였기에 코펜하겐 해석이라고 한다.

보어가 제창한 상보성이 그 핵심 개념이 된다. 원자 내부에는 물체의 여러 상태가 동시에 존재한다. 보어에 의하면 서로 배타적인 두 명제를 보완적으로 합쳐야 비로소 이러한 현상을 이해할 수 있다. 둘 중 하나만으로는 불가능하다. 보통의 상식으로는 서로 배타적인 관계에서 둘 중 하나가 참이면 다른 것은 거짓이어야 한다. 실제로 고전물리학의 논리가 그러하다. 입자와 파동은 상호배타적 개념이며 하나의 현상에 동시 적용할 수 없다. 하지만 원자의 세계를 이해하려면 이러한 상식을 버려야 한다. 보어의 설명이다.

처음 보면 이러한 현상이 대조적이겠으나, 원자에 대한 모든 정보를 보편의 언어로 모호함 없이 정확하게 표현하려면 둘 다가 상보적임을 깨달아야 한다.[29]

"대립적인 것은 보완적이다Contraria sunt complementa." 1947년 보어가 기사 작위 문장에 직접 써넣은 라틴어 문구다. 과학의 명제가 아니라 철학의 선문답 같다. 장자의 제물론을 생각해 보라. "저것은 이것에서 나오고, 이것 역시 저것에서 비롯된다." 만물 어느 곳이든 도가 있다는 장자의 철학은 기나긴 시공간을 건너 양자역학과 만난다. 실제로 보어는 주역을 비롯한 동양철학에 관심이 지대했다. 그래서 위의 문구와 함께 음양을 상징하는 태극 문양으로 기사 문장을 만들었다. 음양론에 의하면 음과 양이라는 대립적 성질이 균형을 이뤄 만물의 존재 양식을 이룬다. 신기하게도 양자역학의 입자-파동 이중성과 서로 뜻이 통한다.

최소한의 과학 공부

불확정성의 원리

보어의 절친이자 제자인 하이젠베르크는 불확정성 원리로 코펜하겐 해석을 완성했다. 뭘 확정할 수 없다는 것일까? 고전물리학은 물체의 위치와 속도(또는 운동량)를 알면 현재는 물론 미래의 상태까지 알 수 있다고 전제했다. 이러한 결정론은 고전물리학, 나아가 근대과학을 떠받치는 인식론적 기초다. 다만 원자 내부에서도 그럴까? 예컨대 수소 원자의 내부에서 전자의 위치와 속도를 구해 그 궤도를 그릴 수 있나? 하이젠베르크에 의하면 두 가지를 동시에 정확히 아는 것은 불가능하다. 어느 한쪽을 알면 나머지는 알 수 없다. 전자의 위치와 속도에 대한 동시 측정의 한계치를 직접 계산해서 얻은 결론이다. 전자의 궤도는 그저 확률적으로만 가늠할 수 있다.

이상한 이야기처럼 들리나 우리 일상에도 비슷한 예는 있다. 소리나 물결 같은 파동을 생각해 보자. 스피커의 소리나 호수의 물결이 퍼지는 속도는 알 수 있다. 그러나 위치가 어디라고 말하기는 어렵다. 전자가 파동이라면 이처럼 속도는 있으나 위치는 알 수 없다. 그럼 전자를 입자로 받아들인다면? 파동성이 없어지므로 위치는 알 수 있으나 속도는 알 수 없게 된다.[30]

불확정성 원리에 따르면 관측의 의미도 달라진다. 관측자가 관측 대상에 영향을 미치기 때문이다. 이것도 관측자와 관측 대상이 독립적이라는 고전물리학과는 충돌한다. 관측자와 관측 대상은 관측 장치로 매개된다. 그런데 원자 내부는 상상할 수 없을 정도로 작고, 거기에 들이대는 관측 장치는 너무 크다. 이 커다란 장치가 극미세 입자들에 아무 영향을 미치지 않는다고 생각하기 어렵다. 입자-파동 이중성 문제도 여전히 존재한다. 관측 대상은 관측 장치에 따라 입자일 수도 파동일 수도 있다. 이 정의를 좀 더 밀고 나가면, 양자역학에서 물리량이란 관측 가능한 양으로서만 유의미하다고 할 수 있다. 이 역시 고전물리학과 긴장을 일으킨다. 고전물리학에서는 관측과 무관하게 물리적인 실재가 존재한다. 즉 100도의 끓는 물은 온도계로 측정하든 안 하든, 그냥 끓는 물이다. 그러나 양자역학에서는 관측이 이루어지지 않는 한 물리적 실재가 있다고 말할 수는 없다. 측정의 순간 물리적 성질이 달라질 수 있기 때문이다. 그럼 대체 관측 이전에 물리적 대상은 어떤 상태에 있는가? 이 난점은 이른바 '슈뢰딩거의 고양이'로 공격받는 포인트가 된다.

여담이지만 코펜하겐 해석은 칼스버그의 지원을 받아 만들어졌다. 덴마크의 그 맥주회사 맞다. 창업자 야코프 야콥센이 과학 덕후여서 이런 일이 가능했다. 그는 1876년 칼스버그 재단을 만들어 과학 연구를 지원하기 시작했다. 덕업일치를 실천한 셈이다. 칼스버그는 규정에 따라 연수익의 일정 비율을 재단에 적립해야 한다. 그러니 재정이 탄탄할 수밖에 없다. 보어도 일찍부터 그 지원을 받았다. 코펜하겐 해석이 탄생한 이론물리학연구소 설립에도 칼스버그가 기부했음은 물론이다. 칼스버그가 물리학 공식 맥

토론하는 보어(왼쪽)와 아인슈타인(오른쪽). 아인슈타인은 양자역학의 태동에 누구보다 기여했지만, 그 확률론적 함의에 끝까지 반대하는 모습을 보였다.

주라는 농담도 있을 정도다.

신은 주사위 놀이 안 한다 vs. 신의 일에 참견 마라

여기까지가 1927년 제5차 솔베이 회의의 개최 직전 상황이다. 이제 학회가 개막하고, 최대 관심사는 역시 보어의 발표였다. 하지만 보어는 엄청난 반론에 부딪혔다. 반론의 선봉은 다름 아닌 아인슈타인이었다. 사실 아인슈타인은 양자역학 태동에 누구보다 공이 컸다. 광양자가설을 도입했고, 드 브로이의 물질파 가설과 보어의 원자 모델이 갖는 가치를 알아본 것이 바로 그였다. 그러나 아인슈타인은 끝내 양자역학의 모호함과 확률론적 함의를 받아들일 수 없었다. 그 또한 맥스웰을 신봉한 결정론자였기 때문이다. 그래서 학회 내내 코펜하겐 해석이 모순에 빠지는 사고실험을 제시해서 보어를 도발했다. 그러면 보어와 동료들은 그에 대한 답을 내놓으며 맞받아쳤다. 집요한 공격과 방어가 계속 반복되었다. 숙소와 식당에서도 서로 열변을 토하기 일쑤였다. 보어와 함께 아인슈타인과 논쟁했던 하이젠베르크의 회고다.

훗날 양자역학이 어엿한 물리학의 한 분야로 자리 잡았을 때도 아인슈타인은 자신의 입장을 철회하지 않았다. 그는 양자론을 한시적으로만 통용되는 가설이지, 원자 현상에 대한 최종적인 답은 아닌 것으로 여겼다. "신은 주사위 놀이를 하지 않는다." 아인슈타인은 이런 원리를 굳게 부여잡았다. 보어는 그런 아인슈타인에게 이렇게 응수할 뿐이었다. "하지만 어떻게 세계를 다스릴지 신에게 제시해 주는 것도 우리의 과제는 아닌 듯합니다."[31]

아인슈타인의 "신은 주사위 놀이를 하지 않는다"라는 비판은

최소한의 과학 공부

철학적 함의를 내포한다. 마치 자연을 인과율로 파악해서 성공을 거둔 결정론적 전통이 갓 태동한 양자론에 코웃음 치는 것 같다. 여기에는 자연이 고작 확률 따위의 지배를 받을 리 없다는 자신감이 깔려 있다. 보어의 답도 걸작이다. 그러니까 신도 아니면서 신의 일에 참견 마라, 자연이 인과율을 따르는지 아닌지는 누구도 알 수 없다는 의미다.

슈뢰딩거도 양자역학에 공로가 컸으나 이를 비판했다. 그는 양자역학의 황당함을 보이고자 그 유명한 '슈뢰딩거의 고양이' 사고 실험을 제시했다. 이런 내용이다. 밀폐된 상자에 고양이와 청산가스 병이 들어 있다. 청산가스 병은 망치 및 가이거 계수기와 연결된다. 계수기는 방사선을 감지하면 망치를 내려쳐 청산가스 병을 깬다. 그 위에는 한 시간에 절반의 확률로 핵이 붕괴하여 알파선을 방출하는 우라늄 입자가 있다. 이제 한 시간 뒤 상자를 연다. 그럼 고양이는 어떤 상태인가? 코펜하겐 해석에 의하면 관측 전까지는 그 상태를 알 수 없다. 그러니 고양이는 살아 있기도 하고 죽어 있기도 한 중첩적 상태가 된다. 이게 말이 되나? 슈뢰딩거는 이렇듯 거시세계에 양자역학을 적용할 때 발생하는 측정과 해석의 문제점을 지적했다. 오히려 요즘에는 양자역학 쪽에서 이해를 돕고자 슈뢰딩거의 고양이를 잘 써먹는 것 같지만.

이렇게 양자역학은 미운 오리 새끼 마냥 미움을 많이 받았다. 그런데 그게 전화위복이 되었나. 양자역학의 개척자들은 쏟아지는 비판에 대응하며 그 체계를 정교하게 가다듬을 수 있었기 때문

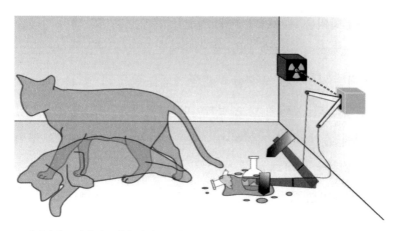
슈뢰딩거의 고양이 사고실험. 양자역학적으로 고양이는 살아 있기도, 죽어 있기도 하다.

이다. 아인슈타인과 보어의 논쟁만 해도 몇 년을 이어갔다. 보어와 코펜하겐 학파는 이러한 공격을 모두 막아내며 양자역학의 완성도를 높여나갔다. 그 결과 양자역학 없는 현대 과학기술문명은 상상할 수조차 없게 되었다. 인류는 양자역학을 통해 비로소 원자 내부 세계를 제대로 이해하기 시작했다. 이 의미는 매우 중요하다. 인간이 전자와 원자핵을 제어하게 되면서 전자기술과 원자력 에너지도 급격히 발전했기 때문이다. 단적인 예로 현대인의 필수품인 스마트폰과 컴퓨터는 양자역학이 아니었다면 현재의 기술 수준에 이를 수 없었다. 물리학뿐만이 아니다. 화학에서는 양자역학으로 원자들의 화학결합 원리를 이해하게 되었다. 원소들의 결합은 원소 속 전자들의 배치로 결정되는데, 이는 양자역학의 규칙을 따른다. 생명과학에서도 마찬가지다. 양자역학의 방법론은 분

　　　　　　　　　　　　　　　　　　최소한의 과학 공부

자생물학이라는 새로운 학문의 출현을 견인하여 유전자 재조합 및 편집 기술 발달에 기여했다.

그래서 리처드 파인만은 이렇게 말했다. "외계인이 침공하여 지구는 멸망 직전이다. 나, 남학생 열 명, 여학생 열 명만 살아남았다. 나도 1분 후에는 죽는다. 이때 물리학자로서 학생들에게 단 한 마디의 지식을 남겨야 한다면? 나는 망설이지 않고 '이 세상 모든 것은 원자로 이루어져 있다'라고 말하겠다." 미운 오리 새끼에서 백조가 된 양자역학의 눈부신 업적을 보면 결코 과장이 아닌 표현이다.

'과알못'도 더 이상 무섭지 않은
과학 공부

여느 문과생처럼 나도 '수포자', '과알못'이었다. 수학 공부를 제일 열심히 했으나 점수는 늘 나빴다. 과학, 특히 물리는 하나도 이해할 수 없었다. 그래서 그냥 외웠다. 물리를 외운다니, 이처럼 무식한 공부 방법이 또 있을까. 그러니 기본 문제는 풀어도, 조금이라도 응용한 문제는 죄다 틀릴 수밖에 없었다. 나는 어서 졸업해서 이 악몽 같은 시간이 끝나기만을 바랐다. 실제로 대학에 가니 수학과 과학을 공부하지 않아도 된다는 점이 가장 좋았다.

그런 내가 과학에 관심을 가지는 반전의 계기가 있었다. 그것도 두 번이나. 첫째는 대학원 수업이었다. 사회사상사 강의를 들을 때였는데, 그때까지 내게 철학사와 과학사는 별개의 주제였다. 하지만 알고 보니 그게 아니었다. 둘은 본래 하나의 흐름이었다. 시민혁명의 기수 볼테르가 뉴턴의 추종자였고, 근대철학의 완성자 칸트는 천문학자였다는 사실은 충격적이었다. 사회학의 태두 마르크스의 저작에서 빈번히 등장하는 개념도 다름 아닌 과학이었다. 그토록 싫어하고 기피했던 과학이 알고 보니 내가 전공한 사회학의 시원이었다.

둘째는 회사 업무였다. 순수 문과생인 내가 어쩌다 보니 과학기술 연구소에서 일하게 되었다. 주로 한 일은 정책을 기획하는 것이었다. 과학을 정책으로 만들려니 당연히 그 내용을 알아야 했다. 그렇게 알게 된 과학의 모습은 의외였다. 전혀 다른 학문으로 여겼던 인문학과 서로 통하는 부분이 많았기 때문이다. 그것은 세계의 근본 원리를 탐구한다는 점에서 철학과 비슷했다. 또 자연의 아름다움을 기술한다는 점에서는 문학처럼 느껴지기도 했다. 과학은 현실과도 밀접한 연관을 맺고 있었다. 과학이 발전하면 물질적 풍요는 물론, 사회의 합리성도 높아진다. 그래서 과학이 우리 시대의 많은 문제를 해결해 줄 것이라는 믿음이 들었다.

그때 과학을 공부하기 시작했다. 다만 학창 시절처럼 수식을 풀고 이론을 익히는 식의 공부는 아니었다. 주로 역사와 사상의 맥락에서 과학을 이해하려 했다. 토머스 쿤, 찰스 길리스피, 야마모토 요시타카, 김영식, 장하석 등 대가들이 길잡이가 되어주었다.

공부를 해보니 과학이 정치, 경제, 철학, 문화와 상호작용하며 인류의 진보를 이끌었음을 알게 되었다. 그러면서 의문이 생겼다. "아니, 이런 흥미로운 사실을 왜 이제 알았지? 왜 학교에서는 안 가르쳐준 기야?" 일테면 $F=ma$가 그랬나. 물리 수업에서 가장 먼저 배우는 이 수식에는 역사적 함의가 있었다. 이는 자연의 근본 원리인 힘, 가속도, 질량의 관계를 수학으로 정식화한 것이다. 그러니까 인간이 처음으로 자연의 비밀을 밝혀서 보편법칙으로 확립한 결과다. 따라서 인류 문명은 F=ma 이전과 이후로 나뉘는 것이다. 하지만 그 시절 물리 수업에서는 F=ma의 이런 문화적 배경에 대해서는 알려주지 않았고, 그저 외우고 문제 푸는 것이 전부였다.

 이것은 단지 수업 방식의 한계가 아니었다. 우리나라가 과학을 받아들인 역사와 연관되는 근본적 문제였다. 선진국의 과학은 오랜 시간을 거쳐 문화적 전통으로 이어져 왔다는 특징이 있다. 1660년 영국의 찰스 2세는 과학자들의 연구 모임을 왕립학회로 공인하고, 스스로 회원이 되었다. 비록 그는 성군은 아니었으나 과학 애호가로서 지원을 아끼지 않았다. 오늘날 세계 표준시의 기준점이 되는 그리니치 천문대도 그가 설립한 것이다. 일본은 18세기 서양 과학을 받아들이면서 그 용어를 번역하는 운동을 벌였다. 그 선봉에 있던 이가 스기타 겐파쿠다. 그는 네덜란드 해부학 서적을 번역한 《해체신서》를 저술했는데, 여기서 신경, 동맥, 연골 등의 용어가 처음 등장한다. 이게 무려 1774년이었다. 스기타 외에도 여러 지식인이 과학, 물리, 화학 등의 개념을 번역했다. 과학을 포함하여 우리가 쓰는 근대학문의 용어가 대부분 일본에서 유래한 배경이기도 하다. 영국과 일본에서는 이러한 노력이 수백 년 이어지면서 과학이 조상 대대로 전해 내려오는 가풍과 문화처럼 뿌리를 내렸다.

반면 우리나라의 과학은 그렇지 못했다. 20세기까지 길게 이어진 전제군주제, 식민통치, 내전으로 근대화가 늦었기 때문이다. 우리는 초스피드로 근대화를 이루어야 했고, 과학도 예외가 아니었다. 그래서 국가와 관료가 정한 목표에 따라 동원되듯 과학을 받아들였다. 과학은 산업화와 수출 목표 달성의 도구로 인식되었다. 국가가 과학의 이름으로 한 것은 외국의 지식과 기술을 들여와 제품 생산에 활용하는 정도였다. 이런 상황에서 천문학, 양자역학, 입자물리학처럼 자연의 법칙을 발견하는 시도는 한마디로 사치였다. 우리나라가 과학에 본격적으로 지원하기 시작한 것은 먹고사는 문제가 어느 정도 해결된 1990년대부터다. 비유하면 이렇다. 지독한 가난을 겪은 우리 부모 세대는 열심히 일하느라 문화예술을 즐기지 못했다. 전시회나 음악회에 갈 시간적, 경제적 여유가 없었다. 과학이 딱 그랬다. 국가 재정을 가계로 치면 과학연구는 문화예술 지출과 비슷한 것이었다.

그렇기에 우리나라에서 문화적 전통으로서의 과학은 아직 요원하다. 여전히 과학은 정책과 제도라는 실용적 차원에서만 인식된다. 그러다 보니 부작용도 자주 생긴다. 과학이 정치적 논란에 자주 휘말리는 것이다. 지난 세월 주기적으로 바뀌었던 과학기술 중심사회, 녹색성장, 창조경제, 혁신성장 등의 정책 슬로건이 대표적 예다(이름만 다르지 내용은 다 비슷한 게 함정이다). 최근 논란이 된 정부 R&D 예산 삭감도 마찬가지의 경우다. 이는 정권교체에 따라 과학의 목표와 지향도 얼마든지 리셋될 수 있음을 보여준다.

선진국과 우리의 결정적 차이다. 과학이 사회의 지적 토양을 두텁게 만드는, 교양과 문화로서 기능하지 못한 탓이다.

이 문제를 해결하려면 우선 시간이 필요하다. 사회학자 송호근은 "경제는 시간 단축이 가능해도, 사회는 단계를 뛰어넘을 수 없다는 것은 근대가 입증한 역사적 명제다"라고 했다. 과학도 마찬가지다. 과학만큼 축적의 시간을 정직하게 반영하는 학문도 없기 때문이다. 다행히 우리나라는 짧은 시간에도 불구하고 성공적으로 과학을 키워왔다. 최근 세계 대학 평가에서 국내 연구중심대학들은 개교한 지 몇백 년이 넘는 해외 명문대학들을 앞선다. 또 논문 피인용 등 연구의 영향력에서도 국내 과학자들이 최상위권에 이름을 올리고 있다. 몇 년 전에는 이 데이터를 근거로 우리나라 학자의 노벨상 수상 가능성이 예측되기도 했다. 물론 이러한 지표들이 절대적인 것은 아니며, 과학의 전체 수준을 대변하지도 않는다. 그럼에도 우리나라가 지난 30여 년간 과학에 투자해 왔고, 그 성과가 나오고 있다는 점은 분명하다. 오늘날 우리나라는 GDP 대비 R&D 투자가 세계에서 가장 높은 나라 중 하나다. 과학을 제대로 연구할 수 있는 환경을 꾸준히 만드는 셈이다. 아직 부족하거나 남아 있는 문제도 시간이 흐르면 대부분 해결될 것이다.

다만 이제라도 과학에 관심을 두는 방식과 태도만큼은 바꿔야 한다. 그것은 과학을 교양과 문화로서 받아들이는 것이다. 예컨대 F=ma를 암기만 하지 말고 흥미로운 역사적 사실이자 위대한 문명의 성과로 이해하자는 것이다. 거창하게 들리지만 별로 어려운 이야기가 아니다. 우리는 이미 폭넓고 다양한 방식으로 문화를 향유하고 있다. 과학도 그렇게 생활 속에서 받아들이고 즐기면 된다. 주말에 뮤지컬을 보고 전시회를 관람하듯 과학자의 강연을 듣고 과학 다큐멘터리를 찾아보는 건 어떨까. 퇴근 후 부동산이나 재테크 책 대신 과학책을 읽는 건 또 어떨까. 취미 동호회나 동아리처럼 과학을 연구하는 모임을 만드는 것도 좋겠다. 과학은 난해하지만 그만큼 깨달았을 때의 기쁨이 큰 학문이다. 자연을 알고 싶어 하는 인간의 욕구는 원초적이다. 그래서 그 옛날 고대인들도 나름의 방법으로 자연을 관찰하고 이해하려 했다. 고도의 문명 발전을 이룬 현대인에게도 이는 마찬가지다. 과학은 자연에 감춰진 근본적인 원리를 알려준다. 이것을 이해했을 때의 벅참과 즐거움은 무엇과도 비교하기 어렵다. 자연과 우주의 신비를 이해하는 일은 아름답고 경이로운 지적 체험이 될 수 있다.

이 책을 쓴 목적도 바로 여기에 있다. 독자들이 과학을 교양과 문화로서 즐기는 데 이 책이 조금이나마 도움이 되기를 바란다. 어떤 면에서 이 책은 과학을 싫어했던 나에 대한 반성이기도 하다. 전형적 문과생이었던 나는 한참 뒤에야 과학 공부의 유용함과 즐거움을 깨달았다. 이를 더 많은 사람, 특히 나와 비슷한 문과생들과 나누고 싶어서 이 책을 썼다. 아마 고등학교 때 나를 가르쳤던 물리 선생님이 제일 놀랄 것이다. 과거의 물리 열등생이 뒤늦게 회개해서 이렇게 과학책을 썼노라고, 자랑스럽게 말씀드리고 싶다.

미학자 유홍준은 "아는 만큼 보인다"라는 명언을 남겼다. 나는 책을 마무리하며 여기에 한 마디를 덧붙이고자 한다. "아는 만큼 보이고, 보이는 만큼 삶은 풍요로워진다." 삶을 풍요롭게 하는 데 꼭 재테크 같은 물질적 방법만 있는 것은 아니다. 무언가를 알고 깨닫는 정신적 방법도 그 이상으로 유용하다. 부디 독자들이 이 책으로 과학에 대한 두려움이 사라지기를, 그래서 그만큼 풍요로운 삶을 이루기를 진심으로 기원한다.

책을 쓰면서 참으로 많은 사람의 도움을 받았다. 짧게나마 그분들에게 감사 인사를 드리고 싶다. 먼저 충남대학교 사회학과의 박찬종 교수, 카이스트 디지털인문사회과학부의 김란우 교수에게 감사드린다. 대학원 선·후배인 두 분은 책을 구상하고 글감을 조직하는 데 많은 아이디어를 주셨다. 기초과학연구원의 윤성우 연구위원에게도 감사드린다. 물리학자의 관점에서 초고를 꼼꼼히 읽어 주셨고, 오류를 바로잡는 데 많은 조언을 해주셨다. 덕분에 책이 과학적으로 엄밀해질 수 있었다. 웨일북의 김효단 편집자에게도 감사드린다. 평범한 회사원에 불과했던 나의 가능성 하나만 보고, 과감히 출간을 제안해 주었다. 또한 거칠었던 원고를 편집하고 새로 단장하는 데도 참 많이 애를 써주었다.

글쓰기 플랫폼 브런치스토리의 동료 작가들이 없었다면 이 책은 나오지 못했을 것이다. 이분들은 내가 웹에 올린 초고를 가장 먼저 읽고, 애정 어린 감상과 비평을 남겨주셨다. 이러한 지지와

최소한의 과학 공부

응원이 있었기에 자신감을 잃지 않고 끝까지 작업을 마무리할 수 있었다. 특히 램즈이어, 세온, 김정준, 주경, 윈지, 슈퍼피포, 일상다반사, 임요세프, 윤이창, MeeyaChoi, 김룰루 작가에게 동지애를 담아 감사드린다.

마지막으로, 세상에서 가장 소중한 가족들에게 감사한다. 직장다니는 중에 작가를 해보겠다고 나선 자식을 응원해 주신 아버지와 어머니, 장인어른과 장모님께 존경과 감사의 인사를 올린다. 10년이라는 긴 시간 동안 한결같이 옆에 있어준, 사랑하는 아내 강정미에게도 감사의 마음을 전한다. 책을 쓰는 게 돈이 되거나 직장 생활에 도움 될 일은 아니다. 그러나 아내는 남편의 뒤늦은 꿈을 흔들림 없이 지지해 주었다. 오랜 집필 기간 독박 육아도 마다하지 않은 아내의 헌신 덕분에 이 책이 세상의 빛을 볼 수 있었다. 딸 배서우에게도 감사와 소망의 마음을 전한다. 가끔 집필이 너무 힘겨워서 적당히 현실과 타협하고 싶은 마음도 들었다. 그럴 때마다 언젠가 이 책을 읽을 딸을 떠올리면서 자신에게 엄격해질 수 있었다. 이제 세 돌을 앞둔 딸은 아마 수년 뒤에나 읽을 수 있을 것이다. 그때 딸이 이 책에서 세상살이에 도움이 될 작은 지식 하나 얻기를 희망한다. 그럼으로써 책을 쓴 아빠를 자랑스러워할 수 있다면, 나는 더 바랄 것이 없겠다.

주

PART 1 의학
과학은 어떻게 인류의 무기가 되었나

1 박지욱. 《이름들의 인문학》. 반니. 2020.

2 《란셋Lancet》, 《뉴잉글랜드 저널 오브 메디슨New England Joural of Medicine》, 《저널 오브 아메리칸 메디컬 어소시에이션Journal of American Medical Association》이 의학 연구에서 권위적인 학술지로 꼽힌다.

3 황상익. 《인물로 보는 의학의 역사》. 여문각. 2004.

4 강신익, 신동원, 여인석, 황상익의 《의학 오디세이》에서 재인용.

5 황상익. 《인물로 보는 의학의 역사》. 여문각. 2004.

6 프랭크 윌첵. 《뷰티풀 퀘스천》. 흐름출판. 2018.

7 Robert K. Merton & Elinor Barber. The Travels and Adventures of Serendipity: A Study in Sociological Semantics and the Sociology of Science. Princeton University Press. 2004.

8 RF Mould. "Röntgen and the discovery of X-rays." *The British Journal of Radiology* Vol. 68 No. 815. 2014.

9 존 키건. 《2차세계대전사》. 청어람미디어. 2016.

10 물론 그 이전에 스탈린그라드 전투에서 독일군이 궤멸적 타격을 입은 것도 연합군 승리에 한몫했다.

11 페니실린이 세균에는 치명적이지만 인간에 해가 되지 않는 것은 세균의 세포벽을 공격하기 때문이다. 사람을 비롯한 동물에는 세포벽이 없고 세포막만 있다.

12 John S. Mailer., Jr. and Barbara Mason. "Penicillin: Medicine's Wartime Wonder Drug and Its Production at Peoria, Illinois." https://www.lib.niu.edu/2001/iht810139.html

13 루스 슈워츠 코완. 《미국 기술의 사회사》. 궁리출판. 2012.

14 김유항, 황진명. 《전쟁은 어떻게 과학을 이용했는가》. 사과나무. 2021.

15 정성욱. 20세기 유전학 : 멘델에서 인간게놈프로젝트까지. http://zolaist.org/wiki

16 1869년 프리드리히 미셔가 발견했다. 세포핵 속에 모여 있는 산성 물질로 실 가닥이 엉겨 붙은 형태를 보인다.

17 제임스 왓슨, 《이중나선》. 궁리출판, 2019.

18 폴링은 단백질의 알파나선 구조를 바로 이 기법을 사용해 밝혀냈다.

19 Thomas Humphrey Marshall & Tom Bottomore. Citizenship and Social Class. Pluto Press. 1992.

20 고규영, 강석. "코로나19 백신의 탄생과 패러다임 전환." 기초과학연구원 홈페이지. https://www.ibs.re.kr/cop/bbs/BBSMSTR_000000001003/selectBoardArticle.do?ntt Id=19581&pageIndex=2&searchCnd=&searchWr

21 일반적으로 RNA라고 하면 mRNA를 의미한다.

22 김빛내리. "mRNA, 코로나19 백신에서 유전자 치료제까지." 기초과학연구원 홈페이지. https://www.ibs.re.kr/cop/bbs/BBSMSTR_000000001003/selectBoardArticle.do ?nttId=19602&pageIndex=2&searchCnd=&searchWrd

23 Arthur Allen. "For Billion-Dollar COVID Vaccines, Basic Government-Funded Science Laid the Groundwork." *Scientific American*, 18 Nov. 2020.

PART 2 정치
권력과 상부상조하며 탄생한 과학

1 Hasok Chang, Sabina Leonelli. "Infrared metaphysics: the elusive ontology of radiation. Part 1." *Studies in History and Philosophy of Science* 36. 2005.

2 볼프강 베링어. 《기후의 문화사》. 공감in. 2010.

3 Gilbert Plass. "Carbon Dioxide and the Climate." *American Scientist* 44. 1956.

4 가브리엘 워커 《공기 위를 걷는 사람들》. 웅진지식하우스. 2008.

5 스펜서 위어트. 《지구온난화를 둘러싼 대논쟁》. 동녘사이언스. 2012.

6 "IPCC, 기후변화 2007 종합보고서." 기상청. 2008.

7 홍성욱, 서민우, 장하원, 현재환. 《21세기 교양 과학기술과 사회》. 나무나무. 2016.

8 당시 나치 독일이 점령한 덴마크에서 보어가 영국에 보낸 전보에 "MAUD 양에게 안부를 전해달라"는 문장이 있었다. 그런데 MAUD 양이 누군지 몰랐던 영국 물리학자들은 보어가 암호로 독일의 원자폭탄 개발을 알렸다고 착각했다. 바로 이 암호문에서 위원회의 이름을 땄다.

9 계획 착수 시점에서는 대령이었으나 이미 준장 진급이 확정되어 있었다. 계획 수행 중에 준장으로 진급했고, 최종적으로는 소장으로 예편했다.

10 계획을 총괄한 육군 공병대의 주요 시설이 있던 곳이다.

11 카이 버드, 마틴 셔윈. 《아메리칸 프로메테우스》. 사이언스북스. 2010.

12 페르미 국립연구소 홈페이지. https://history.fnal.gov/historical/people/wilson_ testimony.html

13 오드라 J. 울프. 《냉전의 과학》. 궁리출판. 2017.

14 트레이시 D. 던간. 《히틀러의 비밀무기 V-2》. 일조각. 2010.

15 흔히 페이퍼클립 작전이라고 불린다. 나치 소속 과학자와 정보기관 요원의 명단을 종이 클립으로 표시해 놓은 것에서 유래했다.

16 소련 우주 개발 계획의 총책임자로서 폰 브라운과는 라이벌 관계였다. 스푸트니크 1호와 보스토크 1호가 바로 그의 작품이었으며, 소련 내에서는 존재 자체가 기밀이어서 1966년 사망 후에야 비로소 그의 역할이 알려졌다.

17 제임스 R. 핸슨. 《퍼스트맨》. 덴스토리. 2018.

18 Tim Berners-Lee. Information Management: A Proposal. Geneva : CERN. 1990.

19 이강영. 《LHC, 현대 물리학의 최전선》. 사이언스북스. 2017.

20 Michael Belfiore. The Department of Mad Scientists: How DARPA Is Remaking Our World, from the Internet to Artificial Limbs. Harper Perennial. 2010.

21 프란시스 베이컨. 《새로운 아틀란티스》. 에코리브르. 2002.

22 정동욱. 과학혁명기 과학단체. http://zolaist.org/wiki

23 1676년 둘은 학회장의 중재로 화해의 편지를 나눈다. 이때 뉴턴이 훅에게 보낸 답장에는 과학사에서 가장 유명하면서도 잘못 해석되는 문장이 들어 있다. "제가 더 멀리 보았다면, 거인들의 어깨 위에 올라서 있었기 때문입니다." 이는 흔히 해석되듯 뉴턴의 겸손함을 보여주는 문장이 아니라 오히려 그 반대에 가깝다. 뉴턴은 이 문장에서 '거인들Giants'의 첫 글자를 굳이 대문자로 썼다. 문법과 상관없이 그렇게 강조한 것은 훅이 등이 굽고 키가 작았기 때문이었다. 즉 이 문장에는 "내가 다른 선배들에게 배웠을 수는 있지만, 당신처럼 하찮은 사람의 생각을 훔칠 필요는 없다"라는 의미가 숨겨져 있다.

24 Roger Hahn, The Anatomy of a Scientific Institution : The Paris Academy of Sciences 1666~1803. University of California Press. 1971.

25 나카지마 히데토. 《사회 속의 과학》. 오래 2013.

26 1889년 프랑스대혁명 100주년과 파리 엑스포를 기념해 지어진 에펠탑에는 프랑스를 대표하는 과학자와 기술자 72명의 이름이 새겨져 있다. 몽주도 그중 한 명으로 프랑스대혁명과 근대화에 지대한 영향을 미친 과학자로 불린다. 1989년 프랑스대혁명 200주년에는 몽주의 시신이 프랑스 국민 영웅들이 묻힌 판테온으로 이장되었다.

27 정동욱. 과학의 제도적 기반. http://zolaist.org/wiki

28 나치는 1933년 '직업공무원재건법'을 제정해 유대인들을 공직에서 추방하기 시작했는데, 카이저 빌헬름 연구협회 소속 과학자 55명도 그 대상이 되었다. 여기에는 하버와 아인슈타인도 포함되었다.

29 시부사와는 이러한 업적으로 2024년 새로 바뀌는 1만 엔 지폐의 주인공이 되었다.

최소한의 과학 공부

PART 3 경제
인류를 풍요롭게 만든 위대한 과학의 순간들

1 아널드 토인비.《18세기 영국 산업혁명 강의》. 지식의풍경. 2022.

2 Angus Maddison. The World Economy: A Millennial Perspective. OECD Development Centre. 2001.

3 Herbert Butterfield. The Origins of Modern Science 1300~1800. The Free Press. 1965.

4 김영식, 박성래, 송상용.《과학사》. 전파과학사. 1996.

5 Hannah Arendt. On Revolution. Penguin Books. 1977.

6 문우식. "대분기(Great Divergence) 가설의 재검토: 유럽 경제는 언제 어떻게 아시아 경제를 추월하였는가?." 국제·지역연구 30권 4호. 2021.

7 정동욱.《공간에 펼쳐진 힘의 무대》. 김영사. 2010.

8 박민아. "[과학의 결정적 순간들] 1852년 패러데이가 힘의 선이 실재한다고 선언했을 때." HORIZON. 2020.10.20. https://horizon.kias.re.kr/15674/

9 David S. Landes. The Unbound Prometheus: Technological Change and Industrial Development in Western Europe from 1750 to the Present. Cambridge University Press. 2003.

10 토머스 휴즈.《현대 미국의 기원 1》. 나남. 2017.

11 루스 슈워츠 코완.《미국 기술의 사회사》. 궁리출판. 2012.

12 앞의 책.

13 존 거트너.《벨 연구소 이야기》. 살림Biz. 2016.

14 물론 그렇다고 진공관이 소멸한 것은 아니다. 진공관을 오디오 앰프의 증폭용 소자로 사용하면, 디지털과는 다른 음질을 갖는다. 오디오 마니아들은 이를 진공관 특유의 따뜻한 음색이라고 표현한다. 그래서 여전히 수요가 있으며 고급 진공관 오디오 앰프는 상당한 고가에 팔리기도 한다.

15 Adam Goodheart. "10 Days That Changed History."《뉴욕타임스》. 2006.7.2. https://www.nytimes.com/2006/07/02/weekinreview/02goodheart.html

16 김영식. "리튬이온전지의 원리와 탄생, 그리고 노벨상." HORIZON. 2020.3.25. https://horizon.kias.re.kr/13542/

17 요시노 아키라.《리튬이온전지 발명 이야기》. 성안당. 2020.

18 앞의 책.

19 고야마 미노루.《청색의 기적》. 제이앤씨. 2006.

20 문수영. "인류에게 새로운 빛을 선물하다."《과학동아》, 11월호. 2014.

21 나카무라 슈지.《끝까지 해내는 힘》. 비즈니스북스. 2015.

22 이우광. "아무도 못 한다던 청색 LED 산업화에 성공, 용접하며 지킨 '필드정신' 세상을 밝혔다." 《동아비즈니스리뷰》, 165호. 2014.

PART 4 철학
과학적 사유의 시작과 끝을 보다

1 천구天球는 별들이 매달려 있는 우주의 거대한 구로, 천동설 체계에서는 여러 개의 커다란 천구들이 지구를 겹겹이 둘러싸고 회전하고 있다고 여겼다.

2 Angus Armitage. The World of Copernicus. New American Library. 1953.

3 Nicolaus Copernicus. On the Revolutions. trans. Edrward Rosen. The Johns Hopkins University Press. 1992.

4 앞의 책.

5 토머스 새뮤얼 쿤. 《코페르니쿠스 혁명》. 지식을만드는지식. 2016.

6 Herbert Dingle, "Copernicus and the Planets" in A Short History of Science: Origins and Results of the Scientific Revolution. Doubleday & Company. 1959.

7 야마모토 요시타카. 《과학의 탄생》. 동아시아. 2012.

8 데이비드 우튼. 《과학이라는 발명》. 김영사. 2020.

9 Issac Newton. The Mathematical Principles of Natural Philosophy. trans. Andrew Motte. Daniel Adee, 1846.

10 정인경. 《모든 이의 과학사 강의》. 여문책. 2020.

11 Issac Newton, The Mathematical Principles of Natural Philosophy. trans. Andrew Motte. Daniel Adee. 1846.

12 사실 볼테르는 이런 말을 한 적이 없다. 이 말은 1906년 영국 작가 에벌린 홀Evelyn Hall 이 볼테르의 전기에서 쓴 것이다. 볼테르의 인생 역정을 가장 잘 드러내는 문장이라 자주 인용된다.

13 김영식. 《과학혁명》. 아르케. 2001.

14 Voltaire. The Elements of Sir Issac Newton's Philosophy, trans. John Hanna. Frank Cass & Co. Ltd. 1967.

15 Voltaire. Philosophical Letters: Or, Letters Regarding the English Nation, trans. Prudence L. Steiner. Hackett Publishing Company. 2007.

16 John Locke. An Essay Concerning Human Understanding. Penguin Random House. 1998.

17 제러미 벤담. 《도덕과 입법의 원칙에 대한 서론》. 아카넷. 2013.

18 스티븐 제이 굴드. 《풀하우스》. 사이언스북스. 2002.

19 찰스 다윈. 《비글호 항해기》. 올재. 2016.

20 찰스 다윈. 《종의 기원》. 사이언스북스. 2019.

21 Angus Maddison. The World Economy: Historical Statistics. OECD. 2003.

22 허버트 스펜서. 《진보의 법칙과 원인》. 지식을만드는지식. 2014.

23 임지현. "다윈과 마르크스: 헌정설을 중심으로." 역사학보. 128집. 1984.

24 칼 마르크스. 《루이 보나파르트의 브뤼메르 18일》. 비르투. 2012.

25 D. P. Gribanov. Albert Einstein's Philosophical Views and the Theory of Relativity, trans. H. Campbell Creighton. Progress Publishers. 1987에서 재인용.

26 이종필. 《빛의 속도로 이해하는 상대성이론》. 우리학교. 2018.

27 Albert Einstein. "On the Electrodynamics of Moving Bodies," trans. Meghnad Saha. in The Principle of Relativity: Original Papers. University of Calcutta. 1920.

28 정인경. 《모든 이의 과학사 강의》. 여문책. 2020.

29 Ruth Moore, Niels Bohr : The Man, His Science, and the World They Changed. Alfred A. Knopf. 1966.

30 최무영. 《최무영 교수의 물리학 강의》. 책갈피. 2019.

31 베르너 카를 하이젠베르크. 《부분과 전체》. 서커스출판상회. 2023.

**최소한의
과학 공부**

초판 1쇄 발행 2024년 1월 15일
초판 3쇄 발행 2024년 2월 15일

지은이 배대웅
펴낸이 권미경
기획편집 김효단
마케팅 심지훈, 강소연, 김재이
디자인 THISCOVER
펴낸곳 (주)웨일북
출판등록 2015년 10월 12일 제2015-000316호
주소 서울시 마포구 토정로 47 서일빌딩 701호
전화 02-322-7187 **팩스** 02-337-8187
메일 sea@whalebook.co.kr **인스타그램** instagram.com/whalebooks

ⓒ배대웅, 2024
ISBN 979-11-92097-70-1 (03400)

소중한 원고를 보내주세요.
좋은 저자에게서 좋은 책이 나온다는 믿음으로, 항상 진심을 다해 구하겠습니다.